내진설계와 건축물의 형태

김 종 성 저

기 문 당

머/리/말

최근 환태평양 지진대를 중심으로 지진이 빈번하게 발생하고 있다. 2011년 3월 동일본 대지진(M8.9, 10m 지진해일, 방사능오염 피해), 2014년 4월 대만동부 화렌현지진(M5.3), 5월, 미국서부, 칠레지진(M6.2), LA지진(M5.2), 뉴질랜드지진(M5.2) 등이 발생했다. 소위 '불의 고리'지진대에서 지진발생이 빈번한 것을 볼 수 있다.

우리나라 지진활동의 특성은, 지질구조상 시각이 약한 난층구소가 많은 편이며 최근 소규모 지진의 발생빈도가 많아지고 있다. 2014년 상반기에 발생한 M2.0 이상 지진이 총 20회 이상 발생하고 있다. 또 주변국가인 일본에서 큰 지진이 발생하면 우리나라 남해안과 동해안의 도시에까지 영향을 받게 된다.

우리나라는 먼 바다에서 발생하는 해구형 지진보다 육지 가까이서 발생하는 직하형 지진(1994 노스릿지지진, 1995 고베지진)과 같은 유형의 지진이 위협할 것으로 예상된다. 또한 학자들은 2005년 3월 후쿠오카지진 이후, 우리나라와 중국을 잇는 새로운 판의 존재 가능성도 예견하는 전문가들이 있다.

그런데 1988년 국내에 내진설계기준이 처음 도입된 이래 KBC 2009가 마련되어 있지만, 내진설계된 기존 건물이 소수라는 점, 각종 건축설계심의에서도 구조 분야는 상대적으로 소홀한 점, 평소 내진설계 관련 기술자들의 이해관계에서 내진설계를 경시하려는 분위기가 있는 점 등에서 신축되는 건물에도 내진설계 적용은 강화되지 못한 편이다. 또한 학생들의 대학교육과정 및 실무설계 초보자들에게도 내진설계에 대한 중요성을 더 인식시킬 필요가 있다.

기존의 내진설계 관련 도서는 주로 번역서이다보니 내용전달이나 지진재해에 대한 원인분석을 통한 대책 제시도 부족하여 당초의 취지를 충분히 살리지 못함으로써 내진설계 업무에 직접 활용하기 어려운 실정이다.

필자는 대학에 오랫동안 재직하면서 내진설계를 강의한 경험과 많은 자료를 기본으로 하여 각종 건축 관련 심의위원회에서 문제시되는 내진구조계획상 설계기본, 내진보강방법 등을 바탕으로 쉽게 설명하고자 했다. 복잡한 구조계산보다는 내진설계의 흐름을 파악하고, 설계(의장, 구조) 및 시공현장의 초급기술자나 전문가들이 참고하고, 학생(대학원생)들이 심도 있게 배울 수 있는 자료를 제공하는 것이 중요하다고 생각했다.

현재 대학에서 건축교육과정은 디자인 분야와 공학 분야로 구별되며, 대학에 따라 다소 차이는 있지만 전체 교육과정 중 구조 분야는 30% 정도를 차지하며, 그중 내진설계는 다른 과목에서 단편적인 내용만 소개되는 경우가 많다. 또한 '안전한 구조물', '좋은 건축물', '안전한 구조물=좋은 디자인'이 가능하다는 것을 배워야 할 학생들에게 내진설계라는 과목은 향후 지진발생 빈도가 커짐에 따라 더욱 중요해질 것이다.

이 책에서는 공학적으로 어려운 수식은 최대한 줄이고, 지진재해의 원인분석을 통해 실무에서 필요한 내진계획 문제, 내진보강, 개수문제, 시공시 주의사항, 기존 건물에 대한 내진성능 설계 등에 대해 참고할 수 있는 기본내용을 국내에 발생 가능성이 많을 것으로 보이는 직하형 지진피해(1995년 고베지진)를 중심으로 소개한 것이다.

따라서 이 책은 건축공학을 배우는 학부생(대학원생)은 물론, 내진구조에 대해 관심 있는 건축사, 건축물의 구조계획과 시공단계에서 어려움에 직면한 현장기술자들에게 내진설계의 기본적인 원리에 대해 알기 쉽게 설명하고자 한다.

끝으로 오랫동안 준비한 자료가 책으로 출간되어 이 분야에 조금이나마 기여할 수 있다면 기쁜 마음이겠고, 바쁜 업무 가운데도 귀중한 자료를 제공해주신 여러분께 깊이 감사드린다. 또한 쾌히 출판을 허락해주신 기문당 강해작 사장님께 감사드리며, 그림 작성에 많은 도움을 준 김영원 조교, 학부생 김나현, 이다솜에게도 고마움을 전한다.

2017. 2.
筆者 識

차/례

지진발생과 재해

01

1-1 지진발생과 직하형(直下形) 지진의 두려움

지진이란, 지각 내부의 암반이 인장 또는 압축을 받아 오랫동안 축적된 에너지가 지각의 급격한 단층운동(distortion)을 일으켜, 그 충격으로 생긴 지진파가 지표면까지 전해져 지반을 진동시키는 현상을 말한다.

지진의 발생원인은 1906년 미국의 H.F. Reid가 주장한 탄성반발설(elastic rebound theory)보다 1960년대에 제창된 판구조론(plate tectonics theory)이 우세하며, 판구조이론은 지구표면이 평균두께 약 100km 정도의 몇몇 지각판으로 이루어져 있고, 지진활동은 대부분 이 판 경계에서 일어난다고 보는 이론이다. 최근 환태평양지진대를 중심으로 지진발생이 빈번하다. 예를 들면 2011년 3월 동일본대지진(M8.9, 10m 지진해일, 방사능오염 피해), 2014년 4월 대만동부 화렌현 앞바다 지진(M5.3), 2014년 5월 칠레지진(M6.2)과 미국 LA 지진(M5.2), 뉴질랜드지진(M5.2) 등이 발생했다. 소위 "불의 고리" 지진대에 지진발생이 빈번한 것을 볼 수 있다.

우리나라 주변에는 유라시아판, 태평양판, 필리핀판, 북미판 등이 있으며, 일본은 유라시아판과 북미판 위에 얹혀 있고 태평양판과 필리핀판이 태평양측의 해구(海丘) 밑으로 침몰하고 있는 형상을 하고 있어 지진이 자주 발생하고, 우리나라는 유라시아판 위에 얹혀 있어서 지진의 영향을 적게 받는다.

우리나라 지진활동의 특성은 대부분 진원깊이 70km 이내에서 발생하고 태평양판과 필리핀판이 유라시아판 밑으로 미끄러져 들어감에 따라 지진이 주로 발생한다. 지질구조상 지각이 약한 단층구조가 많은 편이며, 최근 소규모 지진 발생빈도가 많아지고, 우리나라에서 지진계로 지진을 관측한 것은 1905년부터이며 1978년부터 2000년까지 연평균 약 19회의 지진이 발생했으며, 경북 울진 동쪽 해역(2004. 5. 29, M5.2), 충남 태안지역(2014. 4. 1, M5.1), 인천 옹진군 백령도(2014. 5. 18, M4.9) 등의 큰 지진과 2014년 상반기 M2.0 이상의 지진발생도 총 20회이다. 주변국에서 발생한 지진의 영향도 많이 받는 편이어서 일본의 큰 지진은 우리나라 남해안과 동해안의 도시에까지 영향을 받는다. 다행히 우리나라 대도시 주변에 활단층 분포가 빈약하지만 육지 인근에서 발생하는 직하형 지진발생 확률은 상대적으로 높다고 할 수 있다.

그러나 2004년 12월 동남아시아 지진해일(tsunami), 2005년 3월 후쿠오카 지진으로 우리나라와 중국을 잇는 새로운 판의 존재 가능성을 예견하는 전문가도 있어서 이는 앞으로 한반도에도 지진이 빈번히 일어나는 것을 뒷받침하고 있으며, 우리나라도 내진설계에 대한 필요성이 더 커지고 있다.

이러한 점을 감안하여 국토교통부에서는 대한건축학회를 통해 내진설계기준을 계속 강화하고 있다. 1988년 6층 이상 연면적 10만m^2 이상 건물에 처음 도입한 이래, 1995년 5층 이상 1만m^2 이상, 2005년 관련구조기준을 체계적으로 정리하여 내진구조설계기준(Korean Building Code, KBC 2005)이 마련되어, 3층 이상 1,000m^2 이상(3~5층은 의무화 아님) 건물에 적용하였으며, 2009년 KBC 2009로 개정되어 3~5층 건물도 구조확인서를 제출하고 적정 여부 확인을 의무화하여 현재에 이르고 있다(KBC 2014를 개정중).

지진발생 유형에는 해구(海丘)형 지진과 직하(直下)형 지진이 있으며, 해구형 지진은 육지에서 멀리 떨어진 바다 속에서 지각 단층운동으로 비교적 많이 발생한다. 반면에 직하형 지진은 육지에 가까운 위치에서 발생하여 많은 피해를 입히는 지진으로써 1994년 미국 노스릿지지진이나 1995년 1월 일본 고베지진을 예로 들 수 있다.

이 직하형 지진은 우리나라에 발생할 가능성이 큰 것으로 알려져 있고, 앞으로 한반도에도 지진이 빈번히 일어나는 것을 뒷받침하고 있으며, 최근 도시 주변에 활단층의 존재가 밝혀지고 있어서 1995년 일본 고베지진(효고현 남부지진)과 같은 큰 지진(직하형)이 한반도에도 오지 말라는 법은 없으며 재해방지 차원에서 내진설계에 대한 많은 연구와 대책이 필요하다.

그림 1.1.1 **우리나라 부근의 판구조(plate)**

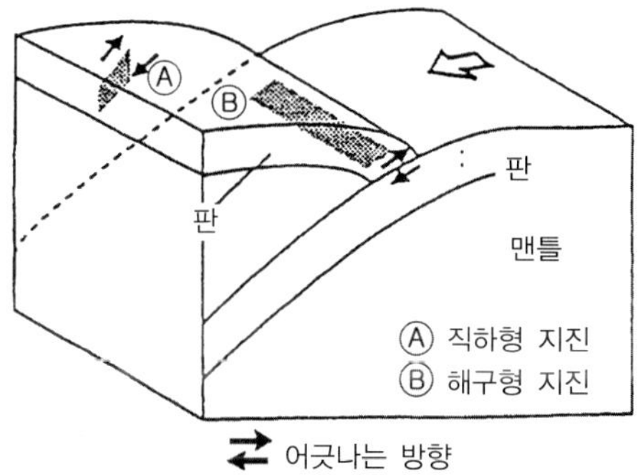

그림 1.1.2 **직하형 지진과 해구형 지진**

1995년 발생한 일본 고베지진은 지하 20km에서 발생해서 지진파 중 속도가 가장 빠른 P파(수직파)가 6km/s 속도로 지표에 도달(약 3초)하고 그 순간에 직하 부분의 지반이 위로 솟구쳐 곧 낙하하는 상하진동의 특징을 보인 것이다.

목조주택에서는 기초와 지반이 잘 고정되어 있지 않아서 우선 위로 솟구쳤다가 다음 순간에 쾅하고 지면에 충돌하면서 지붕의 중량은 수배(數倍)로 가산되어 떨어짐으로써 피해가 더 크며, 지반의 상하진동(上下振動)에 동반하는 건물의 흔들림은 종래의 설계시스템에서 취급하지 않았던 것이다. 진원에서 약 20km위의 지점에서 P파가 도달한 약 2.5초 후에는 S파(수평파)가 뒤따라서 쾅하고 떨어진 후, 곧바로 옆으로 흔들리게 된다. 기와지붕의 경우는 위로 솟구쳤다가 그냥 산산조각나면서 지면에 떨어지게 되어 직하형 지진의 두려움을 볼 수 있다.

고베지진은 활단층이 처음으로 육지에서 관측되었고 고베항 가까이에 진원(震源)이 있어 고베시에 큰 피해를 입힌 것으로 많이 알려졌다. 특히 일반

표 1.1 **직하형 지진 피해(예)**

지역	발생연도	진도규모	피해상황
미국 노스릿지	1994년 1월	M6.8	고가도로 붕괴, 지반 붕괴 건물과 구조물 붕괴 8만~12만 5천 동 사망 57명, 부상 1,500명
일본 고베	1995년 1월 17일, 새벽	M7.2	지반액상화, 지반균열, 고가도로 붕괴 건물피해 3,700여 동, 주택피해 39만 여 동 사망 6,432명, 부상 41,531명, 이재민 29만 명
대만	1999년 9월	M8.3	지표면 10m 상승, 연직방향 최대 변위 8m, 조적조 주택, 고층건물의 피해 큼, 사망 2,193명, 부상 8,736명, 실종 55명

적인 해구형 지진에서는 지진피해를 입지 않았던 강구조건물에 취성파괴가 처음으로 확인되어 학계에서 그 원인에 대해 큰 관심을 가졌었고, 이때 매립지였던 포트아일랜드에서는 내진설계가 잘 되어 있어 고베타워, 고층 아파트 등은 피해를 거의 입지 않았던 것은 내진설계의 중요성을 일깨워 주는 큰 지진이기도 했다.

우리나라에 이러한 큰 지진이 발생하면 어떻게 될까?

2011년 3월 12일 소방방재청 추산에 의하면 부산 동래구 온천2동 남동쪽 0.59km(위도 35.2, 경도 129.1)에 M6.5의 도시(都市)직하형 지진이 발생하면, 사망 2,673명, 부상 34,321명, 건물 붕괴 4,332동, 완파 13,374동, 반파 20,241동 등 부산지역 전체 건물의 54%가 피해를 입을 것으로 예상하고 있어 지진에 대한 경각심이 필요한 시점이다.

그러나 국내 내진설계 대상 건물 중 16%만 내진설계되었다는 통계가 있으며, 특히 2014년 8월 공동주택(아파트)의 60%가 내진설계가 미비한 가운데 아파트 리모델링 수직증축이 허용된다고 발표되어 위험에 노출될 가능성이 더 커졌고, 내진설계와 보강에 대한 준비와 연구도 많이 필요하다.

1-2 지진관련 용어

① **진원(hypocenter) :** 지진파 발생 지점, 지반의 파괴가 시작되는 곳으로 거리와 깊이에 관련 있으며, 진원거리는 지진을 관측한 장소에서 지하의 지진이 발생한 지점까지의 거리를 말한다.

② **진앙(epicenter) :** 진원으로부터 수직방향에 있는 지표상의 지점, 진앙지는 인근 지명을 따서 이름 붙여진다(예, 2005년 12월 발생한 '후쿠오카지진'이라 하면, 이 지진의 진앙지가 후쿠오카 부근이라는 뜻이다).

③ **리히터 규모(Magnitude)와 진도(Seismic intensity) :** 매그니튜드(지진학자 C. Richter의 이름을 따서 '리히터 규모', '규모'라고 함)는 지진에너지의 규모, 크기(소수점 이하 1자리까지 표기)를 나타내며, 지면의 진동세기(강도)를 나타내지는 않는다. 진도(Seismic intensity)는 어떤 특정 지점의 지진동 강도를 나타내는 척도(scale)이다. 따라서 진도는 측정 장소에 따라 그 크기가 다르지만, 매그니튜드는 하나의 지진에 대해 1개만 정해진다. 매그니튜드는 관측된 최대변위와 진앙거리의 관계에서 그 값이 정해진다.

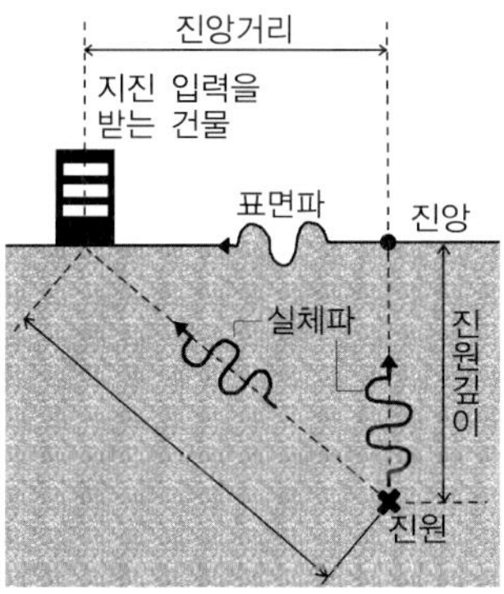

그림 1.2.1 **지진용어**

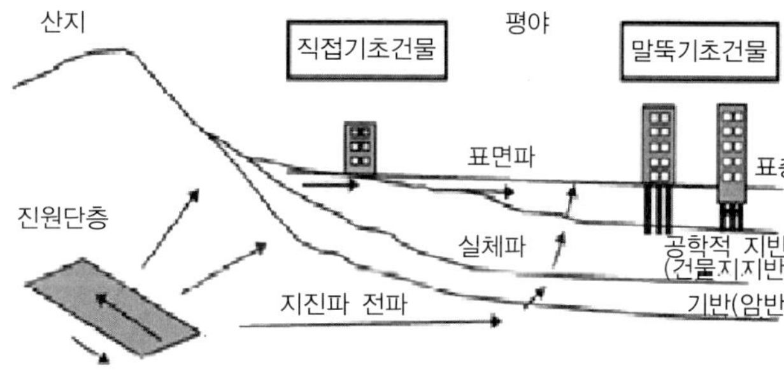

그림 1.2.2 **지진발생과 지진파 전달**

지진동(地震動)의 흔들림은 먼저 상하동(上下動, P파)이 있은 후에 수평으로 흔들리는 주요동(主要動, S파)이 건물에 도달하는 데 평야지대의 두꺼운 지반에는 특히 장주기의 표면파(러브파, 레일리파)가 뒤따른다.

한편 진도는 지진에 의한 흔들림(sway)의 크기를 나타내는 수치로써 어떤 장소에서 사람이 느끼는 정도와 물체, 구조물에 미치는 영향에 따라 정해놓은 상대적인 개념의 지진 크기를 나타낸다. 보통 0~7까지의 숫자로 표기한다. 예를 들어, 진도 6.1의 지진은 잘못된 표현이며, 규모(Magnitude, M) 6.1, 진도 6의 지진은 맞는 표현이다. 진도가 같아도 대상 건물, 구조물의 설계상태나 지진동의 성질에 따라 피해가 달라지며, 지진에너지(E)와 규모(M)와의 관계($\log E = 1.18 + 1.5M$)에서 보면, M이 1 증가하면 에너지는 약 32배 증가한다. 지진의 크기를 정확히 표현하기 위해서는 표면파 매그니튜드, 모멘트 매그니튜드 등의 새로운 방법이 제안되고 있다.

대규모 지진에서는 장주기의 지진파가 발생하므로 진앙에서 먼 쪽에는 비교적 낮은 진도라 하더라도 엘리베이터, 기름탱크의 흔들림 등 특이한 파괴현상이 발생할 수도 있다. 규모가 큰 지진이 발생한 이후에는 M0.5~1.0 정도의 여진(餘震)이 자주 발생하고, 그 범위가 넓으며 시간이 지날수록 여진은 감소하게 된다. 아울러 해양형(해구형) 대지진 이후에는 해저에 큰 지각변동이나 미끄러짐(sliding) 때문에 지진해일(tsunami)이 발생하여 큰 피해를 추가로 입히기도 하며, 매립지 및 해변가 지반의 액상화현상으로 부동침하나 지반의 측방운동(側方運動) 등에 의해 건물이 기울거나 기초가 파괴되어 건물이 전도되는 피해가 발생하기도 한다.

표 1.2는 일본기상청에서 마련한 진도계급에 대해 알 수 있다. 단지 이 표는 어떤 진도가 관측되었을 경우, 그 주변에서 실제와 같은 현상이나 피

표 1.2 **진도계급**

진도계급	사람	실내 상황	실외 상황	철근콘크리트건물	지반, 사면
0	사람은 흔들림을 못 느낌				
1	옥내에 있는 사람 중 미세한 흔들림을 느낌				
2	실내에서 흔들림을 약간 느끼고, 잠자고 있는 일부 사람들이 잠을 깸	매달려 있는 전등이 갑자기 흔들림			
3	실내의 대부분 사람이 흔들림을 느끼고 공포감을 느끼는 사람도 있음	선반에 있는 식기류가 소리를 내며 흔들림	전선이 조금 흔들림		
4	공포감을 많이 느끼고 자고 있는 사람 대부분이 잠을 깸	매달린 물건이 크게 흔들리고 잘못 놓여진 물건이 넘어지기도 함	전선이 크게 흔들리고 보행중인 사람도 흔들림을 느낌 운전 중에 흔들림에 신경쓰는 사람도 있음		
5 약	많은 사람이 신변안전을 꾀하려고 하고 일부 사람은 행동에 지장을 느낌	매달린 물건이 크게 흔들리고 책장의 책이 떨어지는 경우도 있음 물건이 많이 넘어지고, 가구가 이동하기도 함	창유리가 깨져 떨어지기도 하고 전주가 흔들리는 것을 알 수 있음 블록이 붕괴되기도 하고 도로에 피해가 생길 수 있음	내진성이 낮은 건물에서는 벽 등에 균열이 발생하기도 함	연약한 지반에서 균열이 발생하고 산지에서는 낙석 및 작은 붕괴도 발생할 수 있음
5 강	엄청난 공포를 느낌 많은 사람이 행동에 지장을 느낌	선반 위의 식기류, 책장의 책, TV가 받침대에서 떨어지기도 함 문이 변형되어 열리지 않기도 하고, 문이 떨어져 나감	블록담장이 많이 붕괴되고 자동판매기가 넘어질 수 있음 자동차 운전이 곤란하게 됨	내진성이 낮은 건물에서는 벽, 보, 기둥 등에 큰 균열이 발생하고, 내진성이 큰 건물에서도 벽 등에 균열이 발생함	
6 약	서있는 것이 곤란해짐	고정되지 않은 무거운 많은 가구가 이동, 전도됨 열리지 않는 문이 많아짐	많은 건물에서 벽의 타일이나 유리창이 파손, 낙하함	내진성이 낮은 건물에서는 벽이나 기둥이 파괴되고, 내진성이 높은 건물에서도 벽, 보, 기둥 등에 큰 균열이 발생함	땅이 갈라지거나 산사태 등이 발생할 수도 있음
6 강	서있을 수 없으며, 기지 않으면 움직일 수 없음	고정되지 않은 무거운 가구의 대부분이 이동, 전도되고, 문이 떨어져 날아감	많은 건물에서 벽의 타일이나 창유리가 파손, 낙하함 블록담장 대부분이 붕괴됨	내진성이 낮은 건물은 파괴되기도 함 내진성이 높은 건물에서도 벽, 기둥 등이 많이 파괴됨	
7	흔들림에 정신이 없어지고 자신의 의지로 행동할 수 없음	대부분의 가구가 크게 이동하고, 날아다니는 것도 있음	대부분의 건물에서 벽 타일, 차유리가 파손 낙하함 보강된 블록담장도 파손되기도 함	내진성이 높은 건물에서도 기울어지거나 크게 파괴되는 것이 있음	땅이 갈라지거나 미끄러짐, 산사태가 발생하고, 지형이 변할 수도 있음

해가 발생할 것인지를 나타내는 것이므로 주의해야 한다. 진도가 동일하더라도 대상이 되는 건물, 구조물의 상태 및 지진동의 성질에 따라 피해가 다른 경우도 있다.

④ 지진파의 종류

지진에 의해 암반 중에 발생한 지진파는 지구 내부를 관통하여 탄성파로서 전해지는 지진파를 실체파(탄성체 내를 주행하므로 탄성파라고도 함)라 한다. 탄성파에는 매질에 나타나는 변형의 형태에 따라 P파(종파)와 S파(횡파)가 있다. 그리고 실체파가 일정한 지층을 따라 진행함으로써 지구의 표면에 따라 전해지는 표면파라 하며, 레일리파와 러브파가 있다(그림 1.2.3).

㉠ 종파(탄성파, 조밀파, P파(primary, Push의 첫 자)) ; 압축 · 인장하는 파로서 물질의 입자는 파의 진행방향과 나란히 진동을 일으키며 매질의 부피변화를 수반하여 진동시킨다. 종파의 전파속도는 횡파보다 2～3배 빠르기 때문에 항상 지진기록에 먼저 나타나고, 상하동(上下動)을 동반하는 단주기의 지진동(地震動)이고 '초기미동(初期微動)'이라 한다. 초기미동에 이어 큰 횡방향 흔들림을 동반하는 횡파가 건물을 크게 진동시켜 피해를 일으킨다. P파의 초동(初動)과 S파의 도달시간 차(差)를 알게 되면 이 시간차(sec)에 7～8배 하면 대략 진앙지, 진원거리(km)를 알 수 있다.

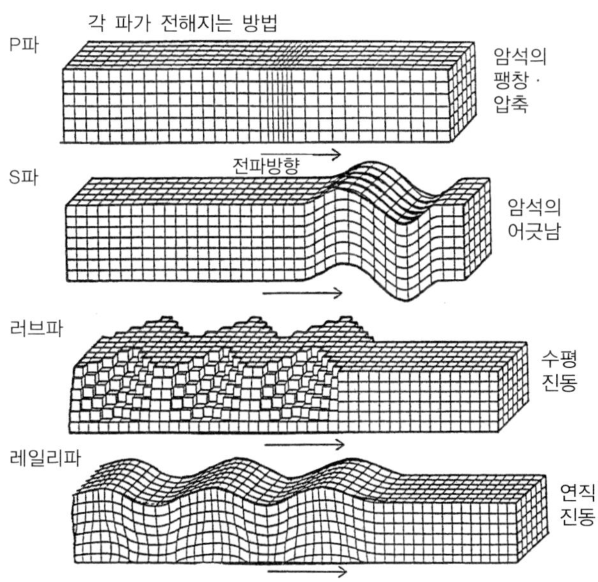

그림 1.2.3 **지진파의 종류**

㉡ 횡파(탄성파, 전단파, S파(secondary, share의 첫 자)) ; 파의 진행방향과 직각으로 진동을 일으키는 실체파로써 S파 통과 시 매질의 부피변화는 일으키지 않으나 전단변형을 수반한다. 상대적으로 속도가 늦기 때문에 항상 지진기록에 P파 다음에 나타난다.

㉢ 러브파(표면파) ; S파의 수평운동 성분으로 된 파로서 레일리파보다 빠르게 전파되고 매질의 운동이 수평성분만 가지므로 수직성분의 지진계에는 거의 기록이 안 된다.

㉣ 레일리파 ; P파와 S파의 수직운동 성분으로 구성된 파로써 지표에서는 수평축이 긴 타원운동형 진동형태를 보인다. 종방향 성분의 지진기록에서 관측이 잘 되며 러브파 뒤에 기록된다.

⑤ 진동하는 건물의 성질

일반적으로 건물도 진자(振子)와 같이 고유주기를 갖고 있는 데, 저층건물에서는 짧은 주기, 높은 건물에서는 긴 고유주기를 갖는다. 보통의 경우 건물 층수에 0.1을 곱하면 고유주기(초)가 구해진다. 즉 3~4층의 저층건물은 0.2~0.3초, 10층의 중층건물은 0.7~1.0초, 50층 이상 초고층건물은 5초 정도로 길다.

건물의 지진에 의해 받는 힘은 건물 진동자(振動子, 절점=바닥중량, 기둥=스프링으로 치환)의 진동모드(vibration mode)에 의해 설명할 수 있다. 단층건물은 절점이 1개이므로 1절점 모델, 고층건물은 다(多)절점 모델이 된다. 1절점 모델은 진동모드(흔들리는 형태)가 한 가지 뿐이지만 다절점 모델은 절점의 수만큼 진동모드가 있다. 또 진동모드별로 고유주기를 갖는다(그림 1.2.5). 초고층건물의 경우는 고차모드의 영향으로 뱀이 움직이듯 진동한다(그림 1.2.4).

그림 1.2.4 **고층건물의 진동모드**

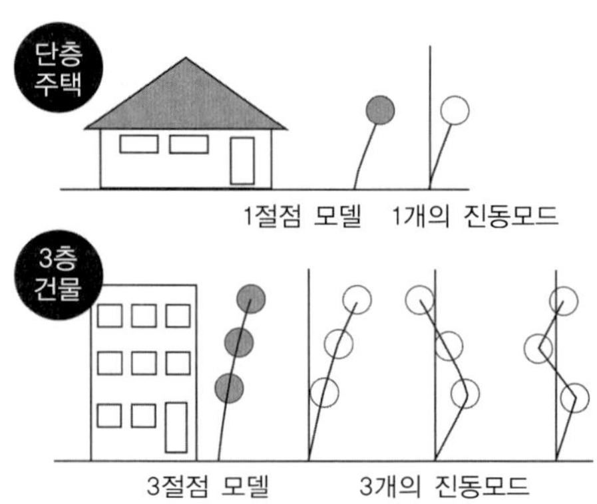

그림 1.2.5 **건물과 절점 모델**

1-3 지반의 종별과 건물피해 양상

지진에 의한 건물 피해 정도는 지반의 종류, 선악(善惡)에 따라 다르다는 것은 잘 알려져 있다. 건물 기초에 해당하는 지반은 신생대 제4기(100~200만년 전)에 조성된 평야지대로써 하부에 단단한 홍적층, 상부에 부드러운 충적층으로 되어 있고, 일반적으로 강을 따라 발달한 평야, 삼각주 등의 충적(沖積)지반이나 매립지에서는 부드러운 지반에 의해 지진동이 증폭되므로 건물 피해가 많고, 움푹 팬 지형(台地), 단차가 있는 언덕(段丘) 등의 딱딱한 홍적(洪積)층 지반 및 암반 위에서의 피해는 적은 편이다. 충적층은 연약하며 모래나 점토성분으로 구성되어 있어 액상화(液狀化)현상이 일어날 가능성이 커서 저층건물에 적당하며, 중규모 이상의 건물은 홍적층을 지지지반으로 하게 되며, 충적층이 두꺼운 장소에서는 압밀침하를 고려하며, 말뚝기초를 사용하여 홍적층에 지지시켜야 한다.

일본의 경우 1978년 궁성현(宮城縣)지진에서는 홍적층 지반 위에 건물이 밀집되어 있음에도 피해가 적었고, 충적지반 위의 건물은 구조 종별에 관계없이 많은 피해가 생겼다. 2011년 3월 동북지방지진으로는 큰 해일 피해를 입었고 그 결과 원자력발전소가 큰 피해를 입어 2차적인 방사능 피해까지 입은 사례가 있다. 이때, 지반이 좋은 센다이지역까지 확대되어 입지조건이 변하고 재해를 입게 된 것은 지반조건의 중요함을 다시 인식케하는 계기가 되었다. 따라서 내진설계 시에는 지반의 종류에 따라 지반과 기초의 설계가 매우 중요해진다.

고베지진 시의 피해 양상을 정리하면 다음과 같다.

주택의 경우 인공섬(sea side town)의 고층, 초고층주택은 외견상 피해가 없었는 데, 그 이유는 매립지이지만 지반액상을 일으킬 정도의 큰 지진력이 건물에 가해지지 않았고 내진설계로 대비했기 때문이다. 단, 정전, 단수 등 인프라의 기능정지로 생활하기 불편한 점과 엘리베이터 정지로 노약자가 지상에 못 내려온 경우가 많았다.

중 · 저층 맨션(고급아파트)의 손괴(損壞)는 고층, 초고층, 목조주택에 비해 적었으나 맨션의 중간층이 압괴((壓壞)되고, 필로티가 있는 1층 부분이 무너진 경우가 많아서 새로 지어야 할 정도로 피해를 입었다.

목조주택의 피해는 더 많았는데, 낡은 기와지붕의 피해와 불에 타서 파손된 경우가 많았다. 그러나 최근 보급된 공업화주택(시스템 건축)은 도괴(倒壞)되지 않았다. 이는 내진설계기준에 따르고, 설계도면대로 지어진 주택은 조립식(prefab)이든 재래구법이든 관계 없이 무너지지 않았다는 것을 의미한다.

주택형식별 피해 결과는 연립주택, 저층 공동주택이 전체의 40%를 차지하고 불에 타서 무너진 경우가 가장 많았다. 이러한 주택의 피해는 건물형식(구조형식), 건물형태, 건축시기, 특성에 따라 서로 다르게 나타났다.

병원은 건물도괴(倒壞) 및 중간층 압괴가 발생했고 정전, 비상발전기 고장, 단수, 의료기 파손 등으로 치료 불가능하게 되었으며, 소방서는 다수의 화재 발생을 통보받음에 따라 비상사태가 발생하여 소방대, 구조대 편성이 어려워 대응능력에 한계가 있었으며 근린지역부터 지원하고, 도로정체로 현지도착이 늦어짐에 따라 화재현장 소방용수 부족과 함께 소화활동에 큰 차질을 빚었다. 또한 경찰서는 청사 도괴, 액상화 영향으로 비상경보, 본부기능이 상실되어 정확한 정보수집 및 정리가 안 되었다. 학교는 피난소로 지정된 80개 건물이 피해를 입었고, 체육관 역시 지붕 낙하 등의 큰 피해와 단수, 수세식 화장실 고장, 정전으로 난방·조명기구를 쓸 수 없음에 따라 피난대피소로서의 기능을 못하게 되었다.

한편, 사무소건물들은 임대사무소의 1/4이 전파(全破)로 사용 불가능하게 되고, 특히 컴퓨터실은 천장의 조명기구 낙하, 냉각수 단수 등으로 기업활동에 지장이 커서 회복에 시간이 많이 걸렸다. 그리고 고베시 구청사 6층이 무너지고 하수처리장, 쓰레기소각장의 피해가 컸으며, 긴급시 연락수단 확보, 중요문서 보관체계 및 직원행동요령 등의 미비로 피해상황 및 구원수요 등의 파악이 늦어지고, 설계도면이 확보 안 되어 복구작업에 차질이 많이 생겼다. 은행은 온라인 네트워크 사용이 불가능하여 통장, 인감 분실이용자에 대한 신분증명이 곤란하여 지불이 어려워지는 등 일반주민이 많은 불편을 겪었다.

대형 백화점은 건물 중간층이 붕괴되고 설비기기 파손으로 피해정보 확보가 곤란했으며, 매장면적 감소로 직원 중 자택(自宅)대기자가 늘어나게 되었다. 아케이드 같은 소형 상점들은 건물 양측에 피해를 입어 지붕 지지부재 파손과 일부 화재 발생으로 가구전도, 유리파손 등 취성파괴 우려 때문에 기능을 제대로 하지 못했다.

▶ 다양한 피해 양상

① RC구조

– 복도나 베란다에 설치된 비내력벽에 전단균열이 발생했다.

– 보(도리)방향의 잔류변형에 의해 현관문이 열리지 않았다.

- 인동(隣棟) 간의 익스팬션 조인트(expansion joint)가 부딪쳐 심하게 부서졌다.
- 실내 가구가 모두 넘어졌다.
- 허리벽에 균열이 생기고 마감재인 타일이 대부분 탈락했다.
- 2, 3층 박공벽측의 보가 전단파괴되고 상하로 수cm 어긋났다.
- 1층 코너부의 필로티 기둥이 압괴되고 철근이 좌굴되었다.
- 건물이 수평으로 5° 정도 기울었다.
- 상부구조에 수평방향의 잔류응력이 없는데도, 말뚝머리가 압괴되었다.
- 중고층(中高層) 건물의 중간층에서의 층(層) 붕괴가 있었다.
- 기둥의 단주(短柱)화에 의한 붕괴가 많이 발생했다.
- 건물의 기초 부분에서 수cm 연직으로 침하되었다.

② 강구조

- 칸막이벽의 석고보드가 바탕(下地)에서 벗겨져 탈락했다.
- 외장타일이 부서져 낙하했다.
- 창문의 유리가 부서지고 낙하했다.
- 내진벽의 브레이스가 압축으로 좌굴되었다.
- 내진벽의 브레이스가 접합부에서 인발되어 파단되었다.
- 보의 일부가 휨항복되고, 건물이 1/100 정도 기울었다.
- 기둥 주각부에 휨에 의한 좌굴이 생기고, 건물이 1/50 정도 기울었다.
- 기둥에 취성적인 인장파단이 생겼지만, 건물은 거의 수평을 유지했다.
- 앵커볼트가 인발되어 파단되었다.
- 말뚝(pile)머리 파괴에 의해 부분적으로 주각이 50mm 정도 침하되었다.

③ 목구조

- 지붕의 기와가 미끄러져 낙하했다.
- 가구의 문이 열리지 않았다.
- 외장재인 라스 모르타르가 벗겨졌다.
- 1층의 층간 변형각이 약 1/10 정도 변형되었다.
- 토대의 앵커볼트(anchor bolt)가 끊기고 토대(土臺)가 기초에서 분리되었다.
- 벽의 밸런스가 무너져 비틀림으로 1층이 크게 경사졌다.
- 1층이 2층의 중량으로 완전히 도괴되었다.

1-4 지진피해 사례 및 보강

■ 지진피해 상황

▶ 목조건물의 피해

그림 1 기울어진 주택(1층 기둥 붕괴)

그림 2 2층 연립주택(외벽 탈락)

그림 3 1층 벽량 부족으로 무너진 주택과 강재 베란다 파괴

그림 4 좌굴 파괴된 구조가새

▶ RC조건물의 피해

그림 5 RC건물, 기둥의 전단파괴 균열(기둥단주화)

그림 6 RC조 아파트 연결다리의 붕괴(좌우건물의 강성 차이)

그림 7 RC조 7층 아파트 1층 주차장(필로티) 기둥의 전단파괴 붕괴

그림 8 1층 기둥의 전단파괴, 환강 사용, 띠철근 간격 넓음

그림 9 아파트 고층동(棟) 2층 피해(발코니 단차에 의한 파괴)

그림 10 아파트 측벽의 경사균열(전단파괴)

그림 11 12층 아파트의 저층부 벽체, 휨파괴에 의한 수평방향 균열

그림 12 RC조 건물의 기둥파단(단주화)

그림 13 상가건물의 피해(1층 벽량 부족)

▶ SRC조 건물의 피해

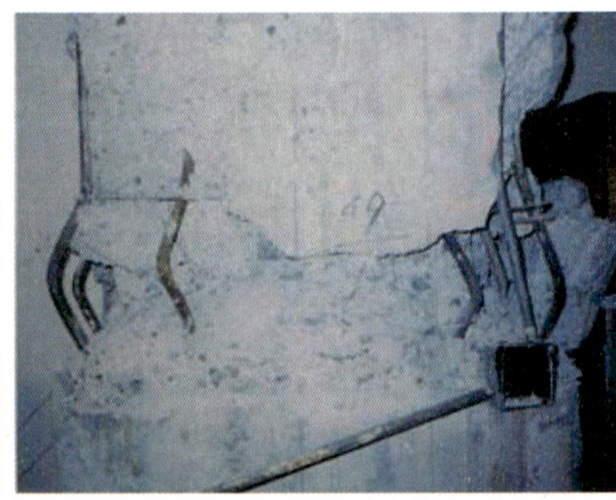

그림 14 중간층(4층)이 붕괴된 고베시청사 (구관)

그림 15 2층 내진벽 옆의 기둥 손상(철근은 좌굴했지만 기둥은 압괴되지 않음)

그림 16 지하 1층 내진벽 손상(피복두께 벗겨지고 철근 변형)

그림 17 손상을 입은 기둥 내부, 앵글과 평철을 조립한 SRC 기둥 파단

그림 18 SRC 12층 건물, 5층 붕괴

▶ 경량 철골건물의 피해

그림 19 모살용접된 박스기둥 붕괴(1층 필로티 붕괴에 의한 2층 전도, 낙하)

그림 20 강구조 트러스 아파트(새로운 구법)

▶ 액상화에 의한 피해

그림 21 액상화에 의한 지진피해

▶ 강구조건물의 피해

그림 22 강구조 기둥의 취성파괴

그림 23 강구조 고층 아파트(24층) 2층 기둥의 취성균열(도시직하형 지진의 특징)

그림 24 강구조 주각부 앵커볼트의 인발파괴 (기초에 가해진 인장력이 원인)

그림 25 기둥의 취성파괴에 의한 브레이스 파단

▶ 기타 원인에 의한 지진피해

그림 26 전형적 조적조건물의 피해

그림 27 조적조건물의 피해

그림 28 단층 위에 건설된 저층 아파트 피해(지반균열)

그림 29 지진으로 파괴된 액상탱크(코끼리발 좌굴)

그림 30 기둥 속 PVC관 배치로 기둥 성능저하(시공 불량)

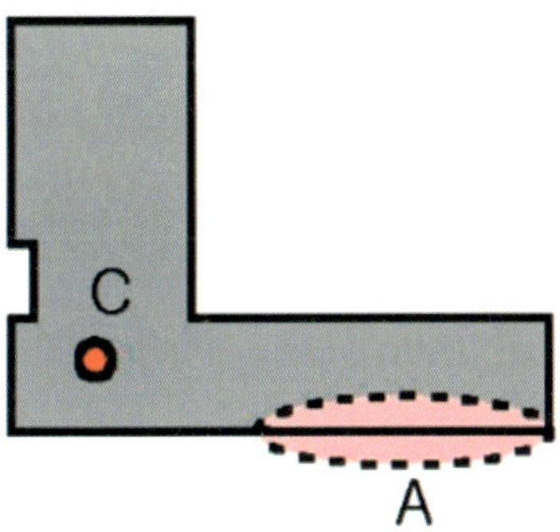

그림 31 비정형 건물 평면

그림 32 피해를 입은 주상복합건물

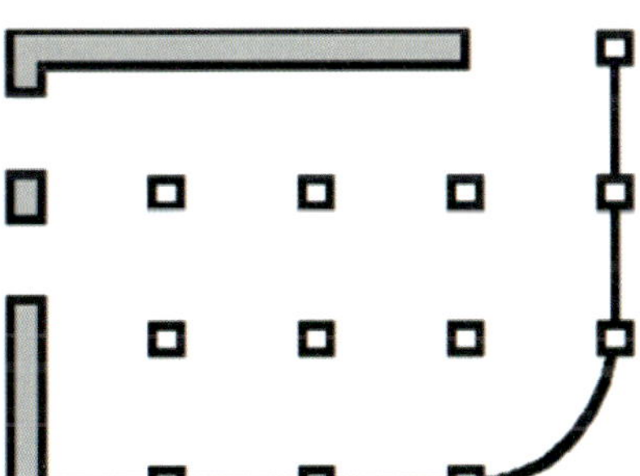

그림 33 구조적 비대칭 건물

그림 34 도로전면 개방으로 구조적 비대칭 붕괴

그림 35 지진피해 아파트(부실시공)

그림 36 아파트의 기둥단면(죽근)

그림 37 지진해일(쯔나미)에 의한 피해

그림 38 지진으로 파괴된 도로

그림 39 학교건물 현관캐노피 붕괴

그림 40 soft story가 붕괴원인으로 지적된 호텔

■ 구조안전진단

▶ 구조안전진단 현장조사

그림 41 외관 육안조사(균열폭조사)

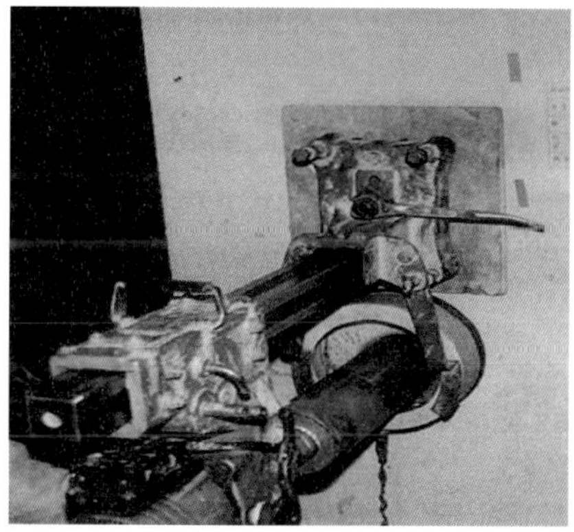

그림 42 콘크리트 코어(core) 채취 (압축강도 추정)

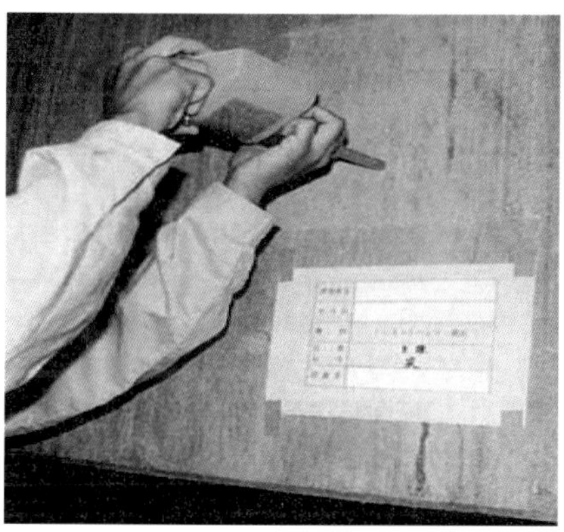

그림 43 슈미트해머시험(콘크리트 압축 강도 추정)

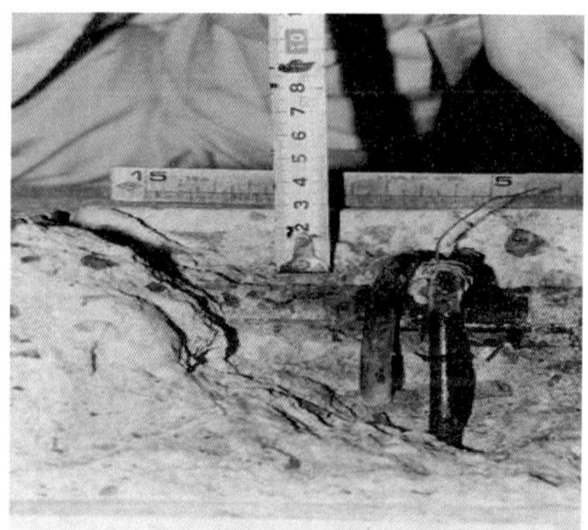

그림 44 콘크리트 표면 철거 후, 철근의 녹, 콘크리트 피복두께 및 중성 화깊이를 확인

그림 45 채취한 콘크리트 코어의 압축 강도시험

그림 46 레벨 측량으로 부동침하, 바닥 처짐 조사

■ 내진보강 예

▶ RC조건물의 내진보강

그림 47 학교건물의 내진보강(철골브레이스로 RC라멘 보강)

그림 48 강재에 의한 창틀 보강

그림 49 건물 내부 창틀에 강재프레임 설치

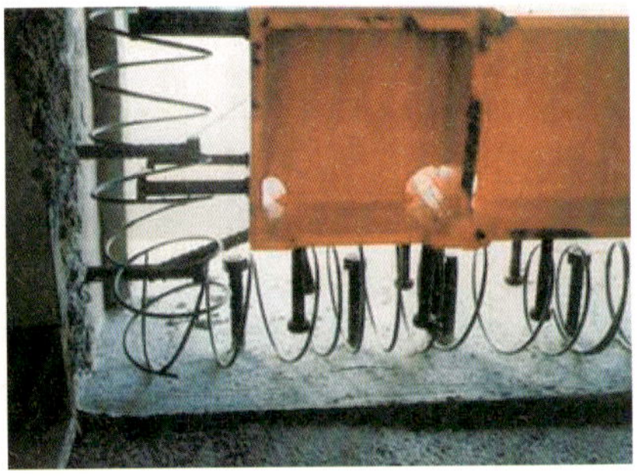

그림 50 기존 콘크리트에 앵커를 타설, 강구조프레임에 스터드볼트와 교대로 조합, 무수축 콘크리트로 고정시킴

그림 51 강재브레이스에 의한 내진보강(제진댐퍼)

그림 52 기존 벽체의 내진보강

▶ 단면증설에 의한 보강

그림 53 기존 RC건물의 보강(보하단과 기둥 측면에 H형강 부착 후, 일체화 시공)

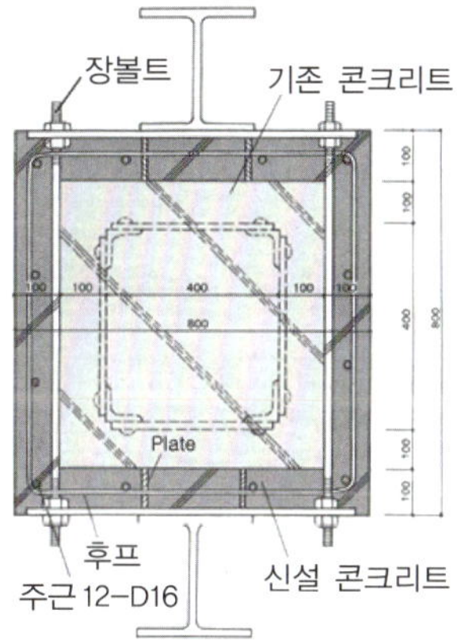

그림 54 기존 기둥의 단면적 확대에 의한 보강

그림 55 표면 콘크리트 제거 후, 신설 콘크리트 타설에 의한 기둥보강

▶ 1층 주차장 기둥의 탄소섬유시트 전단보강

그림 56 기둥 하부에서 상부로 겹치게 감음

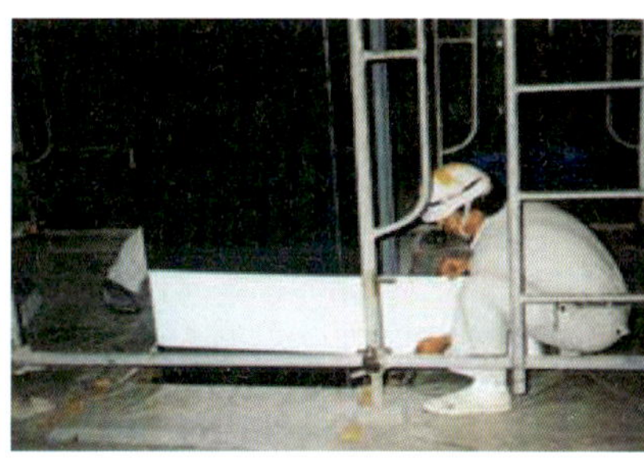

그림 57 하지에 에폭시수지를 바르고 시트를 감는 공정을 2회 반복

그림 58 시트 위에 모르타르를 발라 마감

▶ 기존 조적조 벽체 보강

그림 59 기존 조적벽체의 보강(기존 벽과 보에 앵커볼트 설치 후, 배근하여 일체화 시공)

그림 60 보강벽 상단부 상세(슬래브에 앵커볼트 설치 후 콘크리트 타설)

▶ 기존 RC기초 보강

그림 61 기존 독립기초 주위에 배근하고 콘크리트 증설

그림 62 외주부 기초기둥도 동일 방법으로 보강

■ 제진 및 면진기술

▶ 제진기술

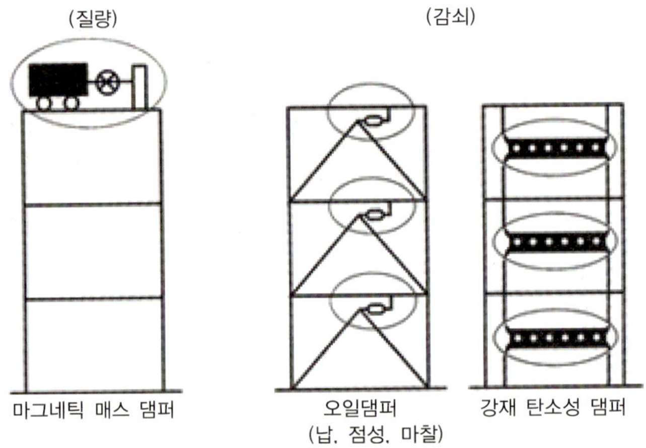

그림 63 **대표적인 제진기술**

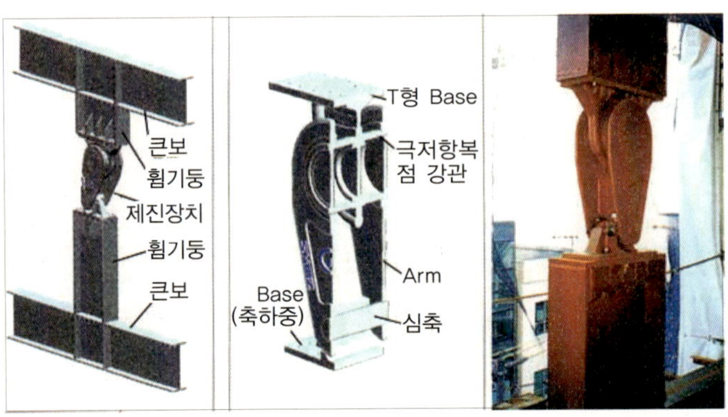

그림 64 **제진댐퍼**

▶ 면진기술

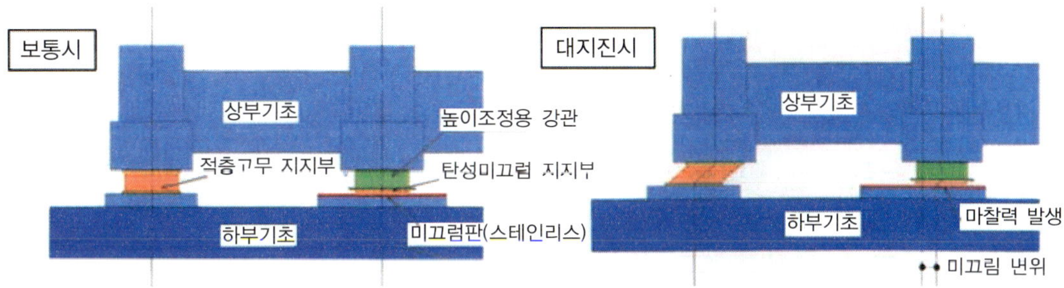

그림 65

그림 66 **적층고무+스프링**

그림 67 **스프링 유닛**

그림 68 **점탄성 댐퍼**

■ 내진보강 후 건물외관 변화

그림 69

그림 70

그림 71

그림 72

그림 73 **5층 이하를 철거한 고베시청사 (구관) 복구**

02 건물의 지진피해 특징

인류는 유사 이래 지진이나 바람, 수해에 견딜 수 있는 주거를 만들려는 강한 의지로 시행착오를 거듭해왔고, 지진에 의한 큰 피해를 입을 때마다 귀중한 경험을 얻었다. 이를 바탕으로 계속 연구하여 내진구조를 발전시켜 왔다.

내진공학이 발달하여 초고층건축이 많이 건설되는 오늘날에도 지진은 인간에게 여러 가지 시련과 교훈을 계속 주고 있다.

본 장에서는 과거 지진은 각종 건축물의 어느 부분이 어떻게 파괴되었는지와 우리나라 내진설계에 끼치는 영향이 큰 도시직하형(直下形) 지진 중 1995년 고베지진을 중심으로 소개한다.

건축학회, 건축가협회 및 민간 건설회사 등의 보고서에 의하면 건물의 구조와 상관없이 대파, 도괴된 건물은 1971년 이전의 내진설계법에 의한 건물이 압도적으로 많았고, 이후의 설계법으로 갈수록 피해가 감소하고 있다. 그러나 1982년 신내진설계법에 의해 설계된 건물에서도 RC건물 5%, 강구조건물 30% 정도가 복구 불가능이라는 보고가 있다.

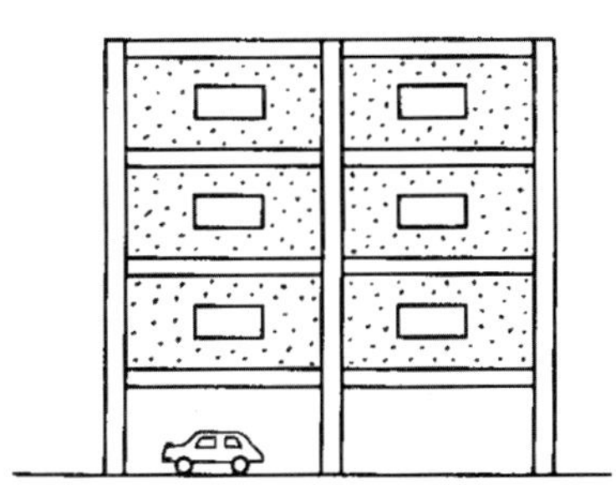

그림 2.1.1 **필로티**

원인분석 자료는 없지만 이는 신내진설계법에 의한 건물도 무리한 구조계획, 설계·감리 허술, 시공 불량, 구조적 불균형으로 설계된 건물 등이 겹치면 내진성능이 크게 저하된다는 것을 의미한다.

이는 RC조, 강구조, 목조 등 구조는 무엇이든 건물설계에 근본적인 문제가 있는 것이다.

2-1 RC조 건물

1) 1층 필로티 붕괴

RC건물 지진 피해의 특징으로 필로티형식 건물 1층 부분의 피해가 컸으며, 이런 구조는 이전부터 내진구조로서는 취약한 것으로 경고되어 왔다.

그림 2.1.2는 기둥의 주근, 콘크리트 구속용 띠철근은 기준보다 가늘고 간격도 30cm이며 띠철근 단부의 후크가 주(主)철근에서 벗어나서 뽑혀진 것이 많았다. 또한 기둥 주철근의 가스압접 부분에서의 파단이 많았고, 철근의 모재부에서 파단되어도 압접 부분에서는 파단되면 안 되는 시공 불량이었다.

2) 중고층(中高層) 건물의 중간층(層) 붕괴

건물의 중간층 붕괴는 과거의 지진피해에서는 없었던 예로서 원인은 지반의 투수성, 설계용 지진하중의 차, 구조형식 불연속 부분의 붕괴, 건물 내부에 입력된 지진파가 최상층에서 반사하여 되돌아온 파에 의해 밑에서 위로 올라간 파가 겹쳐서 증폭된 것 등의 복합적이라고 보고되었다.

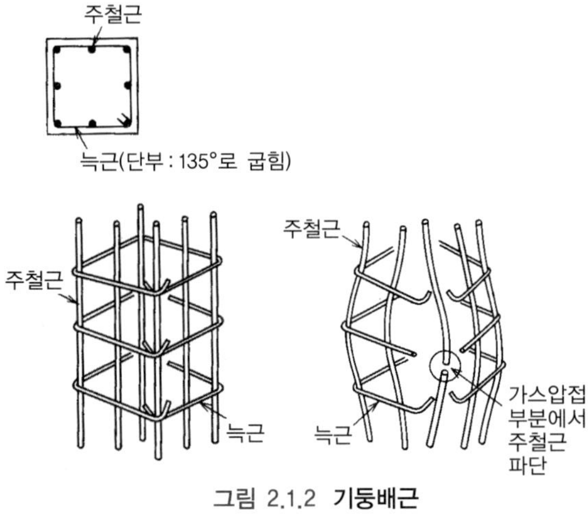

그림 2.1.2 **기둥배근**

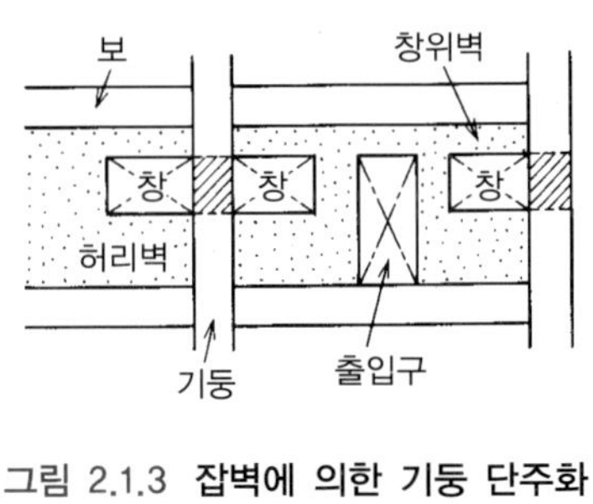

그림 2.1.3 **잡벽에 의한 기둥 단주화**

3) 기둥의 단주(短柱)화에 의한 붕괴

건물의 개구부 상부벽에 기둥을 단주화한 결과 큰 지진력이 작용하여 기둥이 전단파괴된 예가 많았다.

4) 주철근의 정착 불량

RC건물 피해의 공통점은 평면적인 벽배치 편재에 의한 비틀림 파괴, 2개의 건물 연결 부분 붕괴, 상하층의 구조적 불연속성(구조계획 미비), 기둥의 띠철근 부족, 철근 단부의 정착 불량, 조악한 콘크리트공사에 의한 콘크리트 강도 부족이 원인이었다.

철근콘크리트구조는 크게 라멘(rahmen)구조와 벽식(壁式)구조가 있다. 라멘구조는 기둥이나 보를 주체로 하는 골조로서 각 절점에서 부재가 강하게 접합되어 있다. 역학적으로는 휨재, 압축재, 인장재가 결합되어 있는 형식으로 강절골조(剛節架構)라 할 수 있다. 내진, 내풍, 내화, 내구(耐久)구조로서 넓게 이용되어 왔고, 설계 및 시공이 비교적 용이한 점과 기능성, 거주성을 얻기 자유로운 조형성을 창출하기 쉽다는 점이 특징이다. 그러나 지진피해 사례가 많았던 것을 교훈삼아 건축계에서는 조속한 개선책을 강구해야 할 책임이 있다.

예를 들면, 기둥에 X형 전단파괴가 생기지 않도록 해야 하지만 개구부 상하의 벽(허리벽, 창위벽)이 기둥과 일체되어 지진력을 부담하지 않도록 기둥과 벽체 사이에 구조슬릿(slit)을 넣는 방안이 있다(그림 2.1.4).

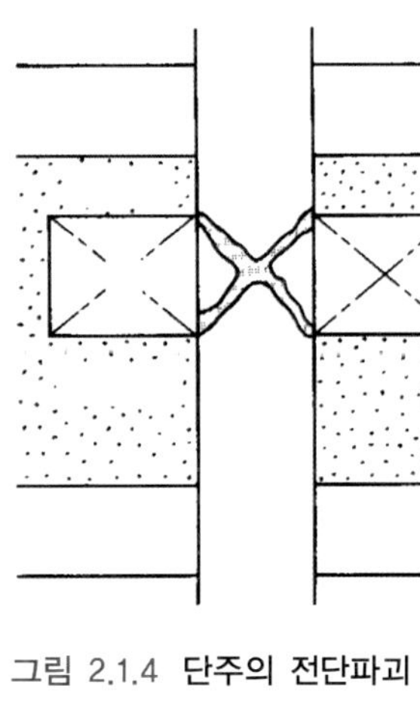

그림 2.1.4 **단주의 전단파괴**

또한 기둥의 전단파괴를 막기 위해서는 띠철근 간격을 10mm 이내로 하고, 나선근을 사용하며, 부(副)띠철근을 병용한다. 띠철근은 용접폐쇄형, 용접길이 편측 10d, 양면 5d로 하며, 띠철근 단부 정착은 135° 및 6d 여장 확보, 콘크리트 피복두께를 정확히 지키고, 철근의 간격을 규정대로 지키는 등의 조치가 필요하다.

2-2 강구조(S) 건물

1) 기둥-보 접합부의 용접 파단

파괴 원인은 용접 부분의 시공 불량, 용접 크기 부족(완전용입용접이 안 된 경우), 맞대용접할 곳을 모살용접한 경우 등이었다.

(a) 정상적인 상태 (b) 보와 다이어프램 용접부가 파단되어 탈락한 상태 (c) 기둥과 다이어프램 용접부가 파단되어 위층이 전도된 상태

그림 2.2.1 **기둥-보 접합부 용접파단**

2) 주각 앵커볼트의 파단

1층 기둥의 주각부에서 콘크리트 부분이 붕괴되어 앵커볼트가 뽑힌다든지, 앵커볼트 축항복에 의한 파단 등에 의해 건물이 도괴, 기우는 예가 많았다.

3) 브레이스(Brace)의 좌굴, 파단

가새가 좌굴(buckling)하여(그림 2.2.3) 외벽이 낙하, 가새와 기둥 접합부의 거싯 플레이트나 가새 교차부의 플레이트가 파단된 경우, 가새 자체가 파단된 예 등 도괴된 건물이 많았다.

상자형 기둥의 모재가 중간 부분에서 수평으로 파단된 경우는 드문 경우로서 새로운 파괴 유형이며 추후 조사가 필요하다.

ALC판 등 외벽의 박리, 탈락이 많이 발견되었으며, 이는 변형 추종성에 대한 대응에 많은 문제를 남기게 되었다.

강(鋼, steel)은 소재로서의 강도(항복점)에 도달해도 금방 파단되지 않고 소성변형이 생기는 점성이 강한 특성이 있다. 이를 잘 이용하여 설계된 건축물은 내진성이 뛰어난 편이다. 고베지진에서도 마감재 탈락이나 구조적 결함이 있는 건물 붕괴가 다소 있었지만, 기준대로 시공되었으며, RC조에 비해 피해의 예는 극히 적었다고 할 수 있다.

중량철골을 구조체로 이용하는 철골조(강구조)의 대표적인 것은 고층건물이나 호텔, 공동주택 및 대스팬을 필요로 하는 구조물이다. 주체구조는 라멘(기둥, 보에 의한 골조)구조이고, 내진벽이나 가새(brace)를 넣어 보강한다. 외벽에 커튼월(curtain wall)을 사용하는 경우가 많은 고층건물에서는 지진시에 층간변형이 커지므로 그 변형을 추종(구조부재와 마감재의 강성 차이)할 수 있는 마감재의 기둥-보에 부착시키는 공법이 특별히 필요하다.

4) 강구조의 피해와 개선대책

① 주각부

주각 부분이 콘크리트로 고정되어 있지만 파괴되거나 앵커볼트가 콘크리트 파괴로 뽑힌다(引拔)든지 앵커볼트가 축항복(軸降伏)으로 신장(伸長)되거나 절단되어 1층 기둥이 부상(浮上)하거나 횡방향으로 이동하는 예가 많다.

이에 대한 대책으로는 다음이 있다.

종래의 기초 밑둥 콘크리트 30cm을 지중보(beam) 내에 정착시키는 매립형 주각으로 하거나 베이스 플레이트 하부에 모르타르를 주입하는 등 공극(틈)이 있어 파단되는 경우가 많았으므로 주각보강에 관한 공법(예, base back, high base공법)의 특허를 사용하는 것도 한 방법이다.

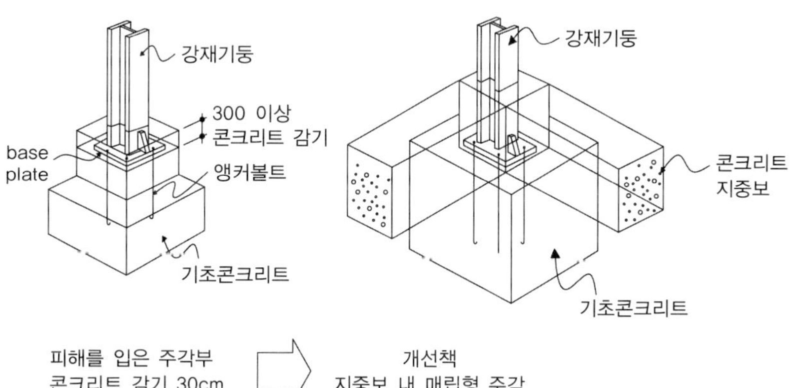

그림 2.2.2 **지중보내 매립형 주각**

② 브레이스

X형으로 배치한 부재인데, 교차부 플레이트가 파단되든지 교차부가 압입(押込)되든지, 세장한 부재의 좌굴이나 접합부의 거싯플레이트가 파단되는

예가 많다. 따라서 브레이스재 자체의 내력보다도 교차부의 플레이트나 볼트 또는 기둥과의 접합 거싯플레이트 및 볼트의 내력을 증가시켜 축부(軸部) 내력보다 접합부 전체의 내력을 증가시켜 파단되지 않도록 하는 것이 더 중요하다.

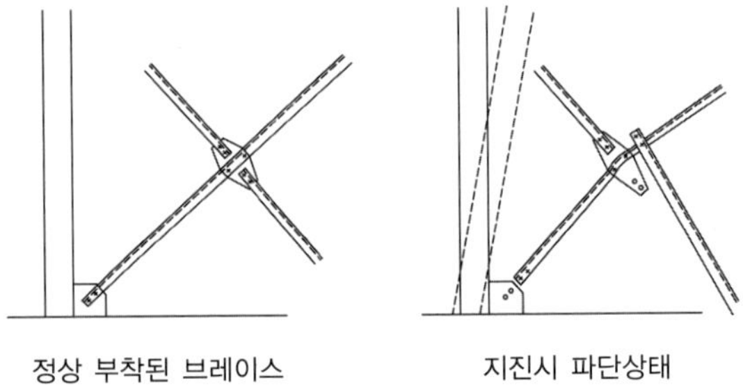

그림 2.2.3 **지진시 브레이스의 파단 예**

③ 기둥-보 접합부

지진에 의한 주요 피해상황과 대책은 다음과 같이 정리할 수 있다.

㉠ 스캘럽(scallop)에 기인하는 보-플랜지 취성파괴

취성은 가위로 자른다는 의미로 원인은 보-플랜지의 저(低)파괴인성(스캘럽을 설치하기 위해 플랜지에 2차응력이 작용하여 파단됨)으로써 논(non)스캘럽공법 혹은 개량형으로 하는 방안이 있다(그림 2.2.4).

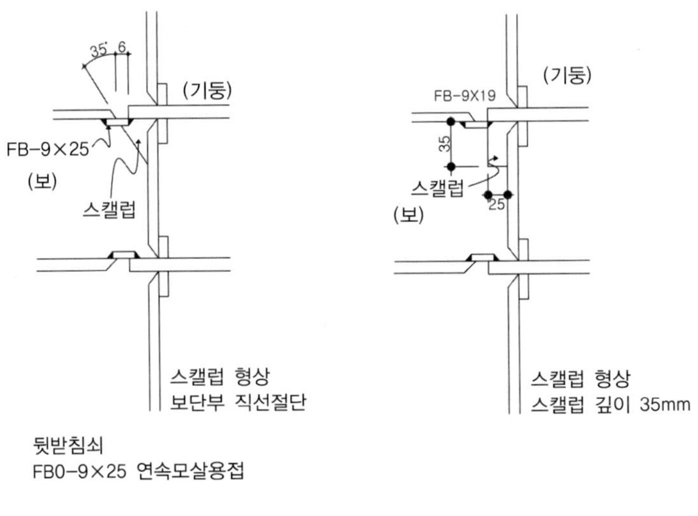

그림 2.2.4 **개량 스캘럽**

ⓛ 스캘럽에 기인하는 관통(貫通) 다이어프램의 취성파괴

원인은 다이어프램(diaphragm)의 판(板)두께 부족이나 취부용접 불량에 의한 저파괴인성이다. 대책은 다이어프램의 판두께를 증대시키거나 논(non)스캘럽공법 혹은 개량형으로 하는 방안이 있다.(그림 2.2.5)

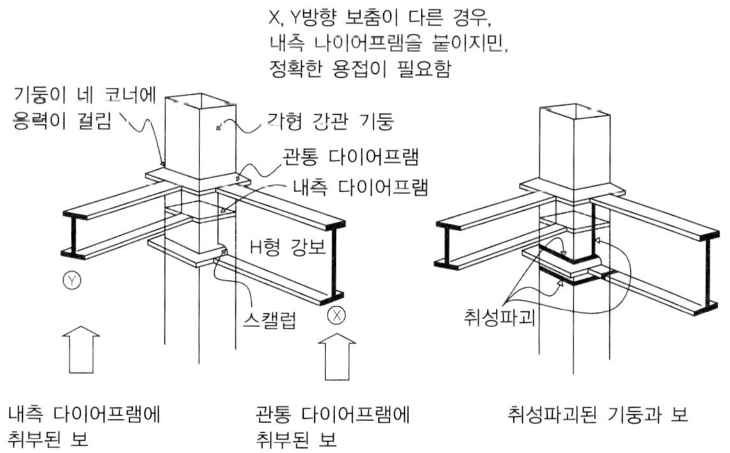

그림 2.2.5 **취성파괴된 기둥-보**

ⓒ 엔드탭과 보-플랜지 사이의 노치(notch, 갈라진 틈)에 기인하는 보-플랜지 용접부의 균열

원인은 엔드탭(end tab)과 보-플랜지 사이에 틈이 생기기 때문이다. 이때는 고형탭(固形 tab)을 사용하는 것이 좋다(그림 2.2.6).

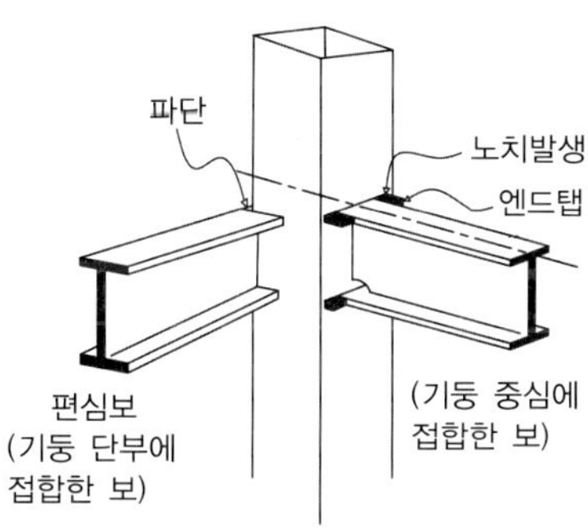

그림 2.2.6 **노치로 인한 균열**

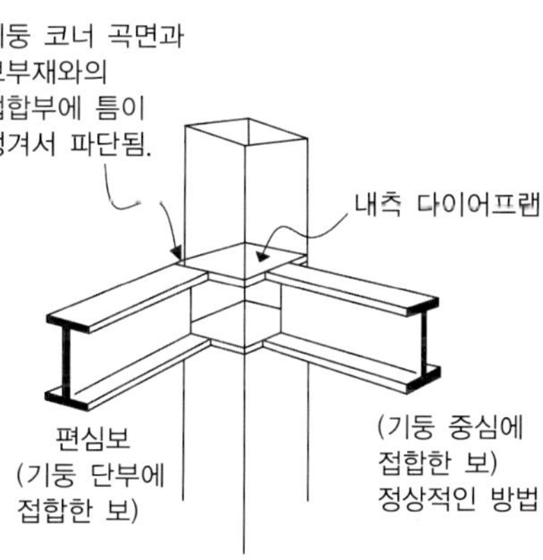

그림 2.2.7 **향후 피해야 할 용접**

㉣ 각형강관 기둥 코너용접부의 균열

원인은 기둥 코너부에 응력이 집중되거나 코너부의 불완전한 용접시공에 의한 것이다. 따라서 코너부를 세밀하게 용접할 필요가 있다(그림 2.2.5).

㉤ 기둥과 편심보-플랜지의 용접부 균열

원인은 기둥의 네 코너에 응력이 집중되고 기둥의 곡면과 보부재와의 접합부에 틈이 생겨서 완전한 용접이 불가능하여 파단된 경우이다. 따라서 이때는 편심(偏心)보의 설계를 피하고 기둥과 보의 중심을 지나는 설계가 필요하다(그림 2.2.7).

㉥ 무보강(無補强)형식의 각형강관 기둥과 보접합부의 강관 벽면 균열

원인은 각형강관 기둥면 벽의 강성 부족이다. 따라서 강관기둥 벽면의 국부변형을 막기 위해 판두께를 크게 하는 방안이 필요하다(그림 2.2.8).

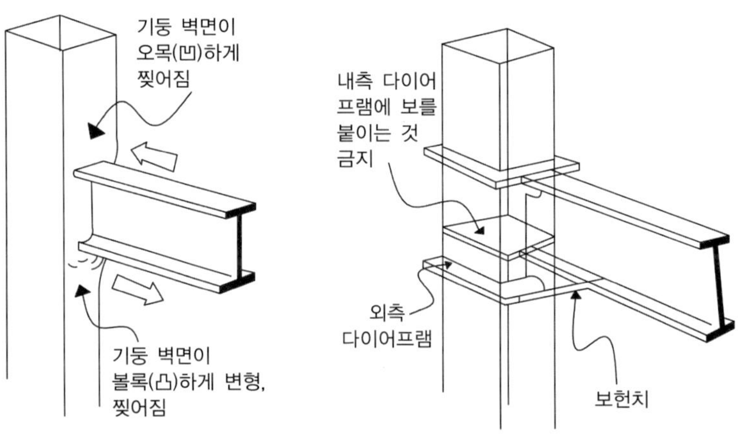

(a) 무보강의 각형강관 기둥과 보

(b) 외측 다이어프램 보강형식에 따라 보헌치를 설치한 예

그림 2.2.8 **기둥벽면 국부변형**

㉦ 내측(inner) 다이어프램 보강형식, 각형강관 기둥 내측 벽면의 균열

원인은 내측 다이어프램의 용접이 정확하게 되었는지 의심된다. 외측 다이어프램 보강형식을 채택하고 보헌치(haunch)를 설치하여 내측 다이어프램 형식을 피하는 방안이 있다.

④ **트러스 부재의 조인트부 피해 예와 대책**

고베지진에서 트러스부재는 좌굴되어 파괴된 것이 많이 발견되었다. 대책은 보가 좌굴되지 않도록 횡좌굴방지용 작은보를 설치하고, 보부재에 보강 스티프너(stiffner)를 넣어 좌굴을 일으키지 않도록 하면 된다. 접합-조인트부도 거싯플레이트나 볼트가 파단되지 않도록 접합부 설계가 중요하다(그림 2.2.9).

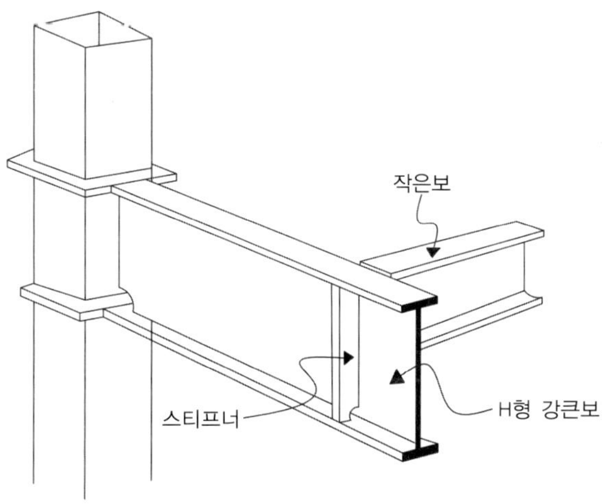

그림 2.2.9 **트러스부재의 조인트부**

한편 SRC(철골철근콘크리트)구조 건물은 1965년 이전의 건물에서 주로 피해가 발생했고, 앵글과 플레이트를 리벳(rivet)으로 조잡한 SRC조(lattice) 모양의 부재가 많이 사용되었고, 변형능력이 작고 RC와 거의 같은 수준의 SRC(철골철근콘크리트조)였다. 현재의 H형강을 사용한 건물은 변형능력이 크고 점성이 강한 구조로 되어 있다.

단, 적절한 구조계획, 용접을 포함한 정확한 시공이 이루어져야 내진성을 확보할 수 있다.

2-3 벽식구조와 공동주택

벽식(壁式)구조는 철근콘크리트구조형식의 하나로서 주요 구조부를 기둥과 보 없이 벽체(벽판)와 바닥판(slab)으로만 구성된 골조방식이고, 기둥이나 벽이 없기 때문에 칸막이벽이 많은 주택에 접합한 구조(그림 2.5.1)이다. 벽두께, 벽량, 층고, 개구부 등에 역학적 안전성을 확보하기 위한 구조제한이 있어서 전체적으로 매우 강(剛)한 구조가 된다. 바닥면적에 대한 벽량이나 벽배치에 규제가 있고 자유롭게 개방된 공간 확보가 어렵다. 원래 공동주택용으로 개발된 구법으로 벽식 철근콘크리트구조, 콘크리트블록조 등이 해당되며, 라멘구조에 비해 경제성을 목적으로 개발·보급된 구조방식으로서 중·저층 공동주택이나 전용주택 등, 주로 소규모 철근콘크리트구조 건축에 채용되는 것이 적당하지만 최근에 우리나라에서는 고층건물(공동주택)에도 적용되는 구조이다.

이 구조시스템은 내진성능이 높은 편이어서 과거 많은 지진 사례에서도 지반에 의한 영향을 제외하면 건물 자체에 대한 피해는 비교적 적었고, 벽식 RC조와 같은 종류의 건물에서 현저한 피해는 없었다. 즉 지반의 액상(液狀)화에 의한 건물 전도 이외에는 피해가 거의 없었으며, 고베지진에서도 안전한 구조라는 것이 입증되었다.

① 필로티형식은 약하다

고베지진에서 큰 피해를 입은 RC조 공동주택의 약 90%가 1층에 피해가 집중되었다는 것이 조사결과 나타났다. 대부분 1층이 필로티형식으로써 주차장으로 이용되든가 점포 및 사무소 등 주거와 다른 용도로 사용되었고, 벽이 거의 없든지 또는 있어도 평면적으로 한쪽으로 매우 치우쳐 설계된 건물들이 많았다.

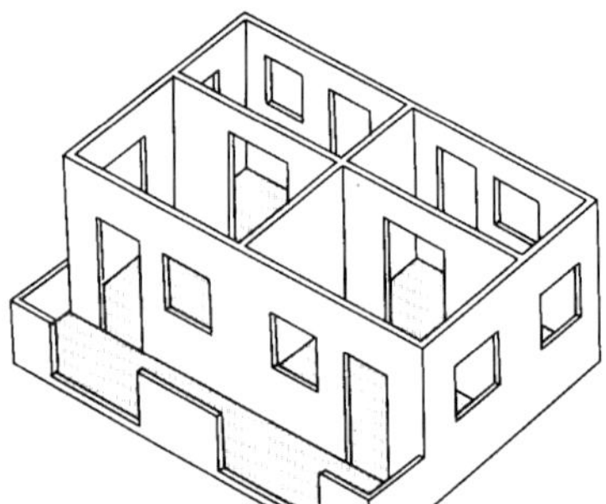

그림 2.3.1 **벽식구조**

필로티형식의 공동주택은 2층부터 위층은 주거공간으로 벽이 많고 전체적으로 단단한 구조로 되어 있고, 1층 부분은 벽이 적고 기둥만으로 부드러운 구조로 되어 있어서 지진시 부드러운 부분에서 변형이 커지고 기둥은 큰 지진력이 생기는 약점을 갖게 된다. 즉 부분적으로 변형이 커지므로 '비틀림 형상'이 생기고, 따라서 건물의 강성 균형을 좋게 하는 것이 건물의 안전성 확보를 위해 중요하다.

필로티형식의 공동주택 1층 기둥의 파괴패턴은, X자형 균열파괴를 일으키는 '전단파괴'로써 기둥에 점성이 없다는 증거이다. 기둥에는 주근과 띠철근이 콘크리트에 매립되어 있고, 기둥의 점성에 중요한 역할을 하는 띠철근 간격과 배근방법의 시공 불량 등이 파괴된 기둥에서 자주 볼 수 있는 형태이다.

공동주택 계획단계에서는 1층에서 최상층까지 모든 세대에 걸쳐 상하의 벽을 같은 위치에 두는 것이 각층의 강성(剛性) 균형상 바람직하지만 어쩔 수 없는 경우는 약점을 보완할 구조계획을 설계사무소와 충분히 상의하고, 안전성을 고려하여 설계에 반영하며, 시공시에는 구조설계자의 공사감리에 충실히 세부적으로도 신중하게 대처할 필요가 있다.

국내에서 필로티 건물이 많이 지어지는 이유가 있다면, 먼저 건축법상 다세대, 원룸 등에서 1층을 주차면적으로 하는 경우, 건축면적 산입에서 제외시켜주고 건설경비가 줄어드는 장점이 있어서 많이 지어진다고 보여진다.

② 고층 아파트와 저층 아파트

최근 초고층 공동주택(아파트) 건설이 대도시를 중심으로 많이 건립되고 있지만, 그 중에는 100m를 넘는 것까지 등장하고 있다. 고베지진에서 판두께 5cm의 철골조기둥이 수평방향으로 균열이 생긴 것은 많이 알려졌지만 총 3,400세대의 14층, 24층, 29층 52동이 있는 대단지의 피해이므로 주민들은 물론, 건축 관계자에게도 큰 충격이었다. 특히 강재기둥에 수평균열이 생긴 것은 학문적으로도 큰 의미가 있었다.

지진에 의한 진동은 고층으로 갈수록 커지는 것이 상식이므로 초고층 아파트에는 면진구조나 제진구조를 도입하여 지진에 의한 건물의 흔들림을 최소화하는 것을 의무화하는 것이 중요하다.

중층(4~5층) 아파트의 경우 5층까지가 한도인 RC조 벽식구조를 사용한 것이었고, 이 벽식구조는 고베지진에서 구조적으로는 큰 피해가 없었다.

테라스하우스로 대표되는 3층까지의 저층 아파트 매력은 단독주택의 연장선상에 있고 전용정원과 공용공간의 종합적인 주거환경 만들기가 가능한 점이다. 건물의 구조를 봐도 RC조 벽식구조, 목조 2×4공법 등 내진벽으로 구성되는 경우가 많고, 시공실수나 지반에 문제가 없는 한, 지진에 대해서도 비교적 안심할 수 있다고 할 수 있다.

우리나라와 같이 30층 이상의 벽식구조로 공동주택을 짓는 경우는 구조시스템 보완이 필요하다. 특히 용적률을 최대한 확보하고 사업성을 중시하다보니 건물 배치가 비내진적인 경우가 많고, 예를 들면 필로티를 1층에 설치하고 지하주차장은 모멘트저항의 라멘구조로 하며 상층부의 아파트는 벽식구조로 하다 보니 내진성이 부족하여 전이보(transfer girder)를 무리하게 설치하거나 공동주택의 동(棟)배치를 ㄱ, ㄷ자 형상으로 꺾이게 하여 겹친 부분의 다이어프램 기능을 위태롭게 하여 건물 전체의 내진성을 헤치는 경우가 많이 발생한다. 또한 건물 높이가 60m를 넘고 지반 종류가 S_c, S_d급이면 특수전단벽을 설치해야 하는 현행기준(KBC 2009)에 따라 그 대신에 제진(制震)댐퍼(인방형과 창문형)를 사용하여 콘크리트 물량을 줄이고 공사비를 절약하고자 하는 추세가 고층 공동주택을 중심으로 많이 시도되고 있으나 기술개발 및 관련 분야의 한계 때문에 현장에 손쉽게 적용하기에는 내진성 확보 차원에서 아직 부족한 실정이다.

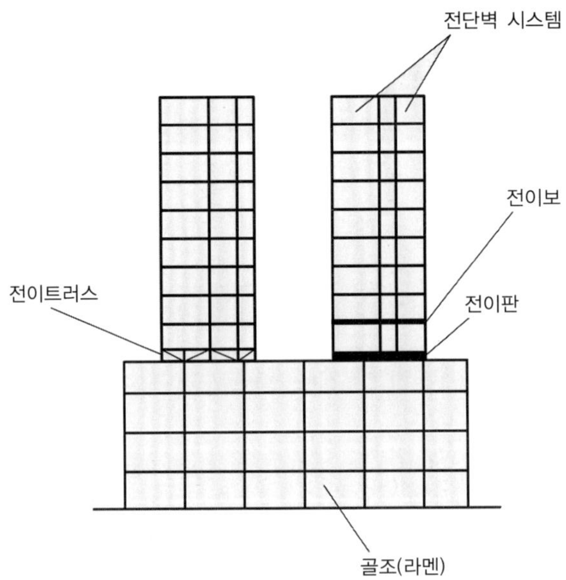

그림 2.3.2 **주상복합건물**

2-4 공업화주택(프리패브주택)

고베지진 시 '공업화주택은 지진에 강하다'라는 보도가 있었지만 프리패브(prefabrication)주택은, 왜 전도(顚倒)되지 않았나? 그 이유를 생각해 보자.

재래구법의 목조주택은 비교적 구조적 규정이 완화된 점도 있지만 프리패브주택은 세부적으로 기술기준을 만족시키고 관련위원회의 승인을 받아야 하므로 내진성, 내풍성, 내구성 등 각 구조계산에 따라 안전성을 확보하고 공장생산에 의한 비교적 양호한 품질관리도 하고 있는 점이, 프리패브주택의 골조에 피해가 적었던 가장 큰 이유라고 생각한다.

프리패브주택에는 골조의 재질에 의해 목조, 철골조(강구조), 콘크리트의 3종류로 분류되는데, 구조형식에 의하면 라멘구조, 벽식구조, 핀(pin)구조, 반(semi)-라멘구조로 분류하는 경우와 프리패브 정도에 따라 구조체와 외벽을 분리하는 분리형, 일체화하는 일체형, 프리패브화가 가장 진전된 박스유닛(box unit)형으로 분류할 수 있다. 목조의 프리패브주택은 축조(軸組)패널구법도 있지만 2×4구법(단면치수를 2×4인치 규격재를 사용)이라는 구조시스템이 주류를 이루고 있다. 규격부재로 구조의 틀을 만들고 양면에 합판 등의 판제를 붙여 패널 구면을 만들고 그것을 조립하여 집을 만드는 구법이다. 부재 및 패널 접합에는 못을 사용하고, 벽패널을 부분적으로 내진벽으로서 균형 잡히게 배치하여 지진력이나 풍력을 분산시키는 설계를 하므로 지진 및 태풍에도 잘 견디도록 한다.

콘크리트계통의 프리패브주택은 PC패널을 접합철물에 의해 용접 또는 볼트조임 등으로 조립하는 벽식구조 주택이다. 내화구조라는 점 때문에 공동주택을 중심으로 보급된다.

한편, 강구조(S조)에 의한 공업화주택은 직하형 지진에도 큰 피해를 입지 않았다고 보고되고 있으며, 이러한 시스템 건축이 많이 보급된 일본의 경우 각 회사에 따라 구조시스템이 다양하게 개발되어 있다. 이 공법의 특징은 시공법이 매우 세세하게 규정되어 있고 공장에서 생산되는 각 부품(parts)도 검사체제가 확립되어 있기 때문에 편차가 적어서 어떤 일정한 내진성능이 확보되어 있다는 것이다.

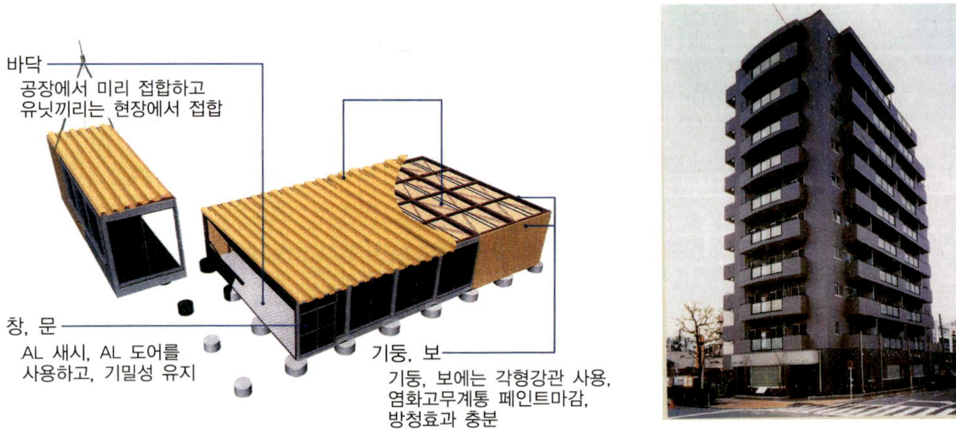

그림 2.4.1 **강구조 공업화 건물**

2-5 기초구조

기초의 피해는 지하 부분 문제로서 그 피해상황은 파악하기 힘든 점이 많다. 직접기초의 피해는 사질지반의 액상화, 그에 따른 지반의 측방(側方) 유동에 의해 지반이 지지력을 잃고 건물이 침하하든지 경사지게 되는 피해가 많았으며, 말뚝기초의 피해는 말뚝머리 부분 파괴나 말뚝 균열 등의 피해가 보고되었다. 일본에서는 1994년 「지진력에 대한 건축물의 기초 설계 지침」이 발간되어 말뚝(pile)머리에 수평력이 가해지는 것으로 간주하여 설계하도록 규정하고 있으나 그 이전의 건물에 대해서는 이런 조치가 취해지지 않았다.

현재는 외관상 문제가 없는 건물에서도 말뚝에 이상(異狀)이 있기 때문에 서서히 기울어질 가능성도 있고, 기울어져 있는 건물은 계속적인 감시 · 조사가 필요하다.

Port island의 고층주택은 액상화에 의해 광범위하게 지반침하가 있었음에도 건물 자체는 기울어진 흔적이 없다. 이는 사전에 액상화에 대한 대책으로 지반개량 효과가 있었기 때문이다.

▶ 왜 기초에 돈을 투자해야 하는가?

기초는 집 전체의 중량을 지지하고 대지에 단단히 고정시키는 역할을 한다. 기초는 지진은 물론 태풍시의 홍수나 쓰나미 등 자연의 위협에도 저항해야 한다. 건물의 중량과 압축력, 비틀림, 휨, 인장력 등 복잡한 힘에 견뎌야 한다. 그 때문에 목조주택은 RC조 콘크리트로 하는 추세이며, 최근의 지진피해 상황을 봐도 기초나 구조에는 비용을 더 투자하고 보다 안전하고 튼튼한 건물을 만들어야 한다.

▶ 튼튼한 기초 만드는 방법

지반이 단단하고 강한 경우는 문제가 없지만, 동일 부지 내에 절토(切土)와 성토(盛土)가 공존하는 경우 그것을 모르고 일률적인 깊이로 기초를 시공하면 위험하다. 즉 성토 부분의 기초에서는 건물의 자중이 약한 성토 부분의 흙(土)은 압밀침하를 일으키고, 시간이 경과함에 따라 집은 기울어지고 건물 각 부분에 무리한 힘이 가해져서 건물 전체에 '변형' 및 '균열'이 생겨서 본래의 수명을 단축시킨다.

상황에 따라 강한 기초를 만들기 위해서는 다음과 같은 대책이 필요하다.

① 성토 : 표준 줄기초의 기초 높이나 폭을 넓게 한다.

② 연약지반 : 표준 줄기초의 강성은 높이고, 기초의 저변을 넓게 하며, 이에 따른 철근의 양을 증가시킨다.

③ 초(超) 연약지반의 기초 : 건물 전체의 저면을 일체로 하고(온통기초, mat), 지하 부분(지하실) 철근이 2단으로 배근된 기초로 하고, 위의 표준 줄기초나 보강된 줄기초보다 큰 강성이 기대되는 기초이다.
줄기초는 침하를 균등하게 하는 효과가 있으므로 연약지반이나 사질층 지반에서 유발되는 액상화현상 발생 우려가 있는 지반에서는 최적의 기초공법이다. 단, 기초 직하(直下)에 균일한 연약층이 없는 경우나 성토와 절토가 섞여 있는 경우, 기초의 일부에 지하 부분이 있어 무거워진 경우에는 줄기초를 채택하면 안 된다.

④ 보통의 줄기초보다 기초 깊이와 폭이 크고 철근이 들어간 기초로 하는 것이 내진적으로 더 우수하다(그림 2.5.1). 특히 충분한 기초슬래브 깊이(춤)와 기둥에서 내민기초 슬래브 폭(길이)이 중요하다.
지반의 강약에 관계 없이 철근이 들어간 줄기초 구축은 내진주택에서 뺄 수 없는 조건이다. 고베지진 직후 기초에 대한 조사결과 튼튼한 기초와 앵커볼트에 단단히 접합·고정된 토대, 기초로 한 주택은 안전하다는 것이 기본적으로 입증되었다. 무근콘크리트 줄기초에 비해 비용은 약 5% 정도 더 비싸지만 지진이나 태풍에 강한 안전한 주택에 적당하다.

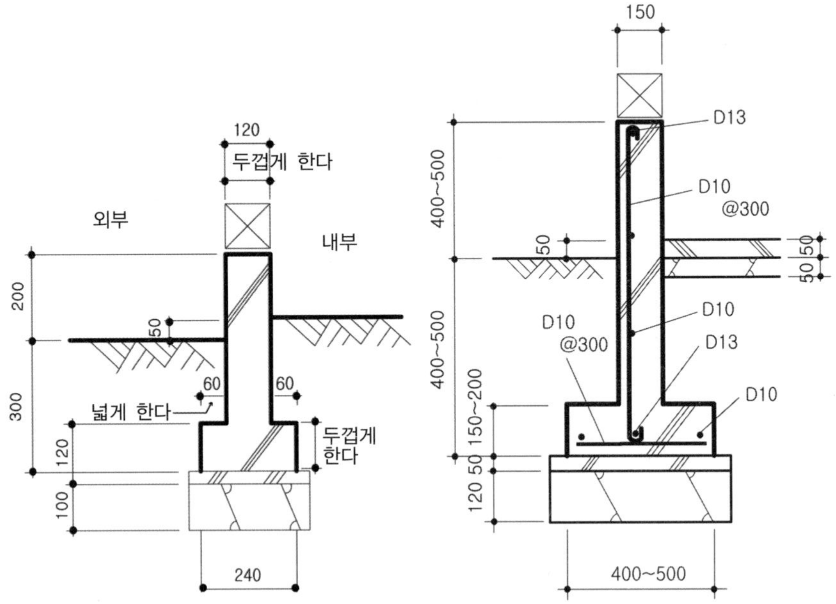

(a) 줄기초(무근)상세도(표준)

(b) 튼튼한 기초

그림 2.5.1 **줄기초**

⑤ 줄기초에서 중요한 것은 줄기초와 토대가 일체로 긴결(緊結)되어야 하므로 앵커볼트의 굵기나 적절한 위치간격을 준수해야 한다. 앵커볼트 조임에는 50~60mm각, 두께 3mm 이상, 길이 35cm 이상, 2중 너트, 2중 와셔로 하고, 앵커 끝부분은 인발되지 않도록 굽혀두고 기초콘크리트 속에 매립한다.

⑥ RC조 매트기초(온통기초)는 건물 전체의 중량이 기초의 전체 면에 균등하게 작용하므로 건물의 부동침하를 방지한다. 예를 들면 지진으로 지반이 연약해지거나 균열이 생기고 지반파괴 및 액상화현상이 생겨도 건물에 미치는 손상을 적게 할 수 있다. 단, 지반이 불균일하고 균형이 좋지 않은 곳에는 설치하면 안 된다.

⑦ 지하실을 만들면 건물 전체가 안정되고 특히 일부분의 지하실보다 지상의 건물과 동등한 넓이로 하면 더 안전한 방재주택이 된다.

2-6 건물의 내진성

건물의 내진성에 중요한 지반과 기초의 문제, 건물 본체의 내진성, 그리고 내진계획에서 건물 준공까지 유의해야 될 점, 준공 후의 유지관리에 대한 문제에 대해 소개한다.

1) 지반과 기초

① 충적층과 홍적층 : 건물의 지진에 의한 피해를 다룰 때, 건물의 내진성능과 함께 지진과 지반의 관계가 중요하다. 지반의 성질을 알고 기초의 계획을 세울 필요가 있다. 일반적으로 지반은 하부에 지층인 단단한 홍적(洪積)층, 상부지층인 부드러운 충적(沖積)층으로 되어 있다.

② 압밀침하(壓密沈下)와 액상(液狀)화 현상 : 충적층을 구성하는 지층인 점성토는 저지(低地)나 매립지 등의 평탄한 지역에 많은 연약지반이며, 압밀침하가 진행되기 쉬운 지반이다. 이 지반에서 말뚝기초를 쓰면 말뚝이 땅속으로 처박히는 현상("Negative friction")이 생기고 말뚝에 과대한 하중이 걸려서 말뚝의 파괴나 침하가 생기기 쉽다.

③ 지반조사 : 기초의 합리적인 설계와 확실한 시공을 위해서는 건설부지의 지반조사가 필요하며, 지반조사는 건물의 용도, 규모, 층수, 구조시스템의 종류, 부지의 상황에 따라 실시할 필요가 있다. 그 결과를 이용하여 가능한 한 기초공법에 대한 다양한 대응책 마련이 필요(건축사, 발주업자는 토질, 기초관계전문가, 구조설계자와 상의 필요)하다. 여기서는 특히, 건물의 일부가 다른 부분 침하량에 비해 크게 침하하는 부동침하 현상을 예방하기 위하여 중요한 절차이며, 일부의 기둥, 보 등에 예측할 수 없는 큰 응력이 생겨서 골조의 파괴에 연결되기도 한다.

2) 건뉼 본체

내진설계의 목적은 건설하고자 하는 건물에 어느 정도의 내진능력을 갖게 할까?이다.

따라서 건물의 내용연한 중에 만나는 중(中)지진에 대해서는 재산의 보전을 꾀하는 목적으로 하거나 대지진에 대해서는 인명보전을 목적으로 하여 설계할 수도 있다.

① 강도저항형 내진설계 : RC조의 벽식구조와 내진벽을 많이 설치한 RC 라멘구조, 철골 brace구조에서 주로 채택하는 형태로, 건물이 충분한 강도를 갖게 설계하는 것이다. 특징은 강도(强度)는 있지만 점성이 없고 강성(剛性)은 높지만 변형능력이 적다.

② 점성(粘性) 저항형 내진설계 : 철골(강구조)에 의한 라멘구조가 대표적이며, 특징은 강도는 작지만 변형능력이 크고 점성이 크다. RC에 의한 라멘구조, 벽이 없는 라멘구조에서 부재의 휨파괴에 의해 파괴형식이 정해지는 구조형식도 점성저항형으로 분류된다. 그러나 중요한 것은 실제 설계에서는 건물의 용도, 기능, 규모, 형태에 따라 최적의 구조형식을 선택해야 하며, 부재가 크다고 해서 항상 안전한 것은 아니다. 즉 내진구조계획이 중요하다.

3) 설계감리, 구조감리, 시공관리

① 설계감리 : 건축사라도 모든 분야의 전문가는 아니므로 건축설계자(의장설계), 구조설계자, 설비설계자 등 세 분야의 전문가가 밀접한 관계를 유지하며 기본계획에서 실시설계까지 책임을 분담한다. 감리의 필요성(감리 역할)은 설계된 내용이 현장에서 확실하게 시공되는지 확인하는 것이다.

② 구조감리(구조계획의 중요성) : 내진성능이 높은 건물은 설계하는 과정에서 중요한 것이 구조계획, 내진계획이며 구조설계자의 능력을 가장 잘 발휘해야 한다. 구조계산을 해서 구조도면을 그린 건물이 원래의 의도대로 만들어지고 있는지 확인하는 것이 건축주, 사용자에 대한 책임이다. 의장설계, 설비설계는 건물에 따라 그 grade를 조절할 수가 있으나 구조체는 일단 잘못 만들어졌다 해도 교체가 곤란한 점이 중요하다.

③ 시공관리 : 시공자(혹은 현장소장)의 역할은 특기시방서, 설계도, 표준시방서 등의 설계도서에 기초하여, 그 설계사상을 잘 이해하여 확실한 시공을 하여 건물을 준공시키며 동시에 시공관리(품질관리, 공정관리, 원가관리)라는 큰 역할도 책임져야 한다. 일반적으로 내진(구조)계획이 안 된 건물은 구조, 설비적으로 무리가 생기고, 경비(cost)가 많이 든다. 따라서 기본계획 단계에서 상호 상의하면서 내진계획을 세우면 내진성능이 높은 건물의 창조가 가능하다.

4) 건물의 유지, 관리

① 증축문제 : 기존 건물과 일체로 윗 방향으로 증축하는 경우와 평면적으로 횡방향으로 증축하는 경우가 있다. 증축에 의해 건물 중량이 늘어나고 구조시스템이 붕괴되어 지장을 주는 경우가 많다. 따라서 신축 시 증축을 예상하고 구조계획을 세워야 하고, 증축이 예정 안 된 건물에 증축을 하는 경우는 기존 건물+증축 건물 전체로서의 구조성능을 검토해야 한다. 특히 조인트 계획(expansion joint, delay joint)에 의한 횡방향 증축의 경우는 구조적으로 기존 건물과 구조분리되면 좋으니 그렇지 못한 경우는 각 건물의 변형성능에 대한 검토를 한 후에 양 건물의 간격을 정해야 한다.

② 리모델링 : 임대빌딩에서는 임대자의 성향에 따라 개수를 할 때, 구조성능, 내진성능을 헤치는 예가 다소 있다. 이때 구조설계자가 없고 인테리어 설계자, 점포 설계자, 시공자만 있는 경우가 많은데 주의가 필요하다. 증축이든 개축이든 사전에 구조설계자의 의견을 듣고 건물주 및 건물관리자는 건물의 설계조건을 전문가에 의뢰하여 확인해야 한다.

03 지진피해에서 본 내진설계의 중요성

3-1 건물 계획에서 준공, 유지관리상의 주의사항

건물의 내진성을 높이기 위해서는 설계, 구조감리, 시공관리 및 건물의 유지관리 문제도 중요하다.

1) 설계업무

건축물 설계기술은 건축설계자(의장설계), 구조설계자, 설비설계자 등 전문기술이 세분화되어 있으므로 건축사라도 모든 분야의 전문가는 아니므로 각 분야 전문가와 적절한 관계를 유지하며 기본계획에서 실시설계까지 책임을 분담해야 한다.

내진성이 높은 건물은 설계과정에서 구조계획, 내진계획이 중요하며, 구조설계자의 능력을 가장 많이 발휘해야 한다. 그러나 건축주와의 대화창구는 건축사인 경우가 일반적이므로 구조설계자가 늦게 합류함에 따라 건물의 내진성을 훼손할 수도 있으며, 내진계획이 안 된 건물은 구조적으로 안전하지 않고 설비적으로도 문제가 생길 수 있으며, 공사비용도 더 많이 들게 됨을 알아야 한다. 구조체는 일단 잘못 만들어지면 교체가 불가능하다.

또한 건축주는 설계감리비를 적게 지불하고 싶어 하고 설계자는 적정 금액이 아니더라도 프로젝트를 진행하고 싶은 상반된 이해관계에서 결과적으로 건축법(code)에서 정하는 최소 규준만 만족되도록 구조계산을 맞추는 경우도 있다. 또한 구조계산 시간을 너무 재촉하여 건물의 내진성을 훼손하는 경우도 있다. 따라서 건축주는 내진성이 높은 건물을 지으려면 적절한 구조비용까지 감안하여 각 분야 전문가들이 사명감을 갖고 설계할 수 있도록 해야 한다.

건축설계는 건축설계자(의장설계), 구조설계자, 설비설계자 등 세 분야의 전문가가 기본계획에서 실시설계까지 책임을 분담하고 설계해야 건물의 내진성을 높일 수 있다. 내진성능이 높은 건물은 설계 과정에서 구조계획, 내진계획이 중요하며, 구조설계자의 능력을 가장 잘 발휘해야 한다.

건축설계자가 평면, 입면, 기둥과 벽의 배치까지 한 후 구조설계자에 의뢰하는 것은 잘못된 폐습이며, 내진구조계획이 안 된 건물은 구조적 결함은 물론, 설비적 결함까지 생기고, 특히 구조비용이 많이 들고 건물의 안전(安全) 문제도 위험에 노출된다. 따라서 기본계획 단계에서 상호 상의하면서 내진계획을 세운다면 내진성능이 우수한 건물을 건축할 수 있다.

2) 설계감리업무

① 감리의 필요성

감리의 역할은 설계된 내용(설계도면)이, 설계자(의장, 구조)의 의도대로 현장에서 확실하게 시공되는지 확인하는 것이며, 건축주 및 건물 사용자에 대해 책임질 일이다. 타일이나 공조기는 설치가 잘못되면 교체하면 되고, 의장설계나 설비설계는 건축주나 건축설계자의 예산 및 설계사상에 따라 그 수준(grade)을 조절 · 선택할 수 있으나 구조설계는 건축법, 국토교통부 고시, 행정관서의 지도 등으로 운신의 폭이 좁기 때문에 제약이 많다. 그러나 구조체는 일단 잘못 만들어졌다 해도 교체가 곤란하고, 결함이 있는 구조체는 평상시 문제가 없지만 지진시에는 붕괴되어 인명손실이 생기기도 하므로 주의해야 한다. 특히 구조계산서 등의 납기재촉은 최소 구조기준만 만족하는 품질이 낮은 설계를 유발할 수 있으므로 상호 잘 협조해야 한다.

또한 법적으로 많은 건물을 건축사가 감리할 수 있지만 구조 부분의 감리는 구조전문가에 맡겨야 한다. 오랫동안 지진피해를 경험하지 못한 건축주나 설계자 중에는 방심하여 구조를 무시, 경시하는 풍조가 있어 건물의 내진성을 저하시킨다. 따라서 감리의 중요성을 건축주에게 충분히 설명하여 건축설계의 적당한 대가를 요구해야 한다.

② 구조감리의 문제점

건축법적으로는 건축사가 대부분의 건물을 감리할 수 있지만 감리비용의 예산이 부족한 경우는 전문가가 아닌 설계자가 겸무하는 경우가 많다. 그래서 구조전문가의 지식이 요구되는 경우에도 그 판단을 시공자측에 위임하기도 한다. 따라서 구조 부분의 감리는 구조전문가를 필요로 한다. 최근 경주지역에서 학생들 행사 중 붕괴된 마우나오션 강당의 경우는 PEB구조(AISC, Euro code 사용, 현재 한국강구조학회 박판강구조 설계지침이 있음)란 특별한 구조시스템을 사용하고, 여러 가지 원인이 중첩되어 붕괴되었지만, 구조전문가에 의한 적절한 구조감리 결여가 가장 큰 원인이었다고 할 수 있다.

3) 시공관리업무

시공자(현장소장)의 역할은 설계도, 시방서(표준, 특기) 등의 설계도서에 기초하여 그 설계의도를 충분히 이해하고 시공하며 건물을 준공하는 동시에 시공관리(품질관리, 공정관리, 원가관리) 등의 책임을 져야 한다.

또한 건물의 내진성 확보 차원에서 현장소장의 시공관리 책임 중, 품질관리가 가장 중요하지만 경우에 따라서는 현장소장이 다른 현장을 겸무하기도 하고, 공정관리와 원가관리에 신경 쓰는 경우도 많다. 그 결과 시공기술자의 품질관리 능력이 떨어지고 만족한 지식이 없는 채 콘크리트의 품질은 레미콘업자에 맡기며, 용접의 품질관리는 철구(강구조부재 제작)업자(특히 공장인증을 받지 않은 공장)에게 맡기는 사례가 있어 건물의 내진성을 크게 떨어뜨리는 경우도 있다.

4) 건물의 유지관리업무

건물의 유지관리 차원에서 내진성 확보 문제는 증축의 경우는 기존 건물과 일체로 하는 것이 중요하며, 평면적 횡방향 증축의 경우는 팽창이음(expansion joint, 신축이음) 등으로 기존 건물과 구조적으로 분리하는 것이 필요하며, 각 건물의 변형성능에 대한 검토를 한 후 양 건물의 간격을 정해야 한다. 증축에 의해 건물 중량이 늘어나고 구조시스템이 붕괴되어 내진성에 악영향을 미치는 경우가 많다.

또한 개수(改修)의 경우는 기존 건물의 개수에 대해 건물소유자, 건물관리자 입장에서 주의해야 할 점이 많다.

① **증축 문제**

기존 건물과 일체로 수직증축하는 경우와 수평증축하는 경우가 있다. 두 가지 모두 기존 건축과의 일체성을 유지하는 것이 가장 중요하고, 수평증축의 경우는 구조(構造)적 분리(分離)나 팽창이음(expansion joint) 설치 시, 각 건물의 변형성능에 대한 검토를 한 후에 양 건물의 간격을 정하는 것에 주의해야 한다. 일반적으로 증축에 의해 건물 중량이 늘어나고 구조시스템이 붕괴되어 지장을 주는 경우가 많다. 따라서 신축 시에 증축을 예상하고 구조계획을 세워야 하며, 증축이 예정되지 않은 건물에 증축하는 경우는 기존 건물+증축 건물 전체로서의 구조성능을 검토해야 한다.

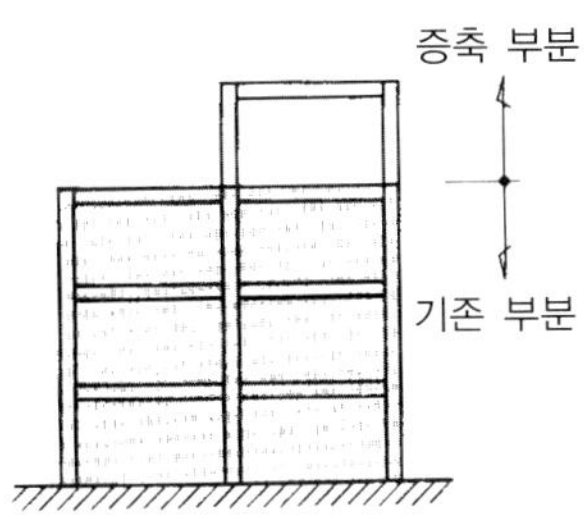

그림 3.1.1 **수직증축**

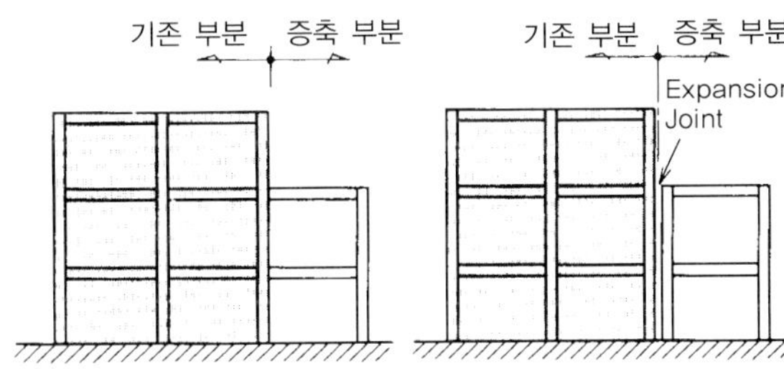

그림 3.1.2 **수평증축**

② **개수(改修, 補修) 문제**

임대(tenant)빌딩에서는 임대자의 성향에 따라 개수(remodeling)할 때, 구조성능, 내진성능을 헤치는 예가 있다. 즉 임대자가 필요에 따라 칸막이벽을 철거하거나 음식점 등 방수공사를 위해 타일을 붙여 바닥하중을 대폭 증가시키는 것은 주의해야 한다. 이때 보통의 경우 구조설계자 없이 인테리어 설계자, 점포설계자, 시공자가 시공하는 경우가 많다.

증축이든 개축이든 구조설계자의 의견을 사전에 듣고 건물주 및 건물관리자는 건물의 설계조건을 전문가에 의뢰해서 확인해야 한다. 또한 중간검사 및 준공도면과 서류를 철저히 보관하고 건물 매도(賣渡)시에도 새 건물주에게 건축도면을 양도해야 한다.

5) 설계사무소와 시공회사의 차이점

고베지진에서 전파(全破) 및 반파(半破)한 건물 중 시공 실수로 인한 피해가 많았다. 건물은 설계도면과 시방서를 기반으로 견적을 내고 타협과 조정

을 거쳐 공사금액이 정해지고 시공되지만 보통은 경쟁이나 비교에 의해 공사금액이 적정 수준 이하로 되는 경우가 많다. 시공회사는 그 만큼 보충하기 위해 여러 가지 노력을 하고 연구하여 작업을 진행하지만, 그렇지 않은 시공회사는 건축주나 설계사무소를 속여 재료의 질을 낮추거나 숫자를 줄이거나 필요한 작업을 무시하고 건물을 완성시키기도 한다. 그 결과 지진재해에 노출되는 것이다.

표 3.1 **설계사무소와 시공회사의 차이점**

건축설계사무소	시공회사
관련 법규를 만족하는 건물을 세운다.	경우에 따라 위법도 하며 건물을 세운다.
기준대로 작성된 설계도, 시방서에 따라 시공한다.	재료나 구법을 바꿔가며 이익을 추구한다.
중간검사, 준공검사대로 건물을 완성한다.	합법(合法) 확인이나 허가를 득하고, 보충하려고 위법(違法)도 한다.
나쁜 마감재는 재시공을 시킨다.	미숙하고 서툰 마감에도 항변하며 재시공하지 않는다.
감리자가 없어도 작업을 제대로 한다.	건축주나 감리자가 없으면 설계도대로 시공하지 않는다.
설계변경이 없는 한 재료, 공법은 바꾸지 않는다.	기회를 봐서 재료, 공법의 변화를 도모한다.
추가공사를 가능하면 줄이려고 한다.	가능하면 추가공사를 늘이려고 한다.
견적에서 누락된 것은 업자의 책임이다.	견적누락은 추가로 청구한다.
공기(工期)는 당초 정해진 대로 적절하게 대처한다.	공기를 이유로 재료, 공법을 변경시킨다.
여러 가지 정보를 구하여 가능한 넓은 범위에서 선택한다.	재료의 범위를 한정(限定)한다.
공사의 책임은 건물이 남아 있는 한 진다.	공사가 끝나고 돈을 받으면 책임이 없다고 한다.

3-2 도괴(倒壞)한 건물과 무너지지 않은 건물

고베지진 규모는 진도 7, 매그니튜드는 M7.2로 기록되고, 최대가속도는 지금까지 경험하지 못한 남북방향 818gal, 동서방향 618gal, 수직방향 진동 332gal로서 특이한 도시직하형(都市直下形) 지진이었다. 20km 정도의 깊이에서 발생한 진원 바로 위에 여러 종류의 건물이 서 있고, 구조형식이나 규모, 신구 건물이 혼재하는 대도시 지역이어서 과거에 경험하지 못한 피해 양상이 현실로 나타났다.

1) 도괴(倒壞, 무너진)한 건물

RC건물에서는 중·저층건물을 중심으로 최하층이 파괴된 외에 5층~10층 이상 건물의 중간층 기둥이 대부분 파괴되어 층(層) 파괴가 생긴 예가 많았다.

강구조건물에서도 기둥이나 보의 접합부 손상과 함께 기둥의 취성파괴 예가 많았다. 이러한 지진에 의한 피해결과를 구조종별(構造種別)로 정리하면 다음과 같다.

(1) RC조

① 바다모래(海砂) 사용에 의한 산성화 때문에 압축강도저하(그림 16)

② 콘크리트 타설 불량에 의한 골재 분리, 불순물 혼입

③ 철근의 가공 불량, 띠철근 간격 및 이음매 부족(그림 8)

고베지진은 직하형 지진이므로 상하진동에 의해 고층건물의 중간층에서 층 붕괴(그림 14)나 1층을 주차장으로 사용하고 있는 필로티형식의 건물(그림 7)에 피해가 집중되었다.

(2) 강구조

1960년 전후의 경량 철골건물은 사용재료 두께가 4.5mm(대부분은 2.3, 3.2mm) 이하였기 때문에 녹이 슬어서 모재(母材) 부족이 발생하고 도괴(倒壞)한 건물이 많았다. 1975년에 시공된 고층맨션에서 판두께 50mm인 500mm 각형강관 기둥이 파괴된 예도 있었지만, 1995년 고베지진(직하형 지진)에서는 처음으로 강구조건물의 H형강 기둥에 취성균열이 발견되어 관련 전문가들도 깜짝 놀랐을 정도였다. 이러한 강구조건물의 취성파괴에 의해 H형강, 각형강관 기둥을 사용한 건물에서 피해가 생긴 원인은 다음과 같다.

① 기둥, 기초판과 보의 접합부에서의 용접시공 불량

② 앵커볼트 기초에 정착 불량 : 상부구조체(構造體)와 기초를 연결하는 앵커볼트가 올바른 위치에 시공되지 않았기 때문에 발생한 도괴였다. 또한 앵커볼트 주변에 철근이 삽입되지 않아 앵커볼트가 빠져서(인발, 引拔) 도괴한 건물이 많았다(그림 24).

③ 대(大)변형에 의한 외벽 탈락 : 예상 밖의 외압(外部壓力)에 의한 변형으로 외벽(外壁)이 탈락함에 따라 통행인의 부상 또는 사망에 직결되는 것으로 가장 주의해야 한다(그림 2). 창문을 붙이기 위해, 가장 중요한 가새(brace)를 그 부분만 절단해, 건물에 연결해서 반파(半破)한 건물도

있어서 이는 강구(철골)조를 이해 못하는 시공업자의 책임이라 하겠다.

(3) 목구조

재래구법의 노후화된 목조건물 대부분이 전파(全破)의 피해가 있었다.

① 흙벽의 기와지붕에 부토(敷土)를 사용한 경우(무겁다)

② 외벽에서 모르타르 위에 라스(lath)를 사용한 경우

③ 1층 전부를 개구부로 하거나 1층 점포의 입구 때문에 큰 개구부를 두어 배력벽(配力壁)의 배치 균형이 좋지 않았던 예

④ 돌출된 발코니나 2층이 얹혀 있는 예, 발코니가 모르타르로 시공되고 2층의 중량에 의해 비틀어져서 도괴한 경우(그림 3)

⑤ 현관 캐노피나 주차장 부분에 2층이 있고 독립기둥이 있는 예, 독립기둥이어서 기둥이 부러지고 반파(半破)한 경우

⑥ 이음매에 보강철물을 적게 사용한 예, 기둥 및 토대, 보에 이중너트(nut)나 상자형 철물을 사용하지 않고 시공되어 직하형 지진의 심한 상하진동 때문에 인장력을 받았을 경우 위로 부상(浮上)하여 파괴된 예

(4) 시공 불량 건물

건물을 지을 때 시공업자가 설계도에 기초한 시공도, 시공계획서, 시공요령서, 공정표 등을 작성하고 공사감리자의 승인을 거쳐 공사하지만 이런 과정을 거치지 않고 시공되는 경우가 많이 발견되었다. 이는 조잡공사(실수를 한 공사)의 원인이 된다.

RC조나 강구조에서는 다음의 시공 불량 사례가 있었다.

① 철근배근 간격 및 정착 부족

② 거푸집이 정해진 치수로 제작되지 않았든지, 이물질 혼입으로 필요단면 부족

③ 앵커볼트가 소정의 위치에 설치되지 않음

④ 콘크리트 타설시 골재 재료분리(자갈과 모래)

⑤ 연속타설 이음부의 청소 불량

⑥ 강구조 접합부에서의 용접 불량, 예를 들면 맞댄용접 개소에 모살용접을 한 경우

목구조에서는 다음의 시공 불량 사례가 있었다.

① 보강철물의 부착(설치) 부족, 보강철물 부족, 못의 치수 부족

② 가새의 부착 불량

이와 같이 기술자의 경험 부족과 연구(研究) 부족 외에도 실수로 인한 시공 불량 건물이 되어 지진의 피해를 입게 되고, 그 피해는 일반인이 입게 된다.

(5) 안이한 증개축 건물

1층 주택이 짧은 시간에 2층으로 증축되는 사례를 가끔 봤을 것이다. 1층으로 건립된 건물에 기둥을 추가하고 보를 이중으로 보강하더라도 원래의 부재와 일체화되도록 보강철물로 견결(堅結)시키지 않으면 지진에 견딜 수 없다. 또한 수평증축의 경우 기존 건물과 증축 건물을 일체화시키지 않아서 도괴한 예나 이종(異種)구조로 증축하여 무너진 예를 많이 볼 수 있다.

그동안의 지진은 수평진동이 대부분이었지만 고베지진은 수직진동과 수평진동이 동시에 발생한 직하형 지진이었으므로 지금까지의 건축경험이나 설계기준으로 건설하는 공법에서 내진건축을 하는 것이 어렵게 되었다.

인간이 정기검진으로 건강을 유지하듯이 건물도 점검보수를 해서 개수(refresh)할 필요가 있다. 지붕에 물이 세거나 벽체의 균열로 들어간 물(수분)은 구조부재를 부식시키고 단면 부족과 내력(耐力)저하를 초래한다. 토대(기초)의 보강이나 교체, 흰개미 등의 충해(蟲害)에 대한 처리도 정기적으로 실시하여 건물의 건전한 상태를 유지해야 한다.

(6) 무리한 주문

건축주의 무리한 요구를 수용한 결과로 도괴한 예도 있다. 싸게 가능한 넓은 건물을 짓고 싶다라는 건축주의 요구에 설계자나 시공업자는 대응하려고 하지만 그것이 지나치면 안전한 건물을 만들 수 없다. 생활양식의 변화로 1층에 큰 거실, 2층이 프라이버시가 좋은 개인의 방을 요구하는 경향이 있다. 2층의 질량과 중량이 증가되어 1층과의 균형이 깨지면 1층이 주저앉는 결과를 가져온다. 1층에 무리하게 기둥을 빼고 벽을 없애는 것은 불안정하게 무너지는 건물을 만들게 된다.

(7) 담장이나 옹벽

건물이 튼튼한 경우에도 부지 주위에 설치한 콘크리트 블록벽체가 붕괴되어 승용차나 통행인이 피해를 입는 경우도 있다. 블록(block)벽체의 경우 철근을 넣고 여유를 두어 설계기준에 맞게 시공할 필요가 있다. 또한 집주변의 옹벽에 피해가 많이 발생하여 건물이 위험한 상태가 되는 경우도 있다. 이러한 옹벽은 다음의 각 항에 해당하는 경우 정해진 기술적 기준에 의해 설계해야 한다.

① 절토(切土)에 의해, 토지에 높이 2m 이상의 단차(段差)가 생긴 경우

② 성토(盛土)에 의해, 토지에 높이 1m 이상의 단차가 생긴 경우

③ 절토와 성토를 동시에 하는 경우, 성토 부분이 1m 이하의 단차가 생기고, 절토 및 성토한 부분에 2m의 단차가 생긴 경우

④ 위의 각 항목 중 한 가지에도 해당하지 않는 경우, 해당 절토나 성토한 토지의 면적이 500m^2 이상인 경우

2) 무너지지 않은 건물

직하형 지진에도 무너지지 않고 왜 살아남은 것일까? 전혀 피해를 입지 않은 건물 또는 일부 파손에 그친 건물도 많이 있었다. 무너지지 않고 지진을 견뎌낸 건물의 조건을 요약하면 다음과 같다.

① 건축된 지 5년 이내의 건물, 기초가 튼튼한 건물

② 벽이 많고 균형잡힌 건물형상이 좋은 건물

③ 설계, 감리를 한 건물

④ 건축법을 준수한 건물

⑤ 검사기준이 엄격한 주택금융 융자건물

⑥ 지지지반(地盤) 조사가 제대로 시행된 건물

⑦ 오래된 건물이지만 지반이 튼튼한 건물

⑧ 비교적 가벼운 건물, 공업화주택, 2×4구법의 건물

⑨ 단순한 형태의 단층건물

⑩ 가구(家具)는 전도(顚倒)하여 내부는 엉망이 되었지만 건물은 건전(健全)함

⑪ 문이나 담장은 넘어졌지만 집은 무너지지 않음

⑫ 기와는 부서져 내렸지만 건물은 건재함

3-3 시공 오류와 시공 불량 예

1) 실수한 공사

① 내화건축물인데, 내화피복을 하지 않았다.

② 부재의 치수를 잘못 봤다.

③ 재료의 품질을 바꿨다.

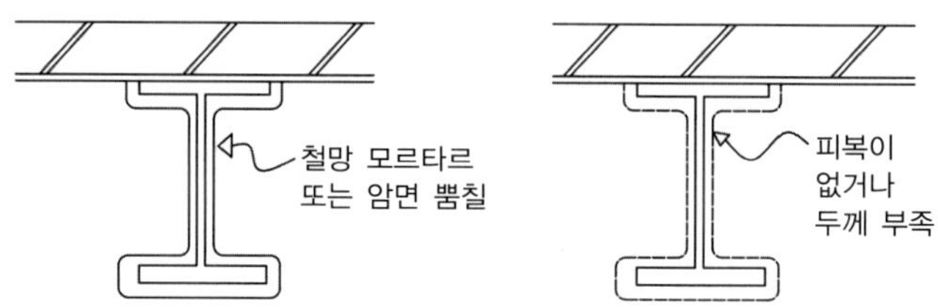

그림 3.3.1 **내화피복 실수**

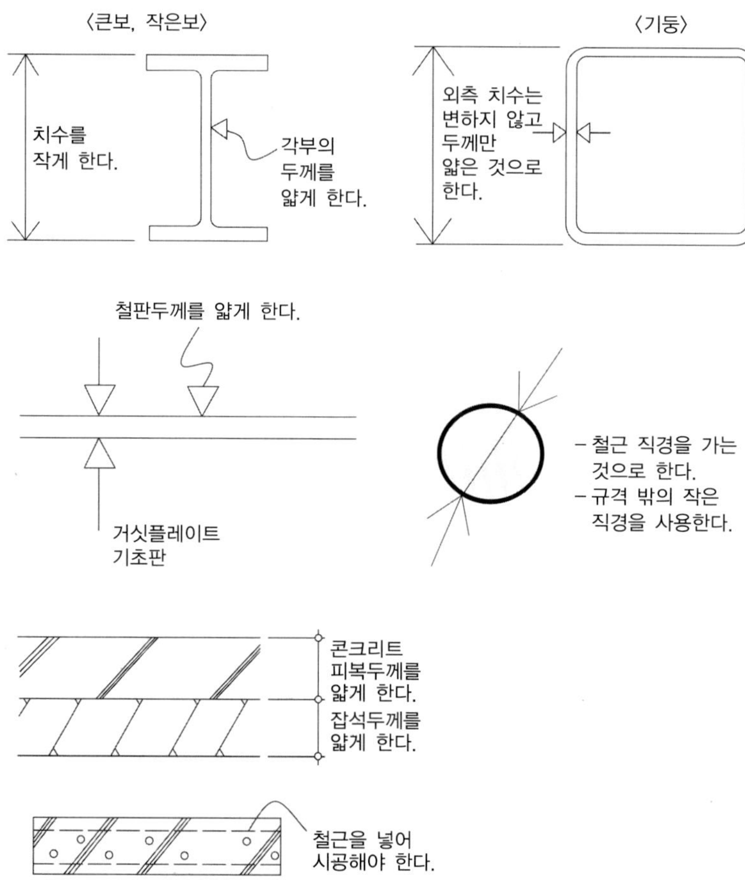

그림 3.3.2 **부재의 치수 속임**

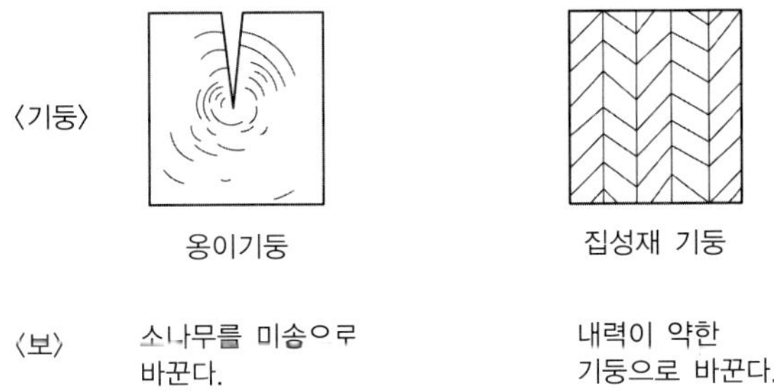

그림 3.3.3 **재료의 품질 바꿈**

2) 시공 불량

① 앵커볼트의 너트를 잊고 빼 먹는다, (볼트)여장(余長)이 짧다.

② 철근의 이음이나 매립길이가 짧다.

③ 재료 사용 위치나 방향이 틀렸다(강성설계 실수).

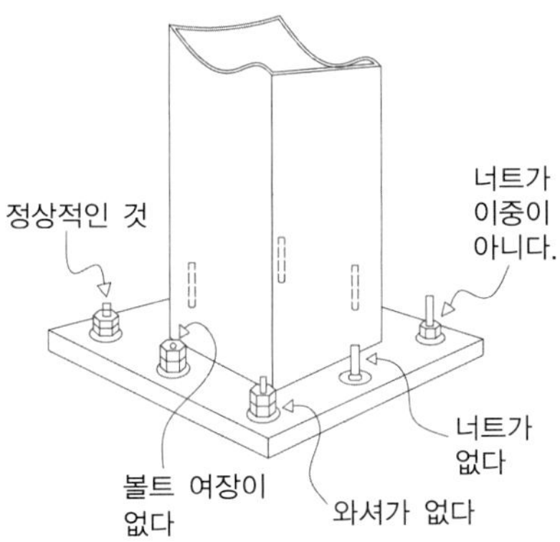

그림 3.3.4 **앵커볼트 실수**

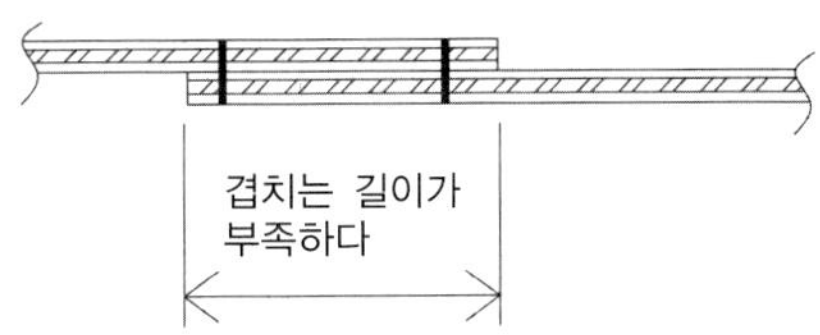

그림 3.3.5 **철근이음매 잘못**

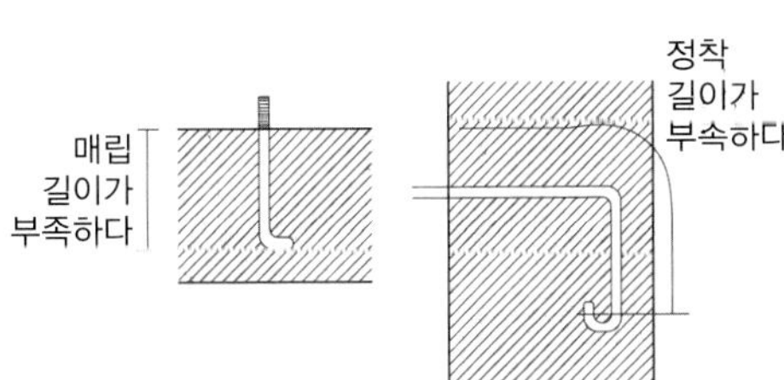

그림 3.3.6 **재료 사용 위치 잘못**

3) 지진피해에서 본 강구조의 주의점

(1) 용접 불량

용접피해 중 가장 많았던 것은 맞댄용접(완전용입용접)으로 해야 할 부분을 모살용접으로 했기 때문에 그 부분부터 건물이 파괴된 예이다.

① 기둥-보 접합부(H형강 보 단부 플랜지의 용접)

개선가공을 하고, 맞댄용접(그림 3.3.7(a))으로 해야 할 곳을, 양면 모살용접(그림 (b))으로 했기 때문에 용접부의 내력이 모재에 비해 크게 저하하여 이 부분부터 파단되었다. 이 형식은 용접 후에도 그 차이를 쉽게 알 수 있으므로 제품검사 시에도 발견될 수 있다.

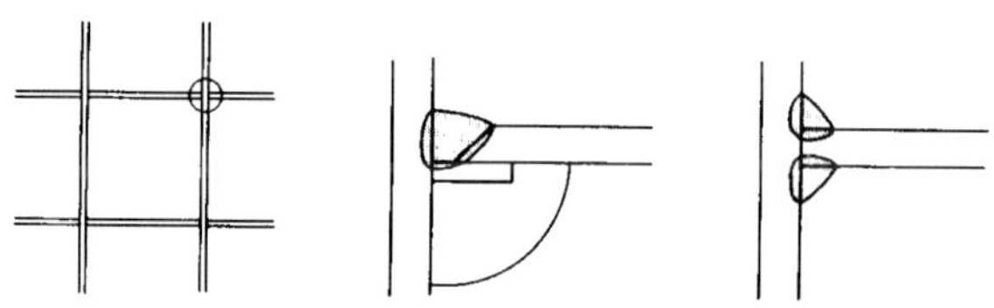

(a) 맞댄용접　　(b) 모살용접

그림 3.3.7 **기둥-보 접합부**

② box 기둥과 다이어프램(diaphragm) 용접

모살용접에서 다리길이가 짧으면 맞대용접과 보강모살용접을 착각할 가능성이 있기 때문에 제품검사에서 놓칠 수 있다. UT검사를 하면 곧 알 수가 있지만 가조립 검사, 개선(開先)형상, 뒷받침쇠(backing bar)의 밀착 정도 등을 확인하는 것이 중요하다.

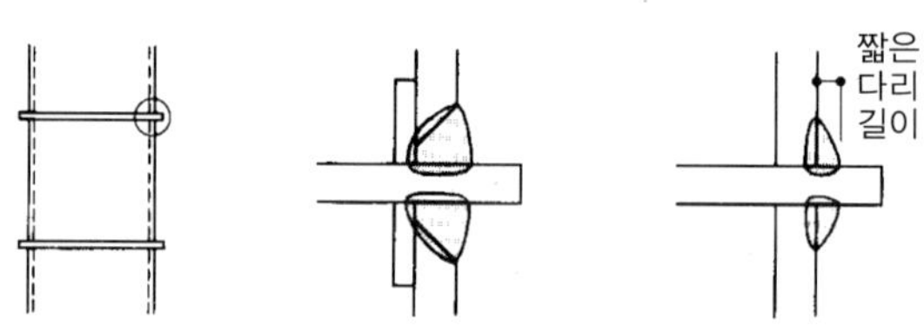

(a) 맞댄용접　　(b) 양면 모살용접

그림 3.3.8 **box기둥과 다이어프램용접**

③ 브레이스용 거싯플레이트 용접

브레이스(brace)용 거싯플레이트(gusset plate)는 일반적으로 용접길이가 충분히 취해지는 경우 양면 모살용접(그림 3.3.9(a))으로 하는 경우가 많지만 부재의 마무리에서 용접길이가 길지 않는 경우는 맞댄용접(그림 3.3.9(b))으로 하는 경우가 있다.

설계자는 이 구별을 확실히 구조도면에 도시(圖示)해야 한다. 이 부분이 명확치 않기 때문에 일반적인 모살용접으로 하고 지진 시에는 이 부분이 파단되어 붕괴한 건물이 있다.

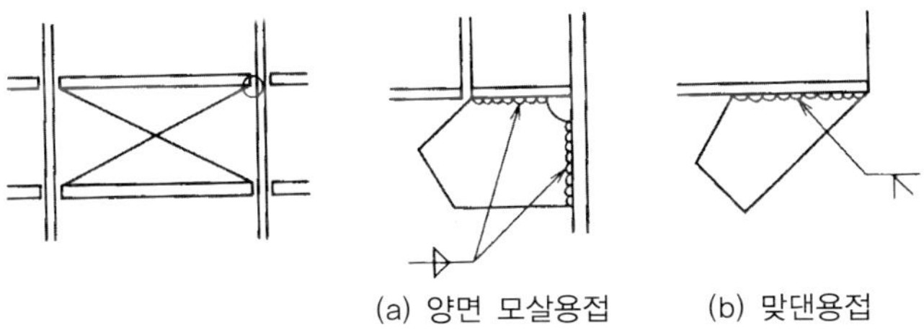

그림 3.3.9 **브레이스용 거싯플레이트 용접**

(2) short bead

본용접에 들어가기 전, 가(假)조립 상태에서 강재가 서로 움직이지 않도록 가(조립)용접을 한다. 임시용접의 대표적인 예로서 맞댄용접에 사용하는 뒷받침쇠가 있고, 뒷받침쇠(backing strip)는 보통 기둥-보 플랜지에 모살용접된다(그림 3.3.10). 이 모살용접을 short bead용접으로 하는 것이 허용되기도 한다.

short bead용접은 뒷받침쇠에 국한되지 않고 SRC조의 비녀철근(보 상단근을 받기 위한 가설재), 각종 피스(piece) 등의 2차 부재 모살용접에서 볼 수 있다. 임시용접의 비드길이(용접길이)는 1개소당 50mm 정도가 좋다(그림 3.3.11).

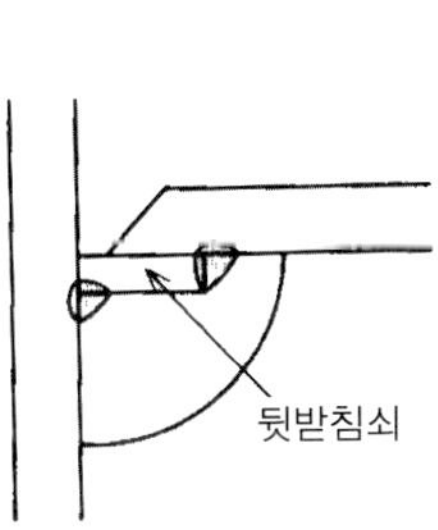

그림 3.3.10 **뒷받침쇠**

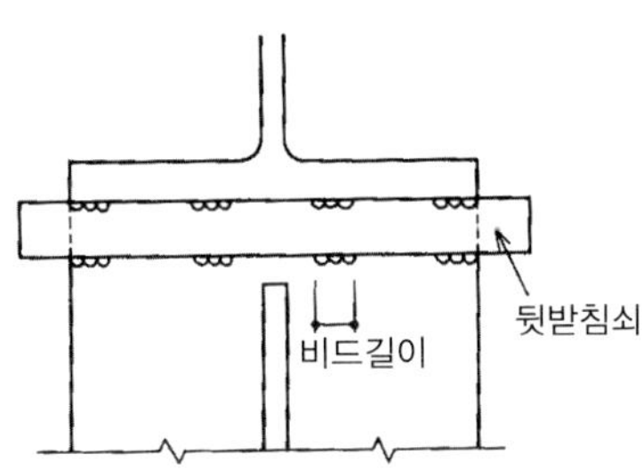

그림 3.3.11 **점(spot)용접**

(3) 접합부 결함

용접에는 결함이 없었다 해도 용접부에 수평스티프너(stiffener), 리브(rib) 등을 넣는 것을 잊어버려 그 부분이 파단되어 붕괴한 건물이 있다.

① 기둥 좌우의 보춤이 다른 경우(그림 3.3.12)

기둥 좌우에 보춤이 서로 다른 경우는 각 보의 하부 플랜지 부분에 수평 스티프너를 넣는다.

이 경우 수평스티프너의 거리가 가까우면 용접작업에 지장을 가져오므로 주의가 필요하다. box기둥에서는 보춤이 같을 때, 관통 다이어프램으로 하는 경우가 많지만 보춤이 다를 때는 춤이 작은쪽의 다이어프램을 내장형으로 한다. 이 부분을 (그림 3.3.12(b))처럼 관통형으로 하면 춤이 큰보의 웨브 결손이 많아지고 전단내력이 감소한다. 또 코어 부분의 용접개소가 많아지고 정확도가 떨어질 우려가 있다.

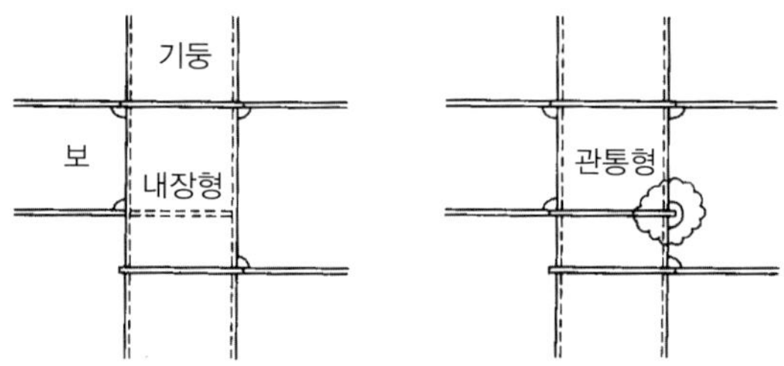

(a) 내장형　　(b) 관통형

그림 3.3.12 **다이어프램(box기둥)**

② X방향, Y방향의 보춤이 다른 경우(그림 3.3.13), (그림 3.3.14)

H형강의 기둥에, X, Y방향으로 춤이 다른 보를 강접하는 경우 그림 3.3.13(a)와 같이 수평스티프너를 각각 붙인다. 그림 3.3.13(a)와 같은 이음부로 했기 때문에 파단된 건물이 있다. 이러한 예는 철골조에서 보기 드문 예이지만 지진으로 붕괴된 건물을 조사하면 가끔 볼 수 있다.

형강의 수평스티프너는 스캘럽(scallop) 때문에 맞댄용접 길이가 짧게 되므로 판의 두께를 보플랜지 두께보다 1치수(size) 이상 크게 해야 한다(그림 3.3.14).

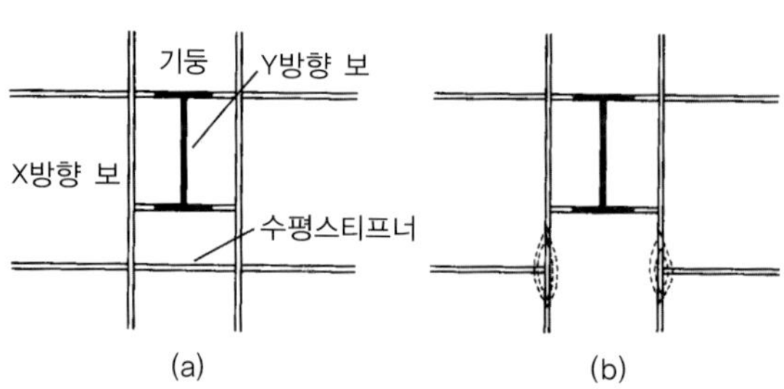

(a)　　(b)

그림 3.3.13 **보춤이 다른 경우**

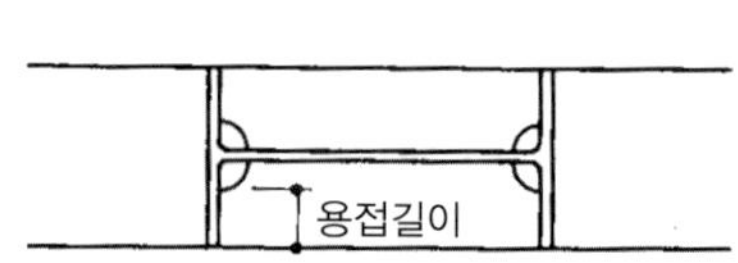

그림 3.3.14 **H형강 기둥**

③ 이음부(joint)의 보춤을 동일하게 하기 위해 보에 헌치(haunch)를 설치한 경우 ① 및 ②에서와 달리 이음부를 간단히 하기 위해 한쪽의 보에 헌치를 붙이는 경우가 있다. 이때 헌치 리브를 잊으면 안 된다. 지진 시 보 하단에 인장력이 작용하면 그림 3.3.15(b)처럼 힘이 헌치 단부에 작용하여 플랜지와 웨브에 균열이 생긴다.

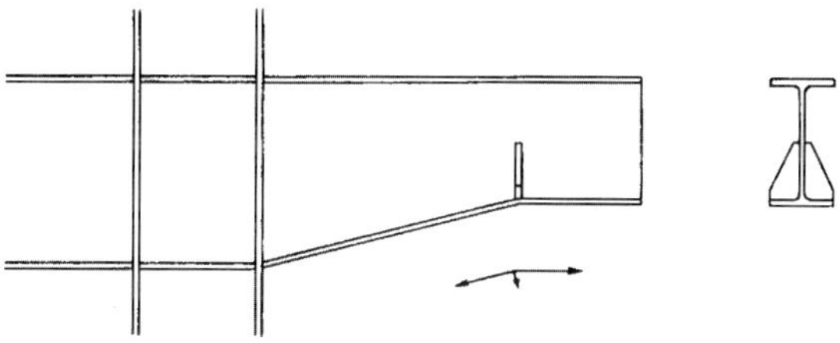

(a) (b)

그림 3.3.15 **헌치를 설치한 경우**

(4) 브레이스 파단(破斷)

브레이스는 보통 인장재로 사용되므로 가벼운 건물에서는 환강도 이용되지만 일반적으로 산(山)형강, ㄷ형강이 사용되기도 한다. 경우에 따라서는 압축력에도 견디게 하기 위해 H형강, 각형강관이 이용되는 경우도 있다.

일본의 신내진설계법에서는 다음과 같은 상세한 검토를 요구하고 있다.

① 브레이스 축부(軸部)에서 파단되는 경우

② 브레이스재의 접합 스티프너에서 파단되는 경우

③ 파스너(fastener) 단부, 비구조 부분에서 파단되는 경우

④ 거싯플레이트 파단에 의한 경우

⑤ 거싯플레이트 용접부에서 파단되는 경우

고베지진에서도 브레이스 파단에 의해 건물이 붕괴됐지만 그 원인에 대해 아직 정리된 결과는 없다.

(5) 주각부 파괴

주각부(柱脚部) 파괴에서 가장 많은 것이 앵커볼트의 시공 불량에 의한 것이다. 또 앵커볼트는 문제 없어도 기초판의 설계 오류에 의한 건물 파괴 예도 있다.

① 앵커볼트 고치기

앵커볼트 위치가 어긋났기 때문에 가스로 불에 쬐어서 굽혔다. 주각에 인

장력이 작용하면 앵커볼트가 늘어나고 주각(柱脚) 고정도가 떨어져서 주두(柱頭)의 휨모멘트가 증대한다. 또 가스로 쬐인 부분에서부터 앵커볼트가 파단되는 경우도 있다.

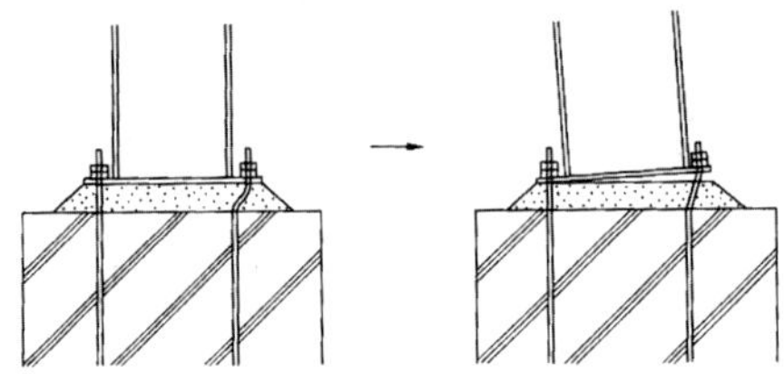

그림 3.3.16 **앵커 볼트의 교정**

② 앵커볼트가 RC기초에서 빠진 경우

- 앵커볼트를 철근으로 구속한 내측에 넣지 않았기 때문에 콘크리트가 파괴되어 앵커볼트가 빠진 경우(그림 3.3.17(a))
- 앵커볼트를 상자 빼는 공법으로 나중에 붙이고, 모르타르를 충전했지만 콘크리트 부착력이 충분치 않아 모르타르가 붙은 채로 빠짐(그림 3.3.17(b))
- 후(後)시공 앵커를 사용하여 콘크리트 파괴가 생긴 예(그림 3.3.17(c))

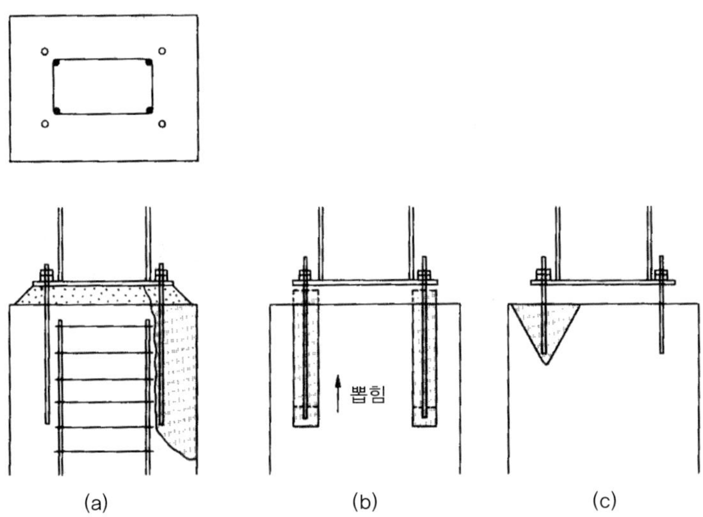

그림 3.3.17 **앵커볼트의 인발**

③ 앵커볼트의 레벨(level) 차이를 그대로 둔 경우

앵커볼트가 밑으로 너무 치우쳐 너트의 걸림이 적었지만 그대로 했기 때문에 너트가 빠져버림.(그림 3.3.18(a)) 또 앵커볼트가 위로 너무 치우쳐 너트가 흔들린 채로 둔 경우(그림 3.3.18)

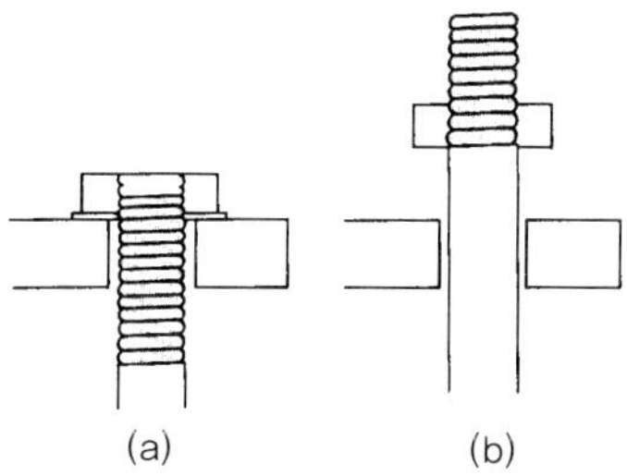

그림 3.3.18 **앵커볼트의 레벨 차이**

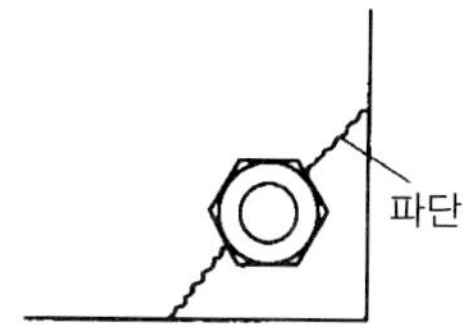

그림 3.3.19 **베이스 플레이트의 간격 부족**

④ 기초판(base plate)의 가장자리 틈이 적었기 때문에 파괴된 경우

기초판(base plate) 모서리 부분의 틈새를 앵커볼트 직경에 맞춰서 충분히 확보하는 것이 중요하다.

⑤ 기초판의 강성두께가 부족하여 변형된 경우

기둥 플랜지에 비교하여 기초판의 두께가 부족한 경우 설계시점에서 기초판의 두께가 부족한 경우, 설계시점에서 기초판 검사를 하지 않아서 변형된다.

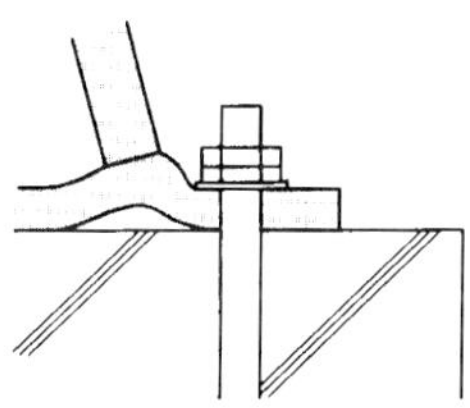

그림 3.3.20 **베이스 플레이트의 두께 부족**

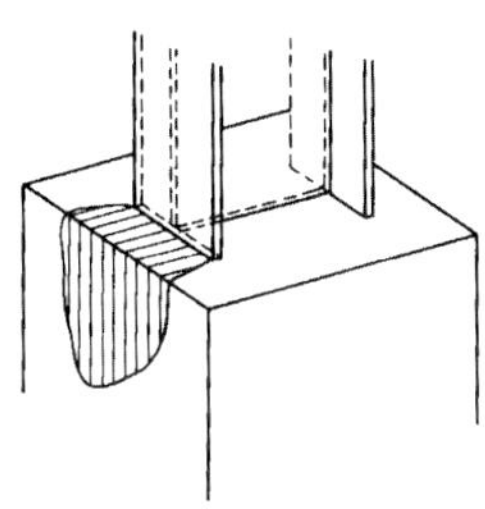

그림 3.3.21 **밑둥 감기 콘크리트 파괴**

⑥ 주각(柱脚) 밑둥 콘크리트의 꼭대기 부분이 파괴된 경우

밑둥 콘크리트 꼭대기는 철골기둥으로부터 반복하중을 받기 때문에 파괴되기 쉽다(그림 3.3.21). 이를 방지하기 위해서는 밑둥 콘크리트 꼭대기 부분의 후프(hoop)를 2중으로 하는 등의 대책이 필요하다.

4) 재료적 특성에서 본 RC조의 주의점

(1) 내진성(耐震性)

RC부재는 필요한 부분을 자유롭게 철근으로 보강할 수 있고 조합시켜 골조를 형성하면 우수한 내진성을 갖는다. RC부재는 적절한 배근이 되면 휨모멘트, 전단력, 축력에 대해 큰 저항력을 갖는다. 주근을 휨모멘트에 저항

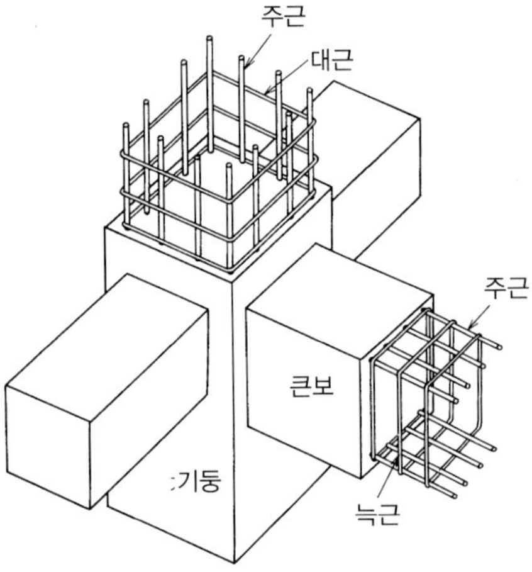

그림 3.3.22 **철근콘크리트 부재**

하고 대근(hoop), 늑근(stirrup)은 전단보강철근으로서 콘크리트를 구속하고 전단력에 저항한다. 또 RC조는 연속타설 부분이나 철근의 이음과 정착을 제외하면 일체화가 가능하고 결함이 많이 생기는 접합부가 적다.

내진성을 높이는 방법을 정리하면 철근배근과 이음정착을 정확하게 충분히 하고, 기초는 강(剛)하게 하며 접합부는 일체가 되도록 하는 것이 중요하다.

반면, RC조는 중량이 커서 자중을 지지하기 위한 기둥, 보에 큰 강도가 필요하고 지진력이 커져 그에 적당한 부재의 강도를 확보할 필요가 있다. 그리고 자중을 기초(지지층)까지 확실하게 전달시켜야 하고 기초도 강접(강도, 강도가 큰, 剛强)한 것이 필요하다.

(2) 내화성(耐火性)

콘크리트는 고온가열에 의해 강도는 다소 떨어지나 통상 1,000℃ 정도의 화재(열)에 노출되어도 파괴되지 않고 고온 시에 냉수를 뿌려도 손상되지 않는다.

철근은 고온이 되면 강도저하가 생기고 콘크리트는 열전달률이 낮아 외부가 고온에 노출되어도 단면 내부에는 열을 통과시키지 않는다. RC조는 철근을 콘크리트로 감싸므로(피복재) 철근이 고온이 되는 것을 막아주고 강도를 유지한다. 또한 콘크리트와 철근은 같은 정도의 열팽창률을 갖는 재료로서 온도변화에 대해 동일한 변형을 한다(최근 개발된 고강도콘크리트, 고강도철근을 보통의 콘크리트, 철근과 같이 사용하면 탄성계수비($E_s/E_c \fallingdotseq 15$)의 차이에 의한 열팽창계수 차이 때문에 내진성을 잃을 수도 있다). 다만, 한 번이라도 전면적으로 화재를 당한 RC조 건물에서는 콘크리트강도나 부착력이 떨어지고 내진상 점성이 떨어진다.

(3) 내구성(耐久性)

기본적으로 RC는 내구성이 우수하고 반영구적 사용이 가능한 구조재료이다. 철근은 대기 중에 녹이 생기지만 콘크리트 내부에서는 발청하지 않는다. 그러나 콘크리트도 대기 중의 탄산가스와 접하면 알칼리성을 잃는다. 그 때문에 피복재가 중요하며, 콘크리트의 중성화가 철근까지 진행되지 않도록 방지하고 염분 및 유해물질의 침입을 방지한다. 최근에는 골재의 품질저하로 강자갈 대신에 쇄석, 해사가 이용되고 알칼리골재반응에 의해 내력저하가 생긴다. 골재 속에서는 콘크리트의 알칼리성과 반응하여 팽창하는 경우도 있어 콘크리트 균열, 탈락의 원인이 된다. 콘크리트는 타설 후 수년에 걸쳐 건조수축을 계속한다. 최초 수개월이 가장 크며, 크랙(crack)은 건물의 미관과 내구성에 큰 영향을 미친다.

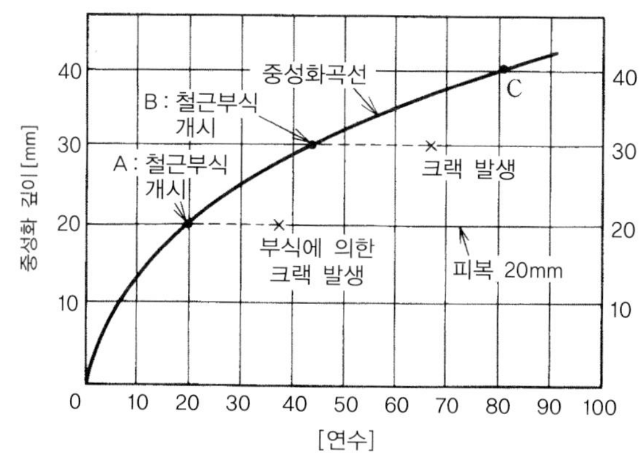

그림 3.3.23

(4) 성형성(成形性)과 시공성

콘크리트는 거푸집 속에 타설하여 다양한 형상의 부재를 자유로이 만들 수 있으므로 조형상 큰 이점이 있고 타일, 돌붙이기, 페인트 등의 마감재에도 대응이 되어 중후한 고급 건축재료이다. 그러나 콘크리트는 현장시공 재료이므로 생산 정도(精度)나 품질 확보가 어렵다. 시공의 양부가 안전성에 큰 영향을 미치며, 또 강도 확보시까지 시간이 걸리고 개조 및 파괴하기 어렵다. 따라서 계획 시에는 충분한 검토가 필요하다.

(5) RC조의 파괴형식과 내진성

RC조의 내진성은 내진요소인 라멘가구와 내진벽(耐震壁)의 조합에 의해 정해지며 건물이 지진에 잘 저항하도록 설계하는 것이므로 건물의 파괴형식(패턴)을 알 필요가 있다.

라멘구조란 기둥, 보를 강한 절점으로 연속시킨 것으로서 연직하중과 수평력에 의해 부재에 휨모멘트와 전단력이 생기고, 거기에 부재의 내력으로 저항하는 기구(機構)이다(그림 3.3.24). 기둥, 보부재의 파괴형식은 휨파괴,

전단파괴, 부착할열(割裂)파괴 등이 있고 그 파괴형식에 따라 부재의 변형능력(점성강도), 즉 내진성이 달라진다.

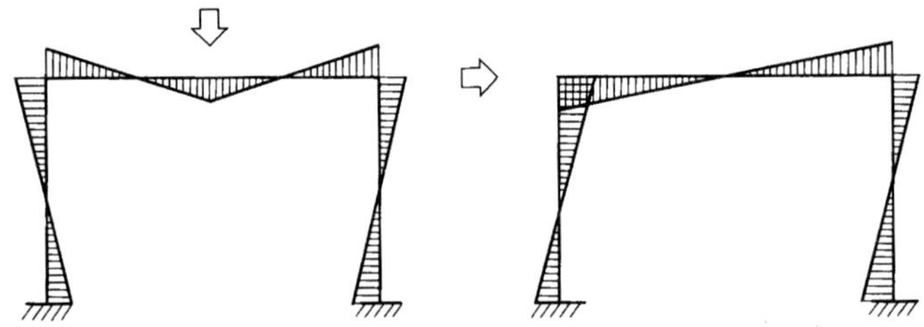

(a) 연직하중시 응력 (b) 수평하중시 응력

그림 3.3.24 **라멘골조의 휨응력**

① 휨파괴

RC부재는 콘크리트가 부서지지 않으면 그 내력을 유지하여 충분한 변형능력을 갖게 된다. RC부재에 큰 휨모멘트가 작용하면 콘크리트에 휨균열이 생기며 인장력은 주근이 부담하고, 콘크리트는 압축력을 부담하여 휨모멘트에 저항한다. 그러나 휨모멘트가 어느 정도 이상 크면 주근이 항복하고, 그 이상은 부재의 저항력이 늘어나지 않게 되고 변형만 진행된다(휨항복).

철근은 인장항복해도 신장능력이 있으므로 부재로서 내력을 유지하면서 항복 이후의 변형에 견디고 점성을 발휘할 수 있다. 그런데 콘크리트가 압괴해서 파괴되어 버린다. 그러나 보 혹은 내력이 작은 기둥은 휨항복해도 변형능력이 풍부하다(그림 3.3.25).

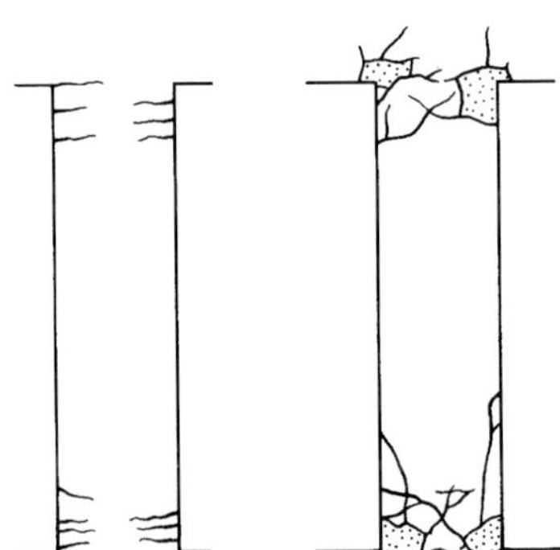

(a) 휨균열 (b) 휨압축파괴

그림 3.3.25 **휨균열과 휨파괴**

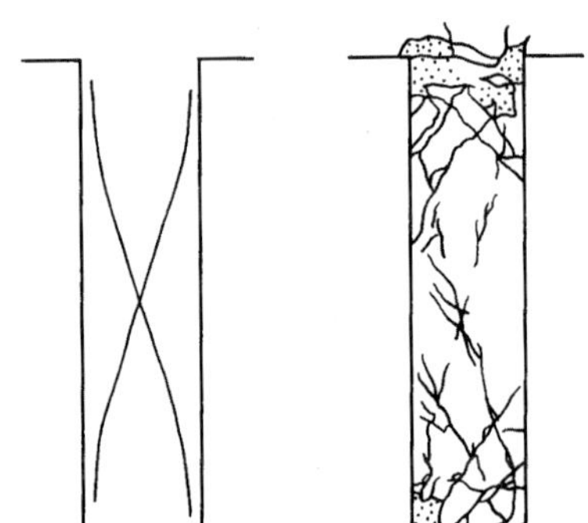

(a) 전단균열 (b) 전단압축파괴

그림 3.3.26 **전단균열과 전단파괴**

② 전단파괴

부재가 전단력을 받으면 응력이 작을 때는 콘크리트로 저항하고 전단력이 커지면, 콘크리트에 경사진 균열이 생기며 전단보강근(hoop, stirrup)이 기능을 하기 시작한다. 이 경우도 압축력은 콘크리트가 부담하고 인장력을 철근이 부담해서 전단력에 저항한다. 그후 보강근이 항복하거나 콘크리트가 압괴하여 전단력을 부담할 수 없는 상태가 된다(전단파괴). 또 전단보강근이 항복하면 그 역할을 못한다.

전단파괴에 대한 저항력을 높이는 데는 충분한 전단보강근을 넣으면 되고, 항복시키지 않기 위해서는 강도가 높은 보강근을 이용하면 된다. 그러나 보강할 수 있는 전단응력도에는 한계가 있고 어느 정도 이상이 되면 콘크리트가 압괴된다(그림 3.3.26). 기둥의 경우 보강근이 항복하면 그 내력을 유지할 수 없게 되어 파괴된다. 전단파괴에 대해서는 변형능력을 기대할 수 없고, 특히 전단파괴나 부착할열파괴가 현저한 단주에서는 주의가 필요하다.

한편, 대근(hoop)은 전단보강근뿐 아니라 축력에 대한 보강근으로서도 그 역할을 한다. 즉 콘크리트가 불룩 튀어나오는 것을 방지(구속)할 수 있고 콘크리트의 축압축내력을 증가시키는 역할도 한다. 또 주근의 좌굴방지도 하며, 나선근과 같은 원형이 좋지만 부(副)철근을 넣는 것도 좋다(그림 3.3.27).

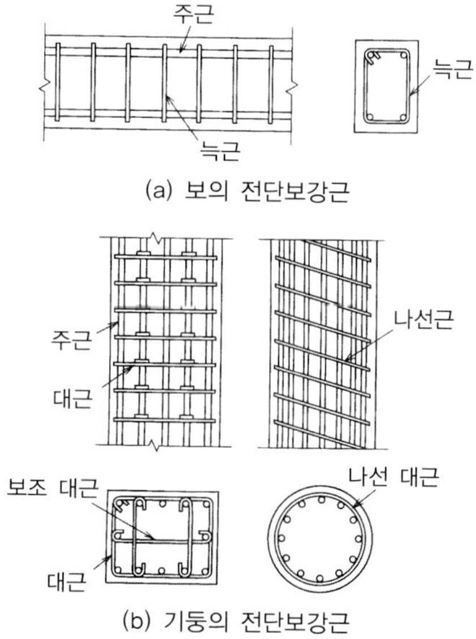

그림 3.3.27 **전단보강근**

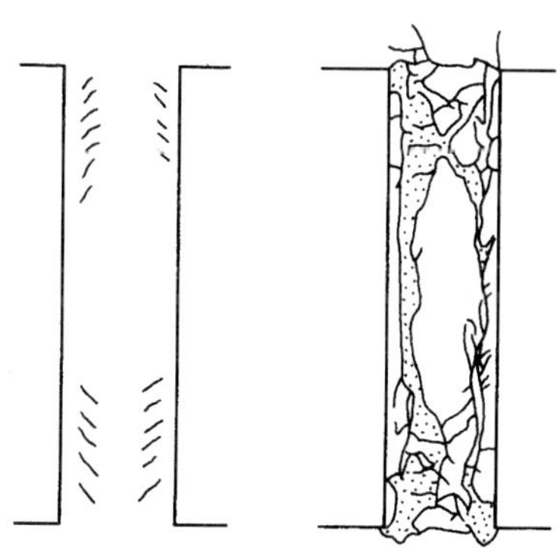

그림 3.3.28 **부착균열과 부착할열파괴**

③ 부착할열(割裂)파괴

RC부재가 휨모멘트와 전단력을 부담하기 위해서는 주근이 콘크리트 내에서 인장철근으로 작용하고, 철근콘크리트와의 사이에 부착력이 필요하다.

부착할열(split)파괴는 주근을 따라 콘크리트에 균열이 생기고 주근의 부착력이 저하해서 부재가 전단을 부담할 수 없는 상태로 된다. 부착할열파괴는 옆으로 배근된 주근이 많을수록 발생하기 쉽다. 이 경우에도 전단보강근이 유효하다(그림 3.3.28).

④ 기둥-보 접합부 파괴

RC구조물의 지진피해에서는 기둥-보 접합부의 파괴가 그다지 눈에 띄지 않지만 보가 붙은 경우나 천장 내의 손상은 확인되지 않을 수도 있다.

기둥-보 접합부가 파괴되면 라멘가구는 성립되지 않는다. 보항복형 설계에서 에너지 흡수를 기대할 수 있는 골조에서는 기둥-보 접합부의 전단내력이 중요하다.

또 보철근이 기둥에 정착내력 부족으로 파괴되는 경우도 있다. 양단부 주근의 응력을 접합부의 콘크리트에 확실하게 전달할 필요도 있다(그림 3.3.29).

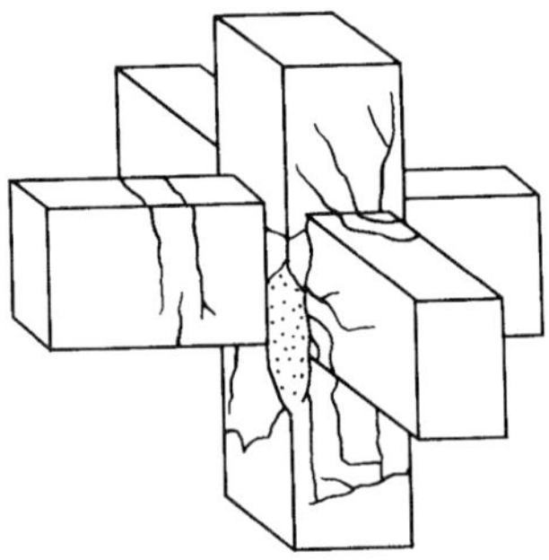

그림 3.3.29 **기둥-보 접합부 파괴**

⑤ 내진벽 파괴

내진벽은 전단강성으로 지진력에 저항하는 것으로 변형능력은 적고 강도는 높다. 내진벽의 파괴형식에는 전단파괴와 휨파괴가 있고, 전단파괴에는 벽철근의 항복과 형틀 파괴에 의한 경우, 콘크리트 압괴에 의한 것이 있다. 휨항복은 형틀의 인장항복이고 인성이 기대된다(그림 3.3.30).

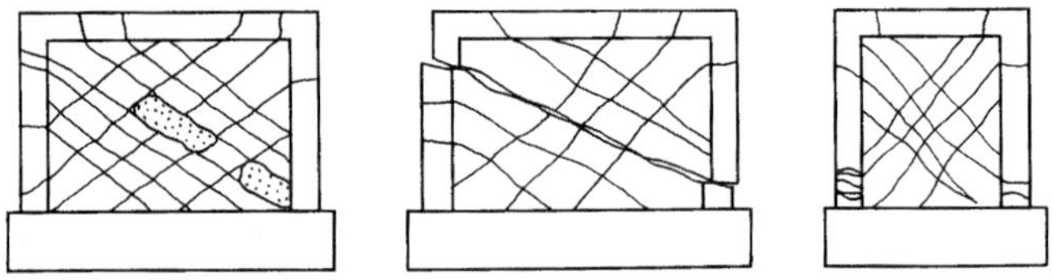

(a) 벽판의 압괴 (b) 형틀기둥의 전단파괴 (c) 형틀기둥의 인장항복

그림 3.3.30 **내진벽의 파괴**

04 건물내진을 지탱하는 기술

4-1 지진파

1) 지진파의 성질

지진파는 지면의 진동으로 변위, 속도, 가속도 등으로 그 성질을 나타낼 수 있으며, 속도는 변위의 시간변화율, 가속도는 속도의 시간변화율로 나타낸다. 대략적인 지진파 성질을 보기 위해서는 변위가 좋으나 상세한 것은 가속도를 조사해야 한다.

지진동(地震動)의 성질을 나타내는 방법은 다음과 같다.

① 시각력(time histoy) ; 시간과 함께 진폭이 어떻게 변하는가?

② 스펙트럼(Spectrum) ; 지진동 전체가 어떤 진동수의 성분으로 되어 있는지?

건물은 각각 고유의 흔들리기 쉬운 주기(周期)를 갖고 있다

따라서 스펙트럼에 의해 지진동과 건물의 성상(性相)을 조사할 수 있다. 예를 들어, 멀리서 발생한 큰 진폭의 지진동은 초고층건물을 흔들리게 하고, 가까이 생긴 작은 지진동은 저층의 RC건물에서 진동을 느끼기 쉽다.

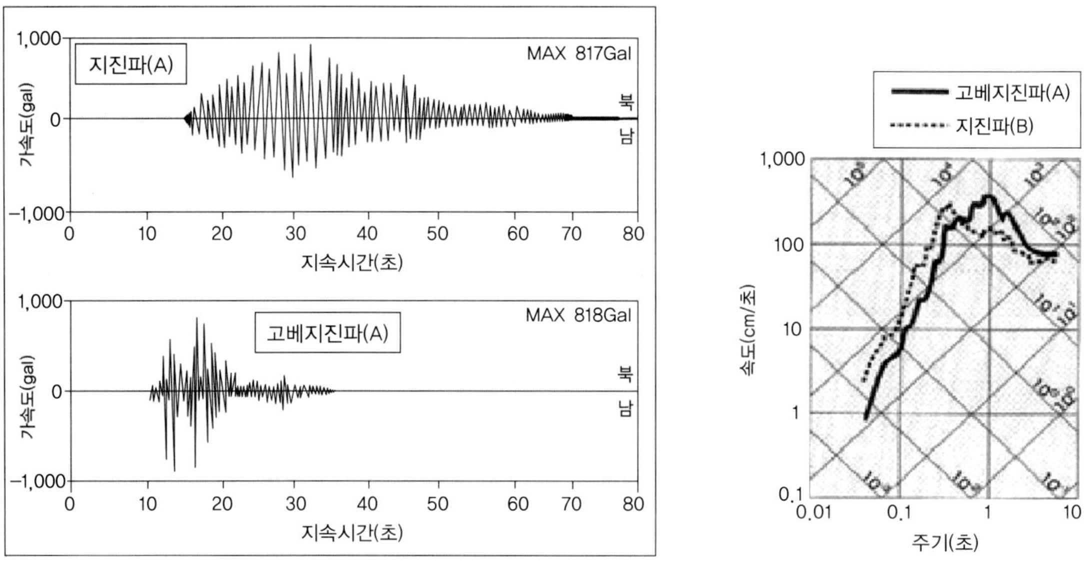

(a) 관측된 지진의 가속도 시각력 파형

(b) 속도응답 스펙트럼

그림 4.1.1

지진동이 시간적으로 어떻게 변화했는지가 건물의 피해에 관계하므로 심하게 흔들리는 주요동(主要動) 부분의 시간, 진폭, 스펙트럼의 시간적 변화가 중요하다.

2) 지반의 증폭 특성

지진동(地震動)은 땅속 깊이 단단한 암반에서부터 상대적으로 부드러운 홍적(洪積)지반, 충적(沖積)지반을 거치면서 진폭이 증가되고, 지표면에 도달한다. 지반증폭 특성은 지반이 지진동의 진폭을 증가시키는 성질을 말한다.

홍적지반에서 지진동은 별로 증폭되지 않지만, 충적지반에서는 급격히 진폭이 증가되는 큰 지반증폭 특성을 갖는다.

최대 증폭률을 나타내는 주기(周期)는 단단한 지반에서는 단(短)주기가 되고, 지진동이 거의 증폭되지 않지만 부드러운 지반(홍적층, 충적층)에서는 장(長)주기가 되고 증폭률이 커진다.

지반의 종류에 따라 스펙트럼 형태가 크게 달라진다. 0.4~0.5 이상의 장(長)주기에서 지반이 부드러울수록 건물의 응답(應答, 건물에 작용하는 지진력에 대한 저항력)이 커진다. 예를 들어 1923년 관동대지진에서는 단단한 홍적층 지반의 도쿄 신도심(山手)에 비해 지반이 부드러운 충적층 지반의 도쿄 구도심(下町)의 목조주택 피해가 컸으며, 흙벽돌의 피해는 도쿄 구도심

(下町)보다 도쿄 신도심(山手)에서 피해가 컸다.

목조(木造)주택의 무거운 기와지붕 주기는 0.3~0.5(장주기), 두꺼운 벽식 구조 주기는 0.2 정도이다. 따라서 목구조는 부드러운 지반에서, 조적조(벽돌, 돌 등)는 단단한 지반에서 큰 지진력을 받아 피해가 컸다.

3) 지진파의 전파

지진파는 단층에서 발생하여 단단한 암석(지진암반)을 통과해 건물 바로 밑(直下)의 경계면(지반 기반(基盤)면)에 도달하고, 부드러운 충적층을 통해 지표의 건물에 도달한다.

단층의 파단에 의해 P파, S파의 지진파가 발생하고, 각각 다른 속도로 기반(基盤)에 전해진다. P파(primary wave)는 S파(secondary wave)보다 통상 2~3배 빠른 속도로 전달되고, P파는 전해지는 방향으로 압축, 인장을 교대로 반복하여 보내고(縱波, 종파), S파는 전해지는 방향으로 직교방향의 운동에 의해 전달된다(橫波, 횡파). 그리고 P파, S파보다 늦게 도착하는 표면파가 있다.

멀리서 발생하는 지진으로써 최초로 느끼는 것은 상하동(上下動)이 P파이며, 그후 느껴지는 강한 수평동(水平動)이 S파이다. P파와 S파의 시간차는 진원(震源)에서의 거리에 비례하므로 그 시간차(sec)를 7~8배하면 대략의 진원지를 파악할 수 있다.

4) 지진의 진동과 시계추(振子)의 진동

시계의 진자는 규칙적으로 왕복운동을 반복하고, 진폭 및 주기(진자가 1회 왕복하는 시간)가 일정하다. 이는 단진동이라 하며, 단(單)진동은 같은 진폭과 주기를 단순히 반복하는 진동이고, 속도와 가속도는 변위와 마찬가지로 규칙적으로 변화한다.

지진동의 가속도 변화는 진폭이 매시간 심하게 변화하고 주기는 일정치 않다. 따라서 지진동의 주기특성(어떤 성분으로 구성되어 있는지?)을 아는 것이 중요하고, 실제의 지진동은 3차원적 움직임을 보이므로 수평진동((x, y, EW(동서방향), NS(남북방향)) 및 수직진동(z)을 각각 관찰하면 주기특성을 파악할 수 있다.

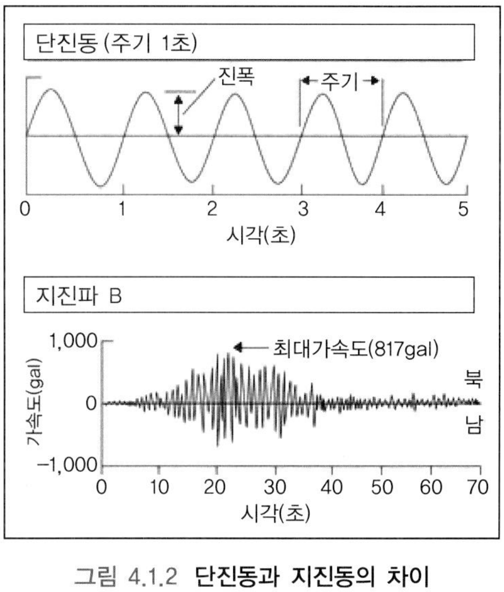

그림 4.1.2 **단진동과 지진동의 차이**

5) 진동과 충격

고베지진에서 구조물의 파괴형식에는 고속도로의 강제(철골)주각 좌굴, RC교각, 빌딩의 기둥파괴와 같이 준(準)정적인 하중 및 진동만으로 설명하기 어려운 것도 있고, 지진력이 빠른 속도로 구조물에 급격히 작용하여 일어난 충격파괴현상이 혼재되어 있다는 견해도 있다.

충격이란, 매우 짧은 시간 내에 하중이 작용하는 현상이다. 구조물에서 문제가 되는 충격현상의 예로는 그림 4.1.3과 같다.

충격에너지가 순간적으로 구조물에 전달되기 때문에 구조물이나 그 재료가 보이는 역학적 성질은 정적하중이 작용하는 경우와 크게 다르고 복잡한 것이 된다.

즉 충격력이 응력파(應力波)로서 구조물 내부에 전달되는 과정, 순간적으로 변형률(strain)이 생김에 따른 재료특성의 변화, 충격력이 가해진 부분의 국부적인 대변형, 파괴 등의 특이한 현상이 생긴다.

지진동에 의한 충격파괴에 대해서는 아직 그 현상조차 정확히 파악되어 있지 않다.

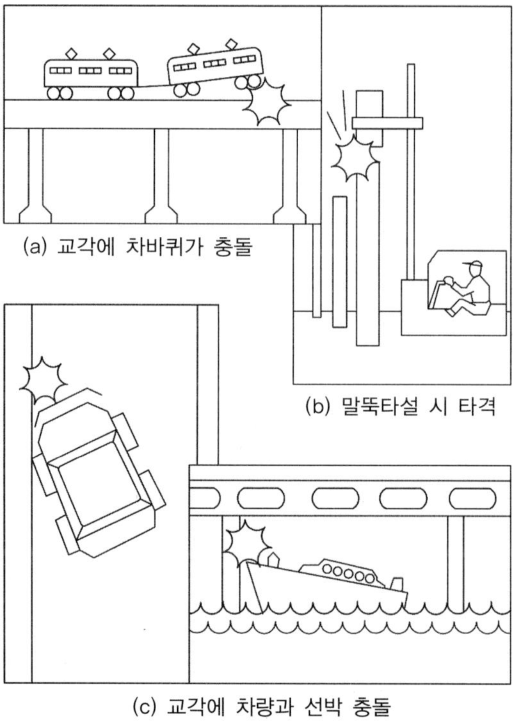

그림 4.1.3 **구조물에 관련한 충격현상 예**

4-2 지반재해

1) 지반의 종류와 건물피해 분포

지반을 구성하는 지층은 추적시기에 따라 충적층(약 1만년 전~현재), 홍적층(약 1만년 이전)으로 나누며, 추적년대가 오래된 지층일수록 단단하고 상해진다.

그 이유는 오랜 시간 그 위에 쌓인 흙의 중량으로 압축되든지, 모래나 자갈에서 우수가 침투하든지, 진동충격에 의해 점차 단단하게 굳어지기 때문이다. 일본에서는 원자력발전소 등 극히 중요한 건물을 제외한 일반건물은 충적층에 지지시킨다.

그러나 충적층은 연약하며 대지진 시에 액상화현상이 일어날 가능성이 있으므로 단독주택을 제외한 대부분의 건물은 충적층에 지지시킨다. 물론 고층건물도 충적층에 지지시킨다. 단, 홍적층도 흙의 종류에 따라 경도와 강도가 다르므로 건물의 규모 및 중량에 의해 지지층으로서 홍적층의 종류를 선택해야 한다.

일반적으로 충적지반은 강가의 평야, 삼각지, 매립지 등 부드러운 지반을 말하며, 지진동이 증폭되어 건물 피해가 많다. 홍적지반은 암반, 단차가 있는 구릉지(段丘), 손바닥 모양으로 움푹 팬 곳(台地) 등 단단한 지반을 말하며 비교적 피해가 작은 특징이 있다.

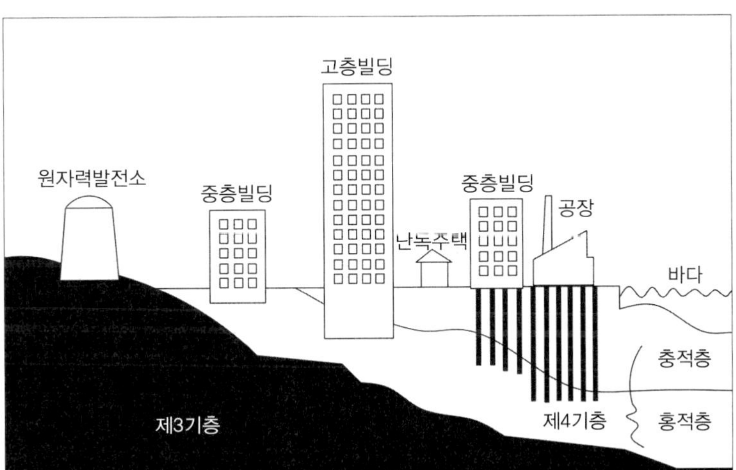

그림 4.2.1 **지반의 종류**

일반적으로 해구형 지진에서는 홍적층 지반의 움푹 팬 곳 위에 있는 건물은 밀집되어 있음에도 피해가 적고, 충적지반 위의 아파트단지에는 건물의 구조종별에 관계 없이 많은 피해가 생겼다. 그러나 지반이 좋은 센다이도(仙台) 도시가 확대되어 입지조건이 변하여 결과적으로 재해를 입게 된 것은 지반조건의 중요함을 다시 인식하게 하는 계기가 되었다.

특히 2011년 3월 동북지방지진으로 큰 해일피해를 입었고, 그 결과 원자력 발전소가 큰 피해를 입어, 2차 방사능 피해까지 입은 것을 기억한다. 이때 역시 센다이지역의 피해가 컸다.

2) 지반의 탁월(卓越)주기

지진에 의한 지반의 흔들림(진동)에는 단주기(短周期) 성분과 장주기 성분이 섞여 있지만, 여러 지진에 대해 조사해보면, 지반종별에 따라 특정의 탁원한 성분 주기가 있다. 이 탁월주기는 지표 가까이에 쌓여 있는 지반층 두께와 경도로 정해지는 고유주기에 대응하는 것으로 제3기층이라 불리는 견고한 암반이 가장 짧은 단주기이고, 제4기층인 홍적층, 충적층의 순으로 장주기가 된다. 또 두께가 두꺼울수록 주기는 길어진다.

지반의 탁월주기는 상시(常時) 미동(微動)이라 하는 교통, 기계 등의 인위적인 진동원에 의해 항상 발생하는 미약한 진동에서도 측정된다. 전형적인 미동파형에 포함되는 주기 성분을 빈도(頻度)곡선으로 보면, 암반에서 탁월주기는 0.2초 이하로 가장 짧고 두꺼운 충적층에서는 0.7초 이상의 장주기가 탁월하다.

건물을 지지하는 지반의 탁월주기를 파악함으로써 건물의 내진성을 한층 높일 수 있다.

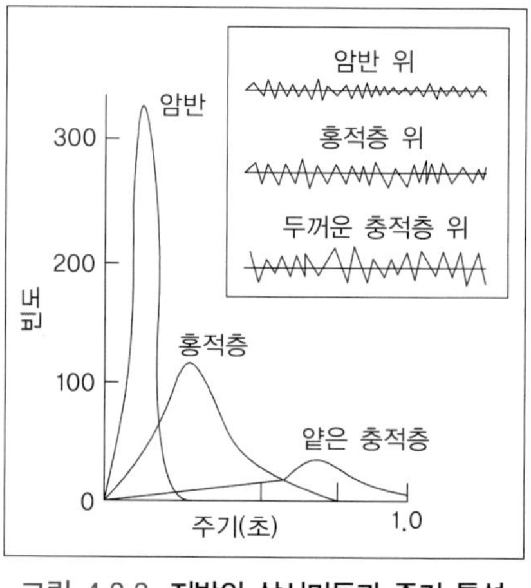

그림 4.2.2 지반의 상시미동과 주기 특성

3) 지반분류별 응답스펙트럼

표층 부분의 지반특성에 따라 지진동의 변화하는 모습이 1980년부터 활발히 연구되어 지표와 지중(地中)의 강진 관측에 의해 밝혀졌다. 표층 부분의 지반특성은 멕시코지진(1985) 이래, 관심을 가지게 된 분지(盆地), 경사지, 절벽 등 표층지반의 불(不)균질성이나 지형의 불규칙성에 의한 분류법과 1986년 일본의 건축기준법에서 정하는 지반종별, 즉 보통(제2종 지반), 강함(제1종 지반), 연약(제3종 지반)으로 분류하기기도 한다.

우리나라도 지반종별을 30m 보링테스트에 의한 지반의 하항식(down hole test) 탄성파탐사를 통해 전단파속도를 산출하여 보통 $S_a \sim S_d$로 분류하여 건물규모와 구조형식을 제한하고 있다.

건물설계 시 지반에 의한 영향은 이 분류를 고려하여 설계용 지진동의 강도를 저감시킬 수 있다. 저감비율은 건물의 1차 고유주기 T와 지반종별에 따라 정해지는 진동수 특성 R_t로 나타낸다. 1차 고유주기 T가 긴 건물일수록 설계용 지진동의 강도는 각 지반 모두 작게 할 수 있다. 1차 고유주기 T는 건물이 높을수록 길게 된다.

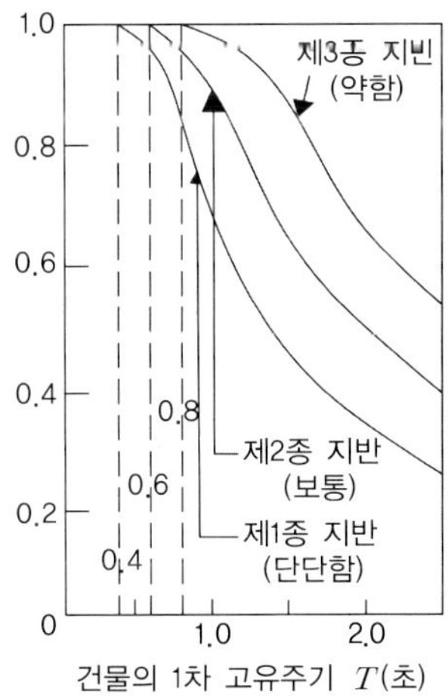

그림 4.2.3 **진동특성계수**

4) 압밀침하와 액상화현상

충적층을 구성하는 지층은 크게 점성토와 사질토로 구성되어 있고, 점성토는 저지(低地)나 매립지 등의 평탄한 지역에 많은 연약지반이며, 압밀침하가 진행되기 쉬운 지반이다.

말뚝기초에서 압밀침하가 생기면 말뚝의 주변마찰에 의해 말뚝이 땅 속으로 처박히는 현상(negative friction)이 생기고 말뚝에 과대한 하중이 걸려서 말뚝의 파괴나 침하가 생긴다.

한편 충적사층의 경우에는 지하수위가 얕고 완만한 지반이 지진을 받으면 지진의 충동으로 모래 속에 함유된 물의 압력이 급격히 상승해 액상화현상이 발생하고, 액상화현상이 발생하면 말뚝 주위의 지반도 움직이므로 말뚝에 대한 구속이 없어지고 말뚝 자체가 기둥처럼 지지력이 없이 서 있기만 한다.

이에 대한 대책은 현장타설 콘크리트 말뚝이나 강관 등에 의해 보강된 기성콘크리트 말뚝처럼 내진성이 높은 말뚝을 채용하거나 지반개량에 의한 모래지반을 단단하게 해야 한다(그림 4.2.4).

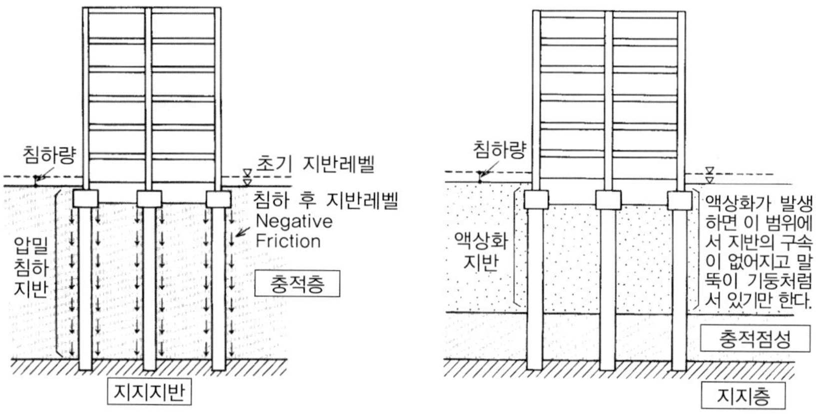

(a) 압밀침하 (b) 액상화현상

그림 4.2.4 **압밀침하((−)마찰)와 액상화현상(말뚝)**

홍적층은 건물의 지지지반이 될 수 있는 지층이지만 지질에 따라 그 지내력에 많은 차이가 있다. 따라서 건물의 규모나 구조시스템에 따라 지지지반을 선택해야 하며, 얕은 위치에 홍적층이 있는 경우에는 독립기초, 줄기초 등 직접기초가 가능하지만 그렇지 않으면 말뚝기초로 해야 한다. 이때 말뚝이 관통하는 충적층의 지층 성질을 알고 압밀침하나 액상화현상에 대한 충분한 검토가 중요하다.

액상화란, 지하수위 이하에 있는 완만하게 축적된 사질(砂質)지반이 강한 지진동을 받아 액체와 같이 되는 현상을 말한다.

지진 시에 액상화 발생을 예측하는 방법은 다음 3가지 방법이 있다.

① 지형, 지질이나 과거 지진에 의한 액상화의 기록(이력)에 기초한 개략적인 판정

② 일반적인 지반조사, 토질시험 결과를 이용한 간이판정

③ 액상화 검토를 위한 특별 지반조사, 실내시험, 해석을 통한 상세한 판정

여기서 ①의 방법은 구 하도(河道), 매립지, 현 하도(河道) 등의 지형이나 과거 액상화가 발생한 이력이 있는 지점에서 액상화가 생기기 쉽다고 판정한다.

②, ③의 방법은 지진 시 지반에 작용하는 힘과 지반의 액상화저항을 비교함으로써 판정한다.

액상화저항은 ②의 간이판정법에서는 보링조사의 표준관입시험에 의해서 얻어지는 지반의 견고함을 나타내는 N치와 모래의 입경(粒經) 등으로 추정

한다.

③의 상세 판정법에서는 지반에서 채취한 시료를 이용한 실내 액상화 강도시험으로 구한다. ②에서는 지표면 최대가속도 등으로부터 경험식을 이용하여 지반에 작용하는 힘을 추정하는 데 비해 ③에서는 여러 종류의 조사, 시험결과를 기본으로 지진응답해석을 통해 지반에 작용하는 힘을 구한다.

이러한 액상화판정은 일본의 경우 1970년 「항만구조물 설계기준」에 처음 도입되어 현재는 「구조물의 설계기준」류(類)에 채택되어 액상화를 고려한 내진설계가 실시되고 있다. 그러나 도시에서는 이런 방법이 적용되지 않는 건물이 많다.

5) 쯔나미(震波, 지진해일) 발생과 전달

해저에서 생긴 지진은 쯔나미를 발생시킬 수 있다. 목욕탕에서 손바닥을 수평으로 빨리 움직이면 수면이 위로 솟아 오른다(쯔나미의 메커니즘).

발생하는 쯔나미의 크기는 해저면의 어긋남 크기에 따라 좌우된다. 지진이 해저 매우 깊은 곳에서 생기면 같은 지진의 매그니튜드에서도 해저면의 어긋남이 작아지고 큰 쯔나미가 되지 않는다. 발생한 쯔나미는 빠른 속도로 사방으로 퍼지고, 그 속도는 $\sqrt{수심}$ 에 비례한다. 만일 해저 1,000m에서 쯔나미가 생기면, 그 전파속도는 초속 약 100m가 되고(시속 360km), 수심 10m의 해변에 이르면 초속 10m가 된다.

그러나 쯔나미가 전파되는 속도와 물이 움직이는 속도는 서로 다르다. 즉 물이 움직이는 속도는 수심 10m에서 쯔나미 높이가 2m이면 초속 약 2m 정도이다. 쯔나미의 파고(波高)는 전파과정에서 해저지형이나 해안지형의 영향을 받게 되는데, 육지로 향하는 쯔나미는 우선 대륙붕 사면을 만나고 완만한 사면을 따라 해안에 도달하게 되고, 이러한 해역에서는 수심이 낮으므로 쯔나미 파고는 증폭되지만(파의 천수(淺水)변형), 해안영역에서 쯔나미는 해안지형의 영향을 받아 진행방향을 바꾸어 버린다.

쯔나미는 굴절이나 회절현상에 의해 바다에 돌출한 곶(岬), 반도형상의 지형을 향해 진행방향을 바꾸거나 강입구 등의 절벽(崖)지형에서는 집중효과나 '거꾸로 올라감, 즉 소상(遡上)'현상에 의해 기세 좋게 육지로 기어 올라간다. 예를 들어, 1993년 북해도지진, 곶(岬)지형, 강입구(入江)지형에 쯔나미 피해가 컸다. 쯔나미 정보는 지진발생 직후, 쯔나미 조기 탐지망(일본,

150개 소)에 의해 진원과 쓰나미 크기를 정하는 지진규모(Magnitude)를 계산하여 쓰나미 경보를 발표하며 소요시간은 약 3분 정도 걸린다. 이러한 쓰나미 경보는 기상위성을 통해 긴급정보로서 TV, 라디오를 통해 신속히 보도된다.

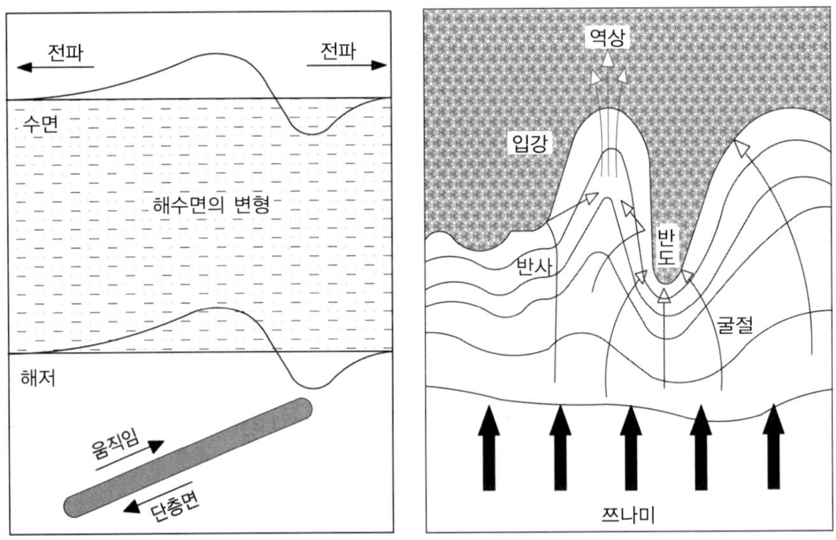

(a) 수면 변위　　　(b) 해안형상에 따른 쓰나미 변형

그림 4.2.5 **쓰나미(지진해일)**

6) 산사태, 성토와 사면붕괴

지진에 의한 혹은 그것이 발단하는 지면 미끄러짐(sliding), 사면붕괴의 기록 및 현재도 지형상 지진발생 가능성이 있다고 구전(口傳)되어 오는 곳도 드물지는 않다. 산악지역에서는 지진에 의해 땅 미끄러짐이나 사면붕괴 등의 산사태가 발생할 수 있다. 지진에 의한 수평력 때문에 사면이 무너지는 경우가 있지만 특히 표토층만 붕괴되는 경우가 많다.

강우(降雨)에 의해서도 땅 미끄러짐이나 산사태가 발생하지만 이 경우는 지하수가 스며나오는 면이 그 원인이 된다. 지진에 의한 땅 미끄러짐이나 사면의 경사각과의 관련이 크고 경사가 급한 토사면이 무너지는 경우도 많다.

원래 일본의 경우는 지진과 직접 관련이 없어도 사면(斜面) 위험개소(산사태)가 1만 개소 이상 지정되어 있다. 이러한 위험개소는 강우에 의한 붕괴위험이 가장 큰 곳이지만 지진에 의한 붕괴위험이 우려되는 곳도 있다.

지진에 의한 땅 미끄러짐, 사면붕괴로 최근 대규모였던 것은 나가노현(長野縣) 서부지진(1989) 시 산악붕괴로 3,400만m^3의 토사가 무너져 강을 막아 버린 것이었다.

하천제방에서 볼 수 있는 성토 하부의 토층은 강의 범람원이나 구 하도(河道)인 경우가 많고 연약한 점토층이나 느슨한 사층(砂層)이 축적되어 지진에 의한 큰 변동이 생기든지 액상화가 발생하여 큰 피해를 가져온다. 1964년 니가타(新葛)지진에서는 강의 성토제방이 약 4.5km, 꼭대기 부분에 균열이 생겨서 높이가 눈에 띄게 낮아졌고, 액상화현상으로 공동주택 건물이 옆으로 누운 것이 처음 발견되었다(사진 21). 또 고베지진에서는 하구(河口) 부분의 성토제방이 길이 2km 정도 붕괴되어 거의 멸실되었다. 이러한 성토제방의 파괴원인에는 모래가 쌓인 층이나 렌즈모양의 모래층 액상화가 주된 원인으로 보인다.

한편, 고베지진에서는 대규모 사면붕괴가 있었고, 2세대가 토사에 매몰되어 30명 이상의 희생자가 났다. 사면이 약한 지반과 지하수가 스며나오는 곳이 지진과 겹쳐진 원인으로 사료된다.

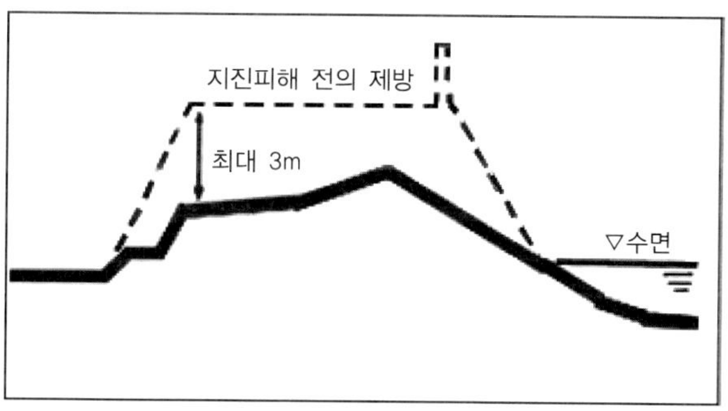

그림 4.2.6 **고베지진에 의한 제방의 피해**

7) 방조제(防潮堤), 방파제(防波堤)

인간이 사는 해안에 내습하는 쯔나미에 의한 피해를 막는 방법에는 ① 방조제의 높이를 충분히 높게 쌓아 육지를 전체적으로 방호하는 방법과 ② 앞바다(물이 합쳐지는 곳)에 방파제를 쌓아서 제방 내부의 수위상승을 약하게 하든지 침입하는 쯔나미의 힘을 말살하는 방법이 있다.

일본의 경우 쯔나미 대책은 일반적으로 ①의 방법을 사용하고 있지만 항만 등 해안선을 이용하는 경우 높은 방조제는 그 기능을 저하시키는 결점이 있다. 이에 비해 ②의 방법은 물이 차는 선(水際線)을 유효하게 이용함과 동시에 방파제가 바람에 의한 파도를 작게 할 수 있는 이점이 있다.

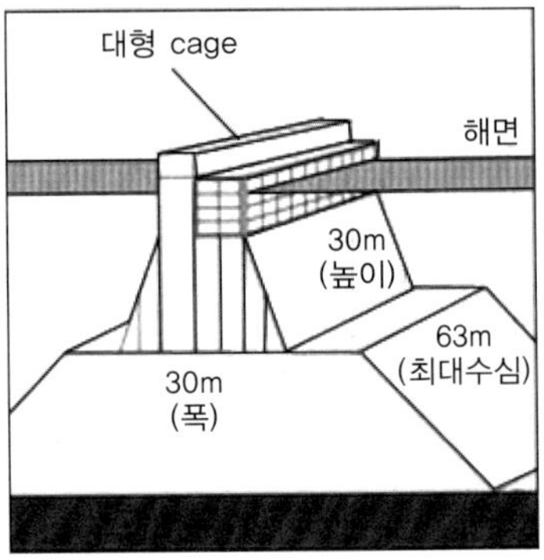

그림 4.2.7 **방파제 개념도**

남미에서 발생하여 일본에까지 전파되어 큰 피해를 입혔던 1960년 칠레지진 이후, 1969년에 처음으로 대형선박이 도착하는 항구에 쯔나미 방조제가 건설되었다. 지난 2011년 일본 동북지방 지진에 의한 쯔나미 영향으로 작은 배가 6개월 후 캐나다에 도착하기도 했다.

현재 건설중인 부구(釜口)의 쯔나미 방조제는 길이 1,660m, 건설지점의 최대 수심 63m, 원(原) 해저면 위에 성토된 사석(捨石), 버린 돌) 위에 건설되는 대형 케이슨(cason, 콘크리트 상자)은 공중 중량 약 16,000톤으로 세계 최대 규모이다.

4-3 구조물의 진동

1) 진동하는 건물의 성질

지진 시 저층건물은 짧고 반복적으로 심하게 흔들리고 고층건물은 천천히 흔들린다. 건물의 진동모양은 건물의 높이, 구조의 종류 등 건물의 특성과 지진동의 특성으로 정해진다.

건물의 특성이란, 건물의 고유주기와 시간 경과와 함께 진폭이 감소하는 정도인 감쇠(damping, 減衰)에 의해 정해지며 건물의 고유주기는 건물의 중량과 강성에 의해 정해지고 중량이 클수록 강성은 낮을수록 길어진다. 벽이 많은 강성이 큰 건물은 주기가 짧다. 같은 높이의 건물에서는 RC구조가 강구조보다 중량이 크지만 강성이 높기 때문에 주기는 짧아진다. 일반적으로 저층건물(3~4층)의 고유주기는 0.2~0.3초, 중층건물(10층)은 0.7~1.0초, 고층건물(50층 이상)은 5초 정도이다(그림 4.3.1).

상하방향의 고유주기는 수평방향보다 짧고 RC건물이 S조보다 감쇠가 크다. 고층건물에서는 상하방향 주기는 수평방향의 1/10 정도이다.

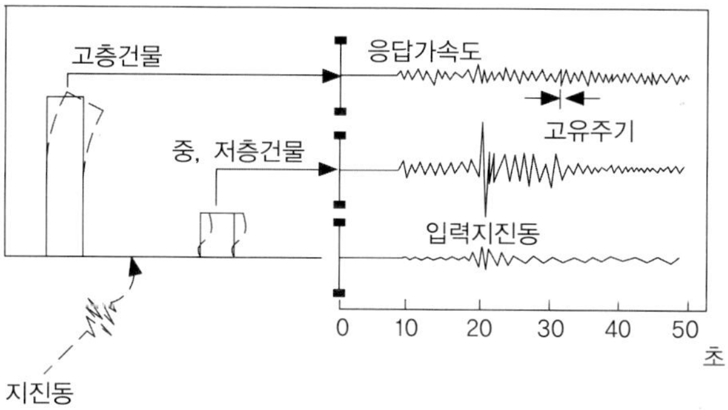

그림 4.3.1 **진동하는 건물의 성질**

2) 감쇠(減衰, damping) ; 흔들림을 진정시키는 성질

그네를 타고 있는 어린이를 뒤에서 밀어주면 그네는 흔들리기 시작하고, 어린이가 가만히 있으면 그네는 점점 흔들림이 적어지면서(감쇠) 멈추게 된다. 어린이를 밀어주면 그네에는 에너지가 가해지고, 이 에너지가 감쇠에 의해 소비하게 되어 점차 흔들림이 작아진다.

감쇠의 원인은 그네가 매달려 있는 부분의 마찰, 어린이가 받는 공기저항이다. 지진에 의해 구조물을 흔들리게 하는 에너지가 주어지지만 감쇠에 의해 흔들림이 작아지게 된다. 이 경우 감쇠는 구조물을 구성하고 있는 부재끼리의 마찰, 부재의 비틀림(strain)에 의한 에너지 소비, 구조물로부터 지반에 전달되는 에너지 소비(逸散) 등에 의해 감쇠가 발생한다.

감쇠의 크기는 감쇠정수 h로 나타낸다. h=0이면 흔들림이 적어지지 않고(계속 흔들림), h=1.0이면 흔들림이 생기지 않는다.

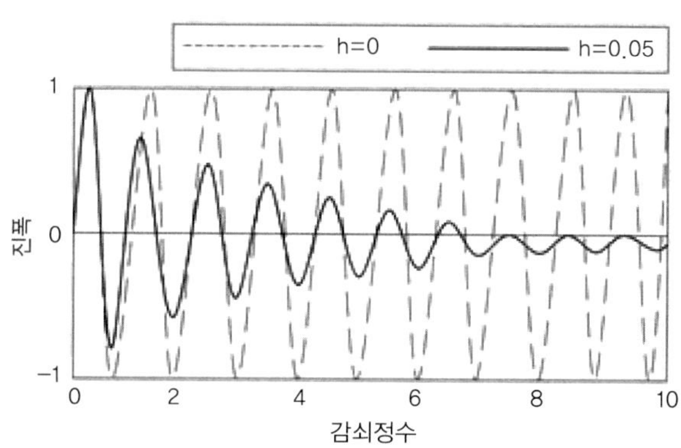

그림 4.3.2 **진동폭과 감쇠정수**

3) 유(柔)구조와 강(剛)구조

초고층빌딩이나 전망탑 등은 긴 주기로 천천히 흔들리기 때문에 짧은 주기의 흔들림을 갖는 지진에는 거의 흔들리지 않는다. 지진력을 버드나무가 지처럼 흔들어서 점성으로 견디는 구조를 유(柔, flexible)구조라 한다. 반면에 저층의 RC아파트에서는 벽이 많으므로 강성이 큰 구조로 되어 있고, 지진력을 받으면 그것을 상회하는 강도를 갖게 하여 안정성을 확보한다. 이와 같이 지진력에 강도로 저항하는 구조를 강(剛, stiff)구조라 한다.

지진에 대해서 유구조론, 강구조론의 이론이 있지만, 결국은 강구조론이 주류(主流)가 되고, 지진에는 강도로 저항하는 설계법이 채택되었다. 그러나 1960년 이후, 건물의 고층화 요구가 있어도 지진의 진동(sway)방법이 밝혀지고 컴퓨터에 의한 해석기술이 발달하여 유구조에 의한 초고층건물이 실현되게 되었다. 강(剛)구조에 의한 내진설계는 힘(강도)으로 지진력에 저항하게 하고, 유(柔)구조는 건물의 유연성(점성)으로 지진력에 저항하게 한다(그림 4.3.3).

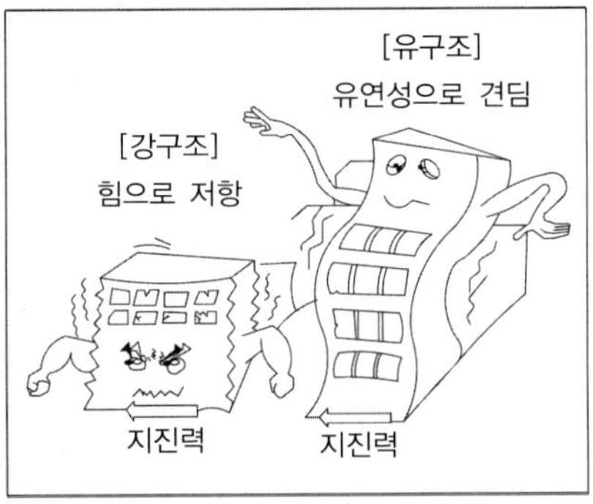

그림 4.3.3 **유구조와 강구조**

4) 공진(共振)과 진동

시계의 진자(振子)는 일정한 리듬으로 반복하여 흔들리지만 이 흔들림에 맞춰 힘을 가하면 흔들림이 커진다. 왜냐하면 진자(예, 그네)의 주기와 나중에 가해지는 힘의 주기가 일치하기 때문이다. 즉 고유(固有)주기에 맞춰서 주기적으로 힘을 가하면 흔들림이 증폭되어 커져 공진까지 발생한다.

건물도 진자와 같이 고유주기를 갖고 있고 일반적으로 저층에서는 짧은 주기, 높은 건물에서는 긴 고유주기를 갖고 있다. 건물의 층수에 0.1을 곱하면 고유주기(초)가 구해진다.

지진 시 빌딩의 흔들림에도 공진현상은 큰 영향을 미친다. 지진의 주기가 빌딩의 주기와 일치하면 건물은 공진하고 흔들림도 커진다. 지진에 의한 흔들림(진동)은 해안 가까이 매립지 등 연약지반 위에서는 주기가 길어지고, 암반 등 단단한 지반 위에서는 주기가 짧아진다.

연약지반 위에서는 고층건물 등 고유주기가 긴 건물이, 단단한 지반 위에서는 저층건물 등 주기가 짧은 건물이 흔들리기 쉬운 경향이다.

따라서 짧은 주기의 지진일 때는 단단한 지반의 저층건물이 공진하고, 긴 주기의 지진일 때는 연약지반 위의 고층건물이 공진하므로 피해야 한다(그림 4.3.4).

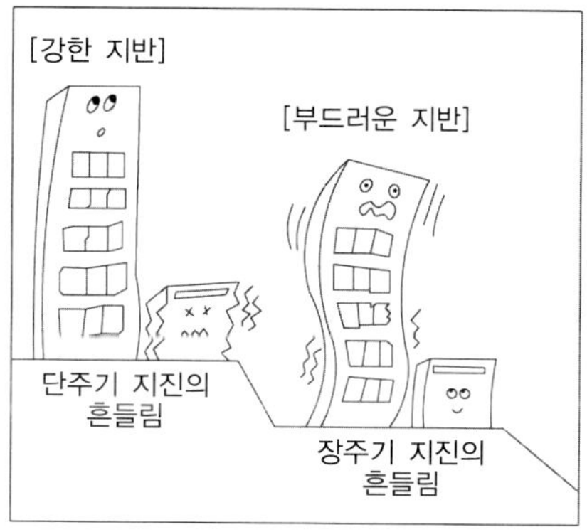

그림 4.3.4 **지반 차이에 의한 공진**

5) 응답스펙트럼

응답스펙트럼(應答 spetrum)은, 어떤 지진동에 대해 임의의 감쇠정수를 설정한 일질점(一質點)의 건물모델 고유주기를, 예를 들면 0.15초, 0.5초, 1.0초로 변화시켜 일질점 모델(model)의 지진응답을 구해 세로축에 최대응답치, 가로축에 일질점(一質點)의 고유주기를 표시한 것이다. 최대응답치로서 무엇을 선택하느냐에 따라 가속도 응답스펙트럼(S_a), 속도 응답스펙트럼(S_v), 변위 응답스펙트럼(S_d) 등이 얻어진다.

S_a, S_v, S_v와 고유진동수 $\omega\ (= \frac{2\pi}{T}$, T ; 고유주기)의 관계식은 $S_a/\omega \div S_v \div \omega\, S_d$로부터 가속도 응답스펙트럼에서 속도 · 변위 응답스펙트럼을 근사적으로 산출할 수 있다. 응답스펙트럼의 형태는 지진동별로 다르고, 각 지진동에서 어떤 주기의 성분이 우세한지 알 수 있고, 응답스펙트럼을 이용해 그 지진동에 대한 임의 주기의 건물응답을 개산(概算)할 수 있다.

응답스펙트럼의 특징은 다음과 같다.

① 가속도 응답스펙트럼은 주기가 매우 짧으면 건물에의 입력가속도값에 근접하고, 주기가 매우 길면 0(zero)에 근접한다. 특히, 0.1~0.5초에서 큰 값이 된다(주기가 1.0보다 짧은 경우는 입력가속도 보다 상회(上廻)하는 응답을 보인다).

② 속도 · 변위 응답스펙트럼은 건물의 기초에서 상대속도 응답을 나타내고, 주기가 매우 짧으면 0(zero)에 근접하고, 주기가 길면 응답이 커지지만 어떤 값에서는 최고치(peak부분이 수평으로 됨) 경향이 있다.

③ 속도 응답스펙트럼은 건물에 생기는 운동에너지와 직접 관련이 있고, 이를 적분한 것은 그 지진동이 갖고 있는 에너지 혹은 파괴력을 나타낸다. Hosner(미국)는 0.1~0.5초까지 주기범위의 속도 응답스펙트럼의 적분치를 "스펙트럼 강도"(1952)라 정의했다.

④ 감쇠정수(h=0.10)의 일질점 건물모델의 지진 시 속도응답을 구하고 다음 식에 의해 일질점 모델에 투입되는 에너지 총량 E.

$$V_E = \sqrt{2E/M} = \sqrt{-2\int MZ_o(t)\chi(t)\frac{dt}{M}}$$

$\ddot{Z}(t)$; 진동가속도

$\dot{\chi}(t)$; 1질점 응답속도

를 등가(等價)속도 V_E로 환산하여 건물모델의 고유주기별로 V_E를 표시한 것을 '에너지 스펙트럼'이라 한다.

⑤ 푸리에(fourier) 스펙트럼 : 지진동 등의 시각력(時刻歷, time history) 데이터를 푸리에변환에 의해 구한, 파형(波形)의 주기특성을 알기 위해 이용된다.

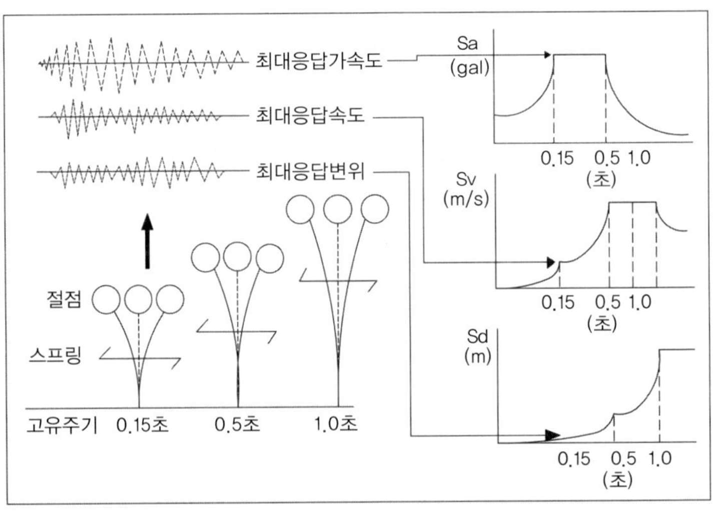

그림 4.3.5 **일질점계(一質點系) 모델의 응답스펙트럼**

6) 지반과 구조물의 상호작용

지진으로 흔들리는 지반 위 또는 지중구조물은 지반과 상호 영향을 미친다. 지반이 구조물에 대해 작용하는 외에 구조물도 지반에 대해 작용한다.

그 결과 구조물의 접촉면적과 그 근방의 지반 움직임은 구조물이 없는 경우와 달리 구조물의 움직임도 변하게 된다. 이러한 현상을 '구조물과 지반의 동적 상호작용'이라 한다.

구조물과 지반 간의 동적 상호작용에는 다음의 2종류가 있다.

① 구조물의 관성력에 의해 지반에 변형(strain)이 생기는 관성 상호작용

② 구조물의 관성에 의해 지반의 변형을 구속하는 기하학적 상호작용

지반에서 구조물로 입사(入射)한 또는 입사하려고 한 지진동 에너지의 일부 또는 모두가 지반 내에 반사된다. 즉 '흔들려 되돌아오기'의 현상이라 한다.

이것이 다시 건물의 '흔들리는 방법(진동)'에 영향을 미친다.

① 고유주기가 늘어나서 천천히 흔들린다.

② 진동모드가 변해서 흔들리는 방식이 바뀐다.

③ 일산(逸散, 에너지 분산)감쇠가 생겨 쉽게 흔들리지 않는다.

④ 지진동 에너지 입력이 저하하여 쉽게 흔들리지 않는다.

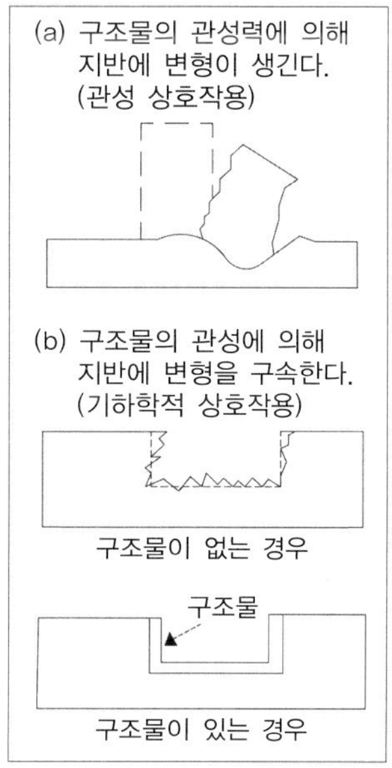

그림 4.3.6 **지반과 구조물의 상호작용**

7) 지하실, 말뚝이 있는 건물의 진동

지하실이나 말뚝이 있는 경우에는 지반과의 사이에도 힘을 주고 받으므로 지표에 건물이 직접 얹혀 있는 경우보다 복잡하다.

지하실이 있는 경우에는 건물 기초의 고정도(固定度)를 증가시켜 구조물과 지반을 전체로서 취급할 때(연성시스템)의 고유주기는 지하실이 없는 경우보다도 짧다. 지하실이 있으면 일반적으로 기초 부분의 일산(逸散)감쇠가 증가된다. 그러나 기초의 고정도를 증가시키는 것과 연관되므로 지하실이 깊을수록 연성시스템의 감쇠정수가 커진다고도 할 수 없다. 또 지하실 주변의 지반을 구속함에 따라 일반적으로 건물로서는 입력(入力)저감이 생기지만 지하실 측벽에도 지반으로부터의 힘(동적 토압)이 작용하게 된다.

말뚝(pile)이 있는 경우에는 말뚝도 수평력, 연직력을 부담하므로 직접기초의 경우보다 고정도가 늘어난다. 특히 연직지지력이 크므로 건물의 록킹(rocking) 진동수는 적어진다. 말뚝수가 많고 상호 근접해 있는 경우에는 지반으로부터의 반력이 저하된다. 이를 무리(群)말뚝효과라 한다. 말뚝에는 건물의 관성력 외에 지반으로부터의 힘도 작용한다. 말뚝에 생기는 응력은 말뚝머리 부분에서 건물에 의한 관성력이, 말뚝선단(先端, 끝, 강제변위를 구속시켜야 함)에서는 지반으로부터의 강제변위가 지배적이다.

일반적으로 말뚝머리 부분에서 최대응력이 생기지만 지반의 지층구성이 급격히 변하는 부분에서는 말뚝의 응력이 커지므로 주의해야 한다.

8) 부동침하(不同沈下)

강한 진도의 지진력을 받는 건물의 기초가 일정하게 침하하지 않고 장소에 따라 서로 다르게 침하함에 따라 건물이 지진 후에 기울어지는 경우가 많고, 이를 부동침하(uneven settlement)라 한다.

부동침하에 의해 건물이 기울어지면 건물의 구조에 영향을 미치거나 사용상 큰 지장을 준다. 지진이 원인이 되는 부동침하의 발생 메커니즘에 대해서는 확실치는 않지만 지진 후의 피해 사례에서 그 원인을 추정할 수 있다. 직접기초에서는 지반의 일부가 파괴되든지 압축됨에 따라 부동침하를 일으킨다. 말뚝기초에서는 부동침하를 일으킨 건물에서 기초를 지지하는 말뚝머리 부분이 파손된 경우가 많다.

이러한 현상의 원인은 강한 지진력에 의한 지반균열, 액상화 등의 지반 자체 붕괴, 지반이 일정치 않아서 발생하는 직접기초의 지지력이나 말뚝의 수평저항력 차이, 건물형상에 의한 하중 차이, 서로 다른 지반에 1개의 건물이 지지되는 경우, 이종(異種)의 말뚝을 사용한 경우 상부 건물에 셋백(setback) 등의 영향, 하중에 편심이 있는 경우 등이 있고, 건물의 부동침하는 이러한 원인이 몇 가지 겹쳐진 결과로 발생한다고 사료된다.

이러한 부동침하를 방치하면 일부의 기둥, 보부재에 예기치 못한 큰 응력이 생겨 부재 파괴에 연결되므로 대책을 세워야 건물의 내진성을 높일 수 있다.

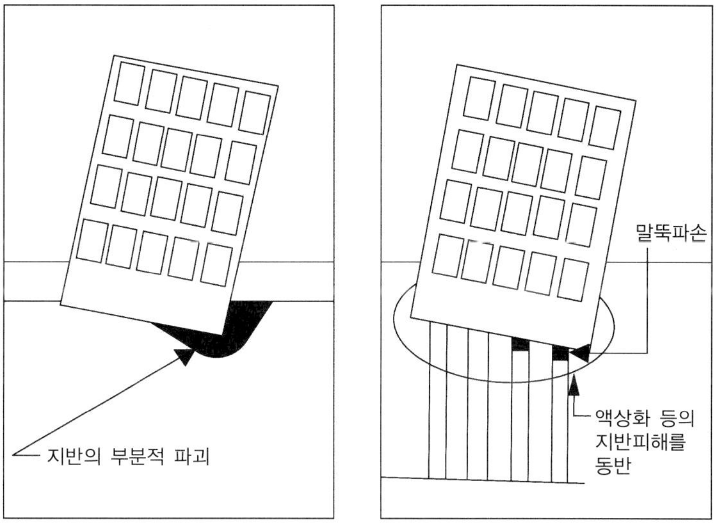

(a) 직접기초 건물의 부동침하　　(b) 말뚝기초(지지말뚝) 건물의 부동침하

그림 4.3.7 **부동침하**

9) 지중(地中)구조물의 진동

지중구조물은 지진 시, 지상의 구조물처럼 흔들릴까? 어떻게 진동할까? 지상의 구조물과는 흔들리는 방법이 다를까?

지진을 지하(地下)에서 경험한 사람들은 상하진동, 가로(수평)진동 모두를 느낄 수 있고, 진동이 클 때는 터널이 뱀(蛇)처럼 꿈틀거리듯이 보인다고 한다.

지진동에 의해 땅은 갈라지고 액상화에 의한 지반 자체가 파괴하든지 크게 변형되는 경우를 제외하면 지상구조물의 흔들림은 지반진동을 동반하며 먼저 기초 부분이 흔들리게 되어 지진동이 지상 부분에 전해지면서 발생한다. 이 때문에 지상구조물은 그 높이나 구조물의 종류에 따라 고유주기 차이에 의해 지반의 흔들림보다 더 크게 흔들리는 경우도 있고, 작은 경우도 있다.

이에 비해 지중구조물의 특징은 지반의 흔들림과 일체되어 진동하고 지반의 흔들림보다도 오히려 더 작아진다는 점이다. 왜 일까? 지중구조물의 흔들림은 지반 흔들림보다 더 작아지는 걸까?

보통의 지중구조물은 내부가 공동(空洞)이어서 구조물 전체로 보면 주변의 지반보다도 외관상 중량이 가볍게 되어 있다. 이 때문에 지중구조물에 가해지는 관성력은 작아진다. 즉 진동시키려는 힘이 약하다는 것이다.

또한 지중구조물은 주변이 지반에 둘러 싸여 있으므로 지반과 다른 흔들림이 지중구조물에 생겼다고 해도 지반에 진동에너지가 흡수되어 버리므로 지반보다 큰 흔들림은 생기지 않는다. 예를 들면 스프링에 추를 매달아 공중에서 상하로 진동시키면 좀처럼 멈추지 않지만 수중(水中)에서는 물의 저항 때문에 진동은 금방 멈추게 되는 것과 같은 원리이다.

한편 지반에의 흔들림 크기는 깊이 및 지반의 경도(硬度) 등에 따라 달라진다. 지진동의 관측결과에 의하면 지반 내에서는 지표보다 진동이 작게 기록된다. 또 지표와 지중에서는 흔들림의 크기가 달라진다(예, 최대가속도).

연약지반의 경우 지하 120m 정도의 깊이에서 흔들림 크기는 지표에 비해 약 40%이고, 암반에서는 같은 깊이에서 약 80%라는 관측기록이 있다. 이는 연약지반이 암반지반보다 지진의 진동 증폭률이 크다는 것을 나타낸다. 즉 지진동은 지하 심부(깊은 곳)로부터 지반진동이 전해져 오지만 지표면에 가까울수록 또 연약한 지반일수록 지반의 흔들림은 크게 된다.

지반의 진동에 따라 주변에 끌려 다니며 진동하는 지중구조물의 흔들림은 어떤 지반, 어느 깊이에서 지중구조물이 만들어져 있느냐에 따라 예상할 수 있다.

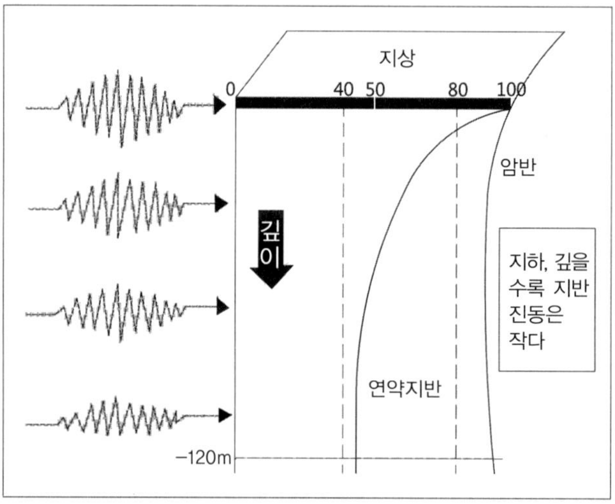

그림 4.3.8 **지반가속도 크기 비율**

10) 터널, 암반 대공간의 진동

지하구조물은 지상구조물과 달리 주변의 지반에 끌려 당겨지듯이 흔들리므로 도시의 연약지반에 구축된 터널과 산악지대의 암반지대에 만들어진 터널이나 암반 대공간(大空洞, 크게 뚫린 공간)의 흔들리는 상태가 많이 달라진나.

터널은 세장한 선(線)모양 구조물이지만 터널의 길이방향에 따라 발달된 연약지반의 성상(性狀)은 상당히 다양하게 변화하는 것이 보통이다. 이 때문에 터널이 구축된 연약지반의 흔들림(진동) 양상은 달라진다. 실드(shield) 공법으로 만들어진 터널의 진동은 체험자의 "터널이 파도치듯이 뱀처럼 움직이고, 터널의 이음매로부터 지하수가 분출을 반복한다"로부터 유추해보면, 터널은 상하좌우로 흔들릴 뿐 아니라 길이방향으로도 신축을 한다.

한편, 암반지대에 만들어진 산악터널이나 암반 대공동은 주변지반이 단단하므로 원래 터널구조 자체(예, 콘크리트 두께)가 연약지반 터널보다 얇게 만들어진다. 이 때문에 터널 주변의 암반 흔들림에 역행하지 않고 함께 흔들린다. 흔들림이 작은 장소를 선별하여 만들어지므로 터널의 흔들림은 작다. 그러나 터널 출입구 부분은 지표면에 가깝고 또 지반도 터널 중앙부보다 열등하므로 흔들림은 터널 중앙부보다 더 커진다. 출입구 부분은 중앙부에 비해 콘크리트 두께를 더 두껍게 하는 등 튼튼하게 만들어지지만, 지진에 의해 터널 중앙부에서는 피해가 전혀 안 생겨도 터널 출입구 부분에서는 큰 피해가 생기는 경우가 많다.

11) 해저 침매(沈埋)터널의 진동

침매터널은 내측에 철근콘크리트를 타설한 강제 셀(shell)구조이고, 여러 개의 박스모양으로 분할하여 지상 또는 해상에서 제작한 후, 소정의 위치에 기항(艤航)시킨 다음 가라앉혀 설치(沈設)하고 각 박스를 연결한 후, 가라앉혀서 완성시킨 터널을 말하며, 부산과 거제도를 잇는 거가대교에서 그 예를 찾을 수 있다.

침매터널의 구조특징은 해저 밑 연약지반의 상당히 낮은 위치에 만들어진 선상(扇狀)구조의 세장한 터널이다. 보통 터널구조에 비해 침매터널은 터널 단면이 튼튼한 구조이고, 원래 외부하중에 대해 변형하기 어렵게 만들어진 구조이다.

한편, 해저 밑의 지반은 지상의 지반보다 더 연약한 지반이다. 그 때문에 침매터널의 변형성(전단강성)과 주변 연약지반의 변형성을 비교해보면 산악터널이나 실드공법과 달리 침매터널은 변형되기 어려운 경향을 보인다.

침매터널과 주변 지반과의 상대적인 흔들리는 형태는 서로 다르다. 또 주변의 지반은 터널의 길이방향으로 상당히 변화하고, 주변의 터널 양단부는 환기흡입 때문에 고정되어 있으므로 터널 전장(全長)의 흔들림은 긴 현(弦)이

진동하는 흔들림을 보인다. 마찬가지로 터널 길이방향의 흔들림은 신축하는 거동을 보인다.

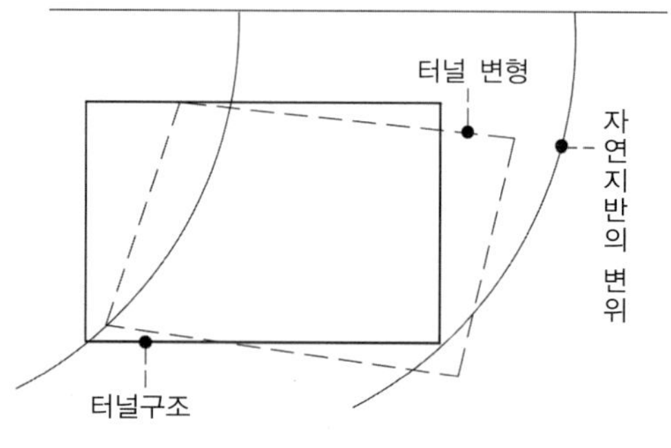

그림 4.3.9 **침매터널의 지진 시 거동**

4-4 내진설계 사고법

1) 내진설계 사상의 변천

일본의 경우 18세기 초 서구문명이 유입되면서 목구조, 종이(紙)구조의 건물에서 벽돌조, RC조, 철골조 건축이 추가되었다. 1880년 요코하마지진 이후 미라노(영)가 '일본지진학회'를 창설하며, 1891년 농미(濃尾)지진에서 벽돌조건물의 피해가 발생하여 '진재(震災)예방조사회'가 발족하게 된다. 1899년 샌프란시스코지진 발생지역에 일본조사단을 파견하여 RC조 건물의 내진성을 평가하고 내진설계법으로서 건물 자중에 비례하는 수평력에 대해 건물이 견딜 수 있을까?로 안전성을 확인하게 되었다.

1923년 관동대지진에서 전파가옥 12만 호 중 수평력을 고려한 건물이 피해를 입지 않고 견뎌냄으로써 1924년 '시가지건물법'을 제정하는 계기가 되었다. 즉 건물자중의 10%에 상당하는 힘을 수평력으로 가해 설계한다. 1950년 '건축기준법' 공포하여 기본 수평력값을 건물자중의 20%로 개정하고, 건물 높이는 31m까지로 제한한다. 건물 높이 16m 이상은 할증계수, 지역계수, 지반계수를 추가하고, 태평양전쟁 후 부흥하면서 고도성장기까지 많은 건물을 설계하는 바탕이 되었다.

이후, 컴퓨터 출현, 지진파 해석, 구조해석 기술 진보, 건축재료 등이 발달함에 따라 1963년 건물 높이 31m 제한을 철폐하게 된다. 1964년 니가타

(新潟)지진에서 액상화 피해가 발생하고, 1968 십승 앞바다(十勝沖)지진으로 RC조 기둥의 파괴를 경험하고, 1971년 액상화 대책, 기둥보강방법을 강화한다. 1972년 '신내진설계법 개발' 프로젝트를 정부가 발주하여 1981년 현행 '신내진설계법'을 제정 시행하게 되었다.

신내진설계법은 지진동 레벨을 2단계로 나누어 건물안전을 체크한다.

① 중지진 목표(건물의 내용년한 중 수차례 겪는 지진) ; '인명, 재산 모두 피해 없고 건물은 재사용 가능'

② 대지진(건물의 예상수명 동안 없거나 1회 정도 겪는 지진) ; '건물은 파손되어도 붕괴에 의한 인명피해는 없다'

이와 같이 내진설계법은 반복되는 지진피해 교훈에서 진보해 왔다. 최근 내진뿐만 아니라 면진(免振), 제진(制振)기술이 실용화되고 있다.

1995년 고베지진에서 얻은 교훈은 목조, 조적조, RC 외에 그동안 피해가 없었던 강구조(철골) 건물도 영하의 날씨, 갑작스런 충격 등에 의해 피해가 생긴다는 것을 알았으며, 고베지진은 일본에서 그동안 수평형 지진과는 달리 도시직하형(수직) 지진인 것이 특징이며, 우리나라에 올 가능성이 큰 지진형태이다.

2) 구조안전성과 사용성 한계

건물에 기대하는 성능은 ① 건물 사용기간 중 큰 손상을 받지 않을 것(구조안전성)과 ② 일상생활에 건물, 기구 사용에 지장이 없을 것(사용성)이다.

내진설계는 1차 설계(허용응력도설계), 2차 설계(층간변형 등 제어, 보유내력 보증)로 나누어 실시하며, 구조안전성을 보증하느냐가 관점이다.

1차 설계에서는 장기, 단기로 나누어 허용응력도설계를 실시하며, 장기설계에서는 상시 작용하중에 대해 각 부재의 구조안전성 검토를 실시하며, 사용성에 대한 규정은 없다.

2차 설계에서는 단기(약 100gal 정도 지진)에서 거의 탄성을 유지하며, 300~400gal(최대급)에서도 무너지지 않게 설계한다. 단, 각 지진의 발생가능성(확률)이 어느 정도인지 불확실하므로 구조안전성도 불확실한 특징이 있다. 또 2차 설계에서는 보유수평내력의 계산을 제외하면 구조물의 종국(終局)내력은 알 수 없고, 건물에 따라 부재단면이나 부정정차수의 차이에 따라 종국적인 구조안전성에 큰 차이가 생긴다.

사용성에 대해서는 2차 설계에서 층간변형각을 1/200 이내로 제한하지만 이는 주로 외벽의 낙하방지를 위한 값이고 사용성, 거주성의 제한값은 아니며, 즉 현행 내진설계법에서는 구조안전성, 사용성에 대한 보증이 없다는 특징이 있다.

한편, 한계상태설계법(LSD, Limit State Design)에서는 건물한계상태를 ① 종국(강도)한계상태(구조안전성) ② 사용성 한계상태(사용성, 거주성)로 나누어 각 한계상태에 대해 설계치를 초과하는 확률을 타당 또는 허용가능범위로 억제시키는 설계법이라 할 수 있다. 현재 각국에서 적용하고 있는 설계법이며, 우리나라도 2005년부터 강구조건물에 적용하고 있다.

허용응력도설계법이 확정론적임에 비해 한계상태설계법에서는 하중(외력)이나 부재의 체력(耐力)에 대한 분산(分散, 일정치 않은 데이터 분포)을 고려한 확률통계론에 기초한 것이며, 구조설계과정에 사용하는 조건(하중외력, 단면치수, 재료강도 등)에도 분산이 있으므로 이를 고려하여 구조안전성, 사용성을 검토하고 있다.

현재의 지진력에 대한 내진설계에서는 건축물의 높이, 규모에 따라 일부의 건축물에 한정하여 소성설계의 사고법을 도입한 보유수평내력 확보, 확인을 의무화하고 있다. 부분적인 경우 예를 들면 기둥, 보에는 철근을 몇 개 이상 사용하자는 획일적인 설계자 개인의 판단은 필요 없는 시방서 규정, 구조세칙을 만족시킴으로써 보유수평내력 확보, 확인이 생략되고 있다.

3) 동적해석과 정적해석

정적(靜的)해석은 각층에 가해지는 지진하중에 건물의 고유주기, 지반의 종별, 건물의 진동특성, 건설지의 지역성이 고려되어야 한다. 이 하중을 건물 전체를 모델(구조모델)화한 가구(架構)에 가력하여 해석하고 동시에 각층의 강성, 편심, 변위가 규정을 만족하고 있는지 확인한다. 점증하중을 구조모델에 가력해서 건물의 보유수평내력과 변형을 확인하는 경우도 있다.

동적(動的)해석은 지진하중을 예비해석에 의해 가정한 건물 전체 가구(架構)모델에 점증하중을 가력하고, 각층의 복원력 특성을 부재의 소성영역(각층고의 1~2% 변위영역)까지 구한다. 각층의 중량과 복원력 특성에 의해 집약(集約)모델을 작성하고 지진파를 직접 입력해사 시각력(時刻歷, time history)으로 진동해석을 실시한다.

응답결과(최대응답 전단력, 변위 등)가 설계방침에 적합할 때까지 반복해서 기둥, 보부재 단면을 바꾸어서 해석한다. 이런 과정에서 지반, 강성, 편심의 영향도 정확히 반영된다.

구조물의 내진설계는 지진 등 시시각각 변하는 동적인 외력을 정적인 힘(등가정적인 힘)으로 치환하고, 이 정적인 힘에 대해 구조물의 각 부분이 안전하도록 설계한다. 등가정적 외력 평가 시 보통 동적효과(예, 상부층의 말안장 흔들림 현상)와 고차모드(mode)의 영향이 고려되어 있지 않다. 고차모드의 영향은 전체적으로 천천히 흔들리는 성분(1차모드), 이외에 국부적으로 흔들리는 성분에 영향을 미친다. 이러한 효과와 영향은 구조물의 고유주기와 지진의 탁월주기 관계 및 구조물의 강성분포에 따라 변화한다.

따라서 이들을 무시하지 못하는 경우 동적해석(60m 이상 건물, 특수건물에 적용)을 해야 한다. 그러나 동적해석은 구조물의 모델화, 감쇠의 적절한 평가, 지진파(입력 지진동) 선정 등에 문제가 있다. 특히, 입력지진동 선정은 지역, 지반과의 정합성(整合性)을 갖도록 선정해야 한다.

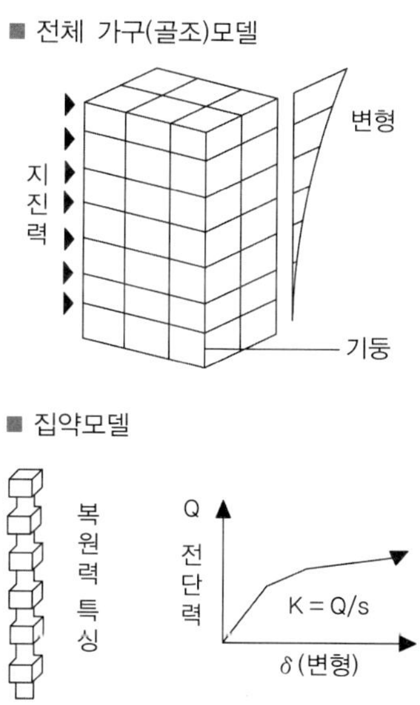

그림 4.4.1 **전체 가구모델**

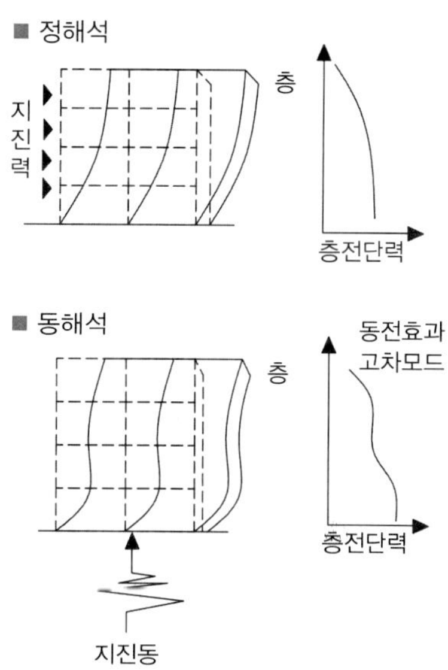

그림 4.4.2 **동적해석 효과**

4) 강성, 고유주기

건물의 용도(기능)를 만족시키고 만족, 안전한 공간제공을 위해 구조재료, 부재, 가구형식(구조시스템)을 정할 필요가 있다.

건물에 영향을 미치는 외력(지진, 바람)은 시시각각 변하므로 건물은 '외력'에 견뎌야 하고, '흔들림'에도 저항할 필요가 있다. 건물의 '진동(흔들림)'에 저항하는 성질은 '강성(剛性)'이며, 재료의 종류, 부재형상, 가구(골조)형식에 따라 강성이 변한다. 예를 들어 강재는 RC보다 10배 정도 강성이 크다.

바람, 지진의 크기는 지역성이 있으므로 과거 기록 등으로 예측하며 허용 흔들림의 크기를 설정할 필요가 있으며, 이 허용량을 만족시키는 강성을 건물이 갖도록 설계한다. 높이 60m 이하 건물은 각 층고의 1/200 이하 흔들림을 허용하며, 이를 만족시키는 강성을 건물이 갖도록 설계하면 된다.

건물은 중량과 강성의 관계에서 고유주기를 가지며, 건물이 공진(共振)하지 않도록 고유주기를 피하여 건물의 중량과 강성을 정해야 한다. 고유주기(초)는 보통 강구조건물은 높이의 3%, RC건물은 높이의 2%를 곱해서 구한다.

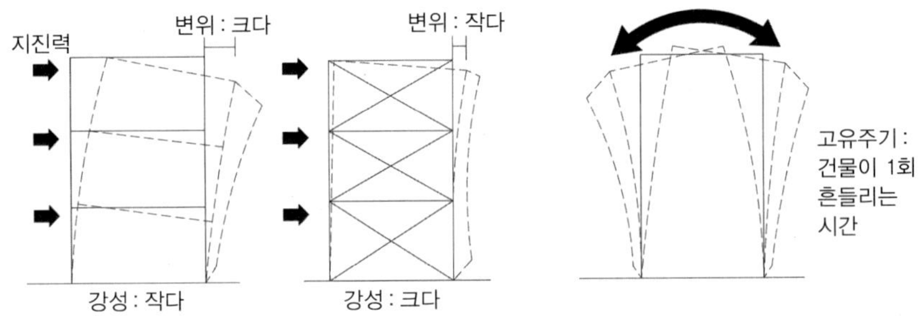

(a) 가구(골조)형식과 강성 (b) 고유주기

그림 4.4.3 **가구형식과 주기**

5) 강도와 변형능력

지진의 하중효과는 하중과 변형의 곱으로 구해지는 에너지로 얻어지며, 하나의 지진에 의해 건물에 투입되는 에너지는 주로 건물의 총 중량과 1차 고유주기에 의존한다. 이 총에너지를 흡수하는 능력은 건물의 보유수평내력, 건물의 강도, 변형능력(變形能力)을 고려하면 구조형식(구조시스템)에 차이가 크다(하중 - 변위곡선의 면적 : 내진성).

'강도형' 골조는 강도는 크지만 변형능력이 작고, '인성(靭性, 점성)형' 골조는 강도는 작지만 변형능력이 뛰어나다. 예를 들어 강구조, RC조의 경우 라멘형(모멘트저항) 골조는 인성형이며, 브레이스, 내진벽 등을 증가시키면 강도저항형 골조가 된다.

건물은 강도와 변형능력의 조합력으로 외력에 저항하게 되므로 골조의 구조형식에 따른 강도와 변형에 대한 저항능력(강성)에 의한 강도저감계수의 조합으로 건물의 수평보유내력이 정해진다. 이 수평보유내력이 큰 골조(구조형식)의 건물이 내진성이 높다.

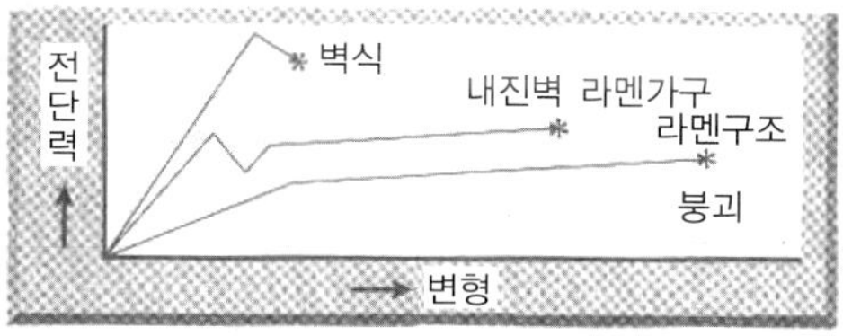

(a) 가구형식별 하중-변형곡선

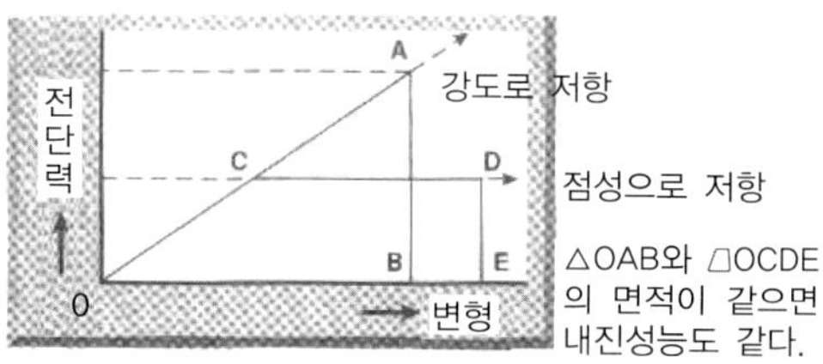

(b) 지진시 에너지 흡수

그림 4.4.4 **가구형식별 하중-변형곡선**

6) 벽, 기둥, 가새의 편심

건축물의 내진요소를 구성하는 내진벽, 기둥, 가새를 효과적으로 작용시키기 위해 내진요소를 균형 있게 배치할 필요가 있다. 평면형이 나쁘면 내진안전상 약점이 된다.

1995년 고베지진 시 RC건물의 피해특성 중 하나이며 평면적으로 내진요소 배치가 치우치는 정도, 즉 편심률(偏心率)은 건물의 중량 중심(中心)인 중심(重心)과 내진요소의 강성(剛性) 중심인 강심(剛心)과의 거리 크기에 비례하여 나타내면 이것이 크면 건물에 비틀림이 생긴다. 지진력에 의해 부분적으로 과대한 변형이 내진요소에 생기고, 그 내력이 저하하여 손상이 집중된다.

또한 건물 상하층 간의 강도(강성) 편심비율, 즉 강성률(剛性率)이 층에 따라 다르면 지진시 강성이 작은 층(層)에 변형, 손상이 집중된다.

따라서 설계에서는 강성률을 편심률 크기에 따라 손상이 집중되는 층의 필요내력을 할증시켜 이 내진안전상의 약점을 보충해야 한다.

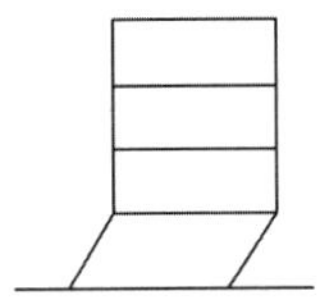

(a) 필로티 형식

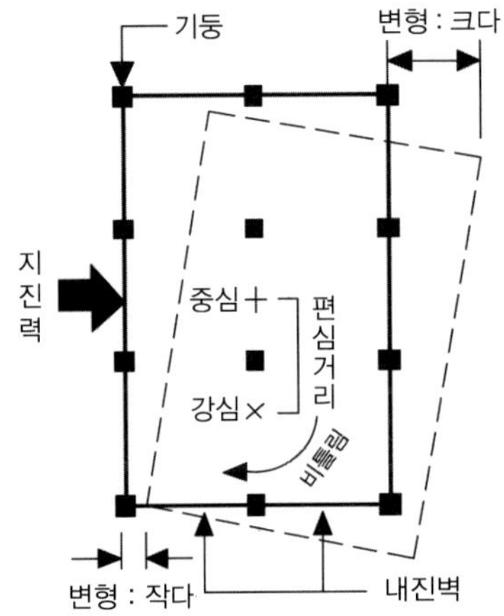

(b) 편심이 큰 건축물
(내진벽이 한쪽으로 편재)

표 4.1 구분별 내진기준(일본의 경우)

현행 기준	신기준		
	구분	건축물 및 용도	안전계수
건축물의 용도 종류 규모와는 무관하게 일률적으로 규정	A	재해시 공공목적을 위한 기능 유지가 필요한 건물(관청, 경찰서)	1.25~1.5
	B	다량의 위험물이 수집되어 있는 건물(가스, 석유탱크)	1.25~1.5
	C	A, B, D 이외의 건축물 가설건축물(주택, 나무)	1.0
	D	재해시 인명 손상 우려가 있는 건축물(창고, 공사현장 사무실)	0.7~0.8

7) 건물, 구조물의 중요도계수

대지진 발생 시, 도시가 파괴되고 기능을 제대로 못하게 되면 사회적 손실이 큰 건물, 공공목적을 위한 기능 유지가 필요한 건물(병원, 소방서, 경찰서, 방송국 등)에는 높은 내진성이 요구된다.

① 인명에 미치는 영향

② 피난, 구급활동과 2차 재해방지에 미치는 영향

③ 지역생활기능이나 경제활동에 미치는 영향

④ 도시기능 복구에 미치는 영향

등을 고려하여 건물을 분류하여 중요도가 높을수록 내진성능을 높이는 것이다.

내진기준을 건물의 용도, 중요도에 따라 엄격히 하는 것은 다른 나라에서도 실시하고 있다. 또 내진성능을 높이면 비용 상승의 문제가 된다.

한편 일본 건설성이 검토하는 구분별 내진기준(표 4.1)은 다음과 같다.

건축물의 규모와 용도에 따라 A, B, C단계로 구분하며, A등급에서는 재해 시 공공의 목적을 위한 기능 유지가 필요한 건물(관공서, 경찰서 등)이고, B등급에는 다량의 위험물이 수집되어 있는 건물(가스, 석유탱크 등)로써 안전계수 1.25~1.5이다. C등급에는 A, B, D등급 이외에 건축물(주택, 나무 등)으로 안전계수 1.0, D등급에는 재해시 인명손상이 우려되는 건축물(차옥, 공사현장사무실 등)로 안전계수는 0.7~0.8로 가장 낮다.

4-5 진동의 컨트롤

1) 지진과 바람에 의한 진동

건물을 크게 흔들리게 하는 자연의 힘에는 바람과 지진이 있으며, 각각의 특성에 따라 건물의 흔들리는 형태가 다르다.

지진력은 건물에 피해를 입힐 정도의 큰 힘은 단시간(수십 초~십수 초) 비정상(非正常) 진동을 한다(비정상 ; 어느 일정 레벨로 진동하는 것이 아니고 크고 작게 변하면서 진동). 따라서 건물은 기본적으로 자체의 고유주기로 흔들리지만 이런 비정상 진동의 특성을 띤 지진력을 받아 진동한다. 단시간의 큰 흔들림이 지나간 후 감쇠하면서 진동이 정지하게 된다.

바람은 풍외력(태풍)의 접근에 따라 바람이 서서히 강하게 되고, 최대속도를 보이는 시간도 비교적 길다(하루 종일 계속되는 경우도 있음). 건물의 정상(定常)적인 힘이 장시간 작용하며, 건물을 진동시킨다. 고층건물은 고유주기가 길어지고 보통은 풍향과 직교방향의 바람이 커지게 된다. 따라서 건물은 항상 풍향에 따라 전후좌우로 원을 그리면서 진동한다.

위의 설명에서처럼 건물은 지진에 의해 비정상적인 단시간 진동을 하고, 바람에 의해서는 정상(定常, 일정 레벨의 진동)적인 장시간 진동을 한다.

2) 진동의 허용한계(거주성과 기능성)

거주성 평가는 연직방향과 수평방향에 대해 행해지며, 연직방향은 사람의 보행이나 설비기기 등에 의한 진동을 대상으로 하고, 수평방향은 바람에 의한 진동을 대상으로 하며, 지진은 대상 밖으로 한다. 왜냐하면 지속시간이 짧기 때문이다.

거주성 평가지표는 인간의 진동지각이 가속도에 의존하므로 가속도를 지표로 해서 거주성의 등급(rank)을 매긴다. 한편, 사람의 감각은 다양하고 거주성의 허용한도는 정해져 있지 않다.

건물의 기능성 평가는 다음과 같다.

① 층간변형 억제가 대표적이다. 설비배관, 덕트의 추종성, 문의 개폐 재

해시를 포함해서 항상 가능하도록 목표(피난성, 중요성능)로 한다. 층간변형은 일반적으로 층고의 1/200 이하로 억제한다.

② 기기류(機器類)의 기능성 평가는 오작동의 회피, 사용성 확보를 목표로 하고, 컴퓨터나 전자현미경 등 정밀기기류가 대상이다. 컴퓨터에 대해서 가해지는 가속도를 200gal 정도로 억제하면 오작동을 않는 것으로 한다.

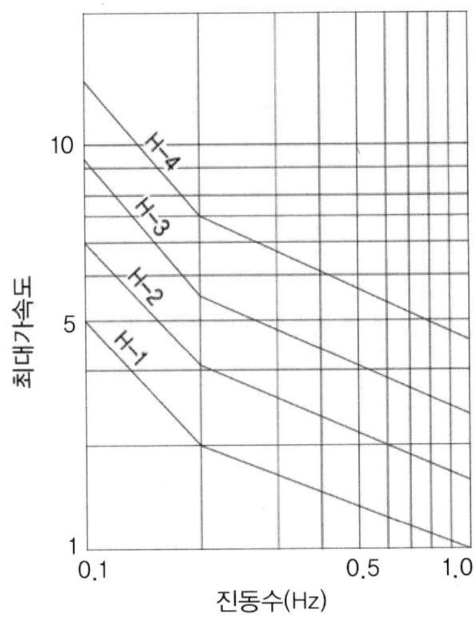

그림 4.5.1 **수평방향 진동에 의한 거주성 평가**

3) 제진(制震)과 면진(免震)

건물을 흔들리게 하는 원인에는 지진, 바람, 기계진동, 교통진동 등이 있다. 이들에 의한 건물의 진동(흔들림)을 억제·제거하는 방법에는 다음이 있다.

① 지진, 바람 ; 면진, 제진장치로 진동을 흡수한다.

- 면진장치(구조) : 지진력이 지반에서 건물에 입력되지 않도록 한다.
- 제진장치 : 건물에 입력된 힘을 흡수하여 진동을 흡수한다.

② 기계적 진동에 대한 방진대책 ; 진동 원인에 고무, 스프링 등으로 진동흡수장치를 설치하고 건물 본체에 진동이 전해지지 않게 한다고 한다.

③ 교통진동에 대한 제진대책 ; 제진(制震)하고 싶은 장치와 바닥 사이에 고무, 스프링 설치로 진동이 전해지지 않게 한다.

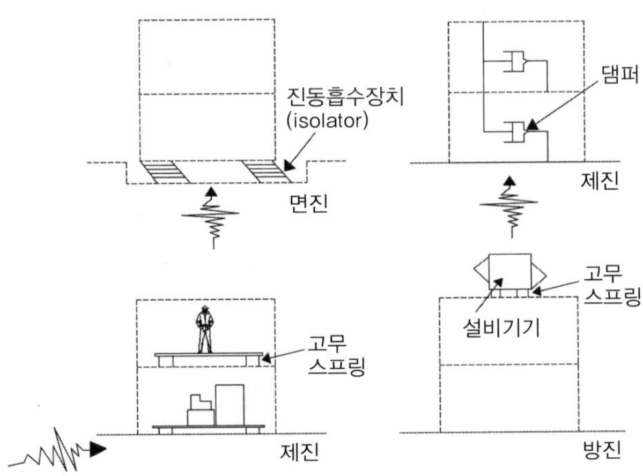

그림 4.5.2 **면진, 제진, 방진의 차이**

4) 제진의 원리와 장치

제진(制震)은 건물이 바람이나 지진동에 의해 움직이기 시작할 때 진동에너지를 흡수하여 허용범위 내로 진동을 컨트롤하는 것을 말한다. 진동형태는 외력에 따라 차이가 있고, 바람은 지속시간이 길고 에너지입력(入力)은 완만하지만 지진은 단시간이고 급격하다.

제진구조의 사용목적은 지진이나 강풍에 의한 진동으로 건물내·외부의 기능이 손상되지 않고 사람이 위험하지 않도록 하는 것이며, 구조체를 손상시키는 것이 아니라 특별한 장치(댐퍼)를 사용해 지진에너지를 흡수함으로써 목적을 달성하도록 하는 것이다.

제진의 종류는 수동적 제진(passive control형)과 능동적 제진(active control형)이 있으며, 수동형 제진은 구조물 어딘가에 댐퍼장치를 설치하여 구조물의 진동을 흡수하는 것이고, 속도비례형, 이력형 댐퍼, 질량형 댐퍼(tuned mass damper, TMD, 동조 질량댐퍼)의 종류가 있으며, 능동형 제진은 외부에서 공급하는 에너지를 이용하여 진동을 저감시키는 것으로 전기식, 유압식 등의 액추레이터(actulator)를 사용해 구조물에 힘을 작용시키는 것이다.

이러한 흔들림(sway, 진동)을 감쇠시키는 방법은 다음이 있다.

① 공진 또는 역방향으로 진동을 줘서 흔들림을 점차 작게 한다.

② 장치를 골조나 부재에 내장시켜 감쇠를 부가함으로써 에너지 흡수능력을 높인다.

'능동형 제진(active control)형'은 센서를 건물 내에 설치하여 흔들림 발생과 크기를 감지한 후 강제로 역방향으로 에너지를 주게 하여 흔들림을 재빨리 수렴(진정)시킨다.

'수동형 제진(passive control)형'은 장치 자체 흔들림을 감지한 후 능력에 맞게 제어한다.

① 발생빈도가 많은 계절풍에 의한 흔들림의 경우 거주성 측면에서 작은 제진력이 필요하며 보통 가속도를 컨트롤하여 제진한다.

② 발생빈도가 적은 대지진, 태풍 등에 대비하여 안전성 면에서 큰 제진력 필요하며 변위를 컨트롤한다.

타워(tower)나 고층건물은 작은 제진장치(damper)를 이용하는데, 건물 총중량의 1% 정도 무거운 추(重錘)를 꼭대기에 두고 공진시키는 장치를 사용하고, 관련된 개발제품이 많다.

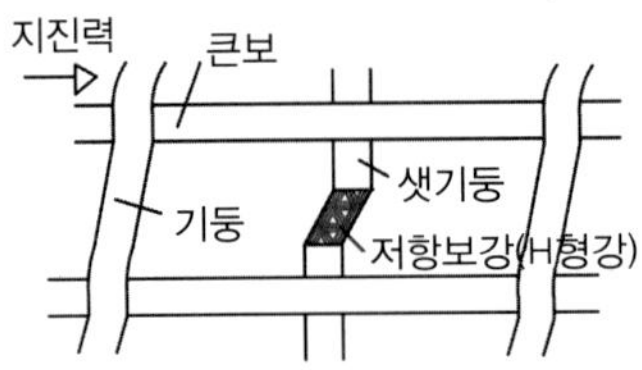

㉠ 이력형 댐퍼

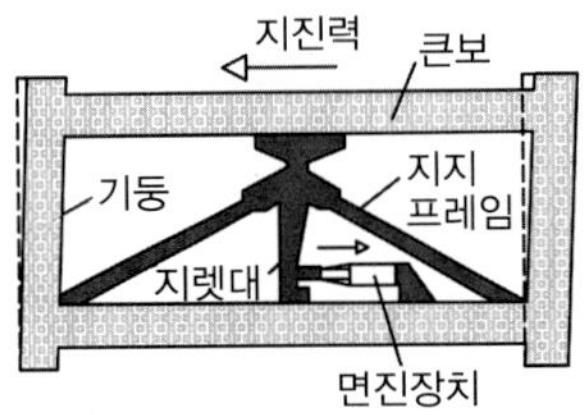

㉡ 점성형 댐퍼

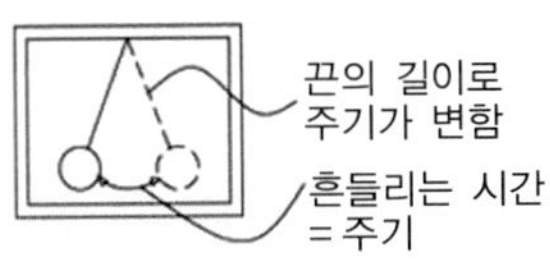

㉢ 무거운 추형

(a) 제진장치

수동형	감쇠형	점(탄)성형 댐퍼
		이력형 댐퍼
	질량형	무거운 추
		액체 슬로싱
능동형	제진력형	무거운 추
		관성력

(b) 원리별 제진장치

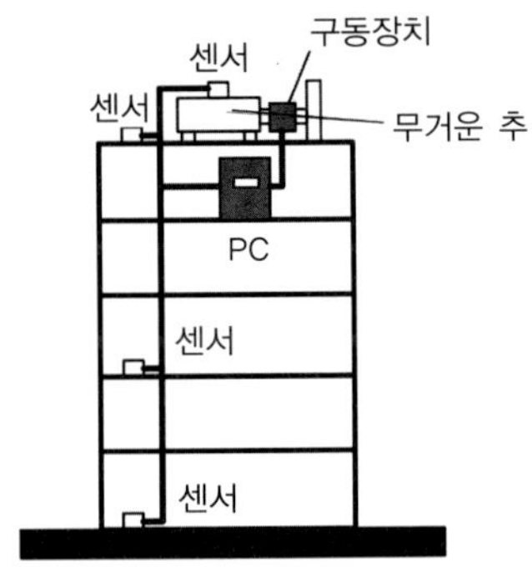

(c) 능동형 제진의 시스템 구성

그림 4.5.3 **제진장치**

5) 면진의 원리와 장치

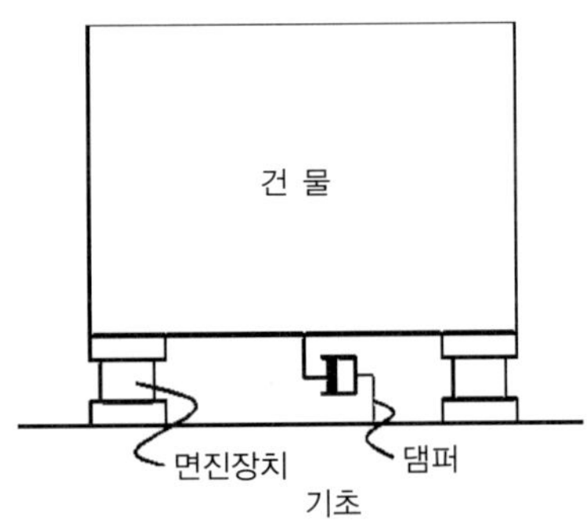

그림 4.5.4 **면진구성도**

면진설계에는 건물 전체에 면진장치를 이용하는 건물면진과 바닥에만 이용하는 바닥면진이 있다. 유효 규모로 건물은 건물 높이가 폭의 3배 이하, 중·고층건물의 고유주기는 약 3초 이하인 경우에 적용 가능하며, 장주기 건물의 바닥에는 사용하면 안 된다.

면진 시스템은 통상 면진장치와 댐퍼(damper)로 구성되며, 면진장치는 평상시 건물, 바닥의 중량을 지지하고, 지진 시에는 수평방향으로 변형되어 건물과 바닥의 주기를 길게 하여 지진파와 공진을 피하도록 입력가속도를 감소시켜 원래의 위치로 되돌리는 기능을 한다.

미끄럼형 면진장치(支承, 박층고무와 강판을 교대로 끼운 원주형 박층고무)를 일반적으로 많이 사용하며, 평상시에는 강판과 고무의 합성효과에 의한 높은 강성으로 건물, 바닥의 중량을 지지하지만, 지진 시에는 박층(薄層)

고무부분이 약간 수평으로 변형된다. 실제로 직경 30~150cm, 높이는 직경의 1/3~2/3, 지승(support plate)을 필요한 수만큼 병렬시켜 건물 중량을 지지하게 된다.

댐퍼(damper)는 건물을 크게 변형하지 않고 진동이 빨리 수습되도록 운동에너지를 흡수하는 감쇠장치를 갖고 있다. 그 종류는 다음과 같다.

① 오일 댐퍼, 점탄성 댐퍼 ; 점성저항을 이용한 것

② 금속(납, 강)의 소성변형이나 마찰을 동반하는 에너지소비를 이용하는 것

③ 면진장치(isolator), 댐퍼 기능이 합쳐진 납 플러그 적층고무

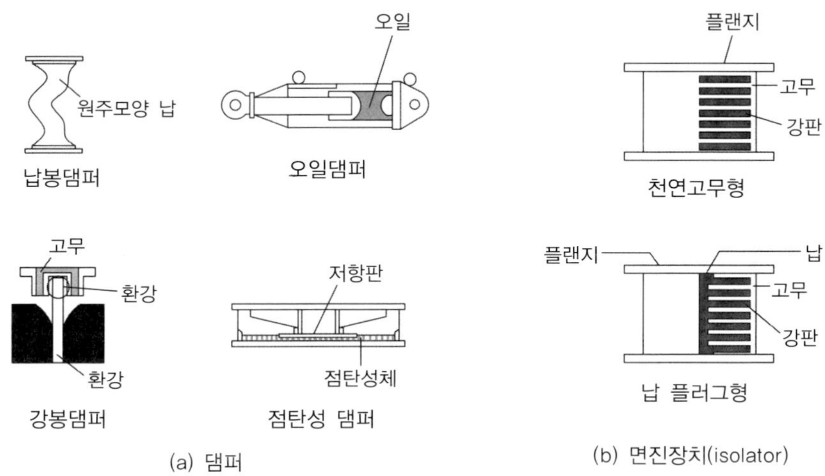

그림 4.5.5 **댐퍼의 종류**

건축구조물에 면진장치를 설치하면 구조의 간소화, 설계자유도와 건물 내진성능 향상, 가구나 기기 등의 이동 및 전도방지, 거주성 향상 효과를 볼 수 있다.

6) 타워(tower)의 제진(制震)

초고층건물처럼 건물 높이가 어느 정도 이상이 되면 건물 전체의 형상은 탑(塔, tower)에 가깝게 된다. 철탑 등의 타워는 비교적 경량이므로 지진보다는 바람에 대한 안정성, 강도가 큰 문제이고 설계상 풍압력이 가장 문제가 된다. 따라서 바람이 잘 통과하고 상부에서는 바람을 맞을 면적은 되도록 작게 하고, 하부에서는 지진에 대해 충분히 버팀(디딤)이 좋은 형태가 역학적으로 바람직하다. 타워는 이러한 판단이 형상을 결정해준다.

초고층건물이나 타워는 바람에 의해 늘 흔들리게 되고, 이 흔들림을 제어하기 위해 '진동제어기(stabilizer)'라는 제진장치를 이용하게 되는데, 이 장치의 원리는 팽이의 원리를 응용한 것으로써 고속으로 회전하는 축(軸)의 직교방향으로 톱니를 걸면(歲差)시키면 제진력을 발생시킨다. 이 회전을 이용하여 기존보다 가볍고 콤팩트(compact)한 제진장치가 된다.

또 건물의 바람에 의한 흔들림(진동) 외에 지진 등 여러 면에서 진동제어가 이용될 수 있다. 예를 들어, 엘리베이터시험 탑, 타워크레인 등에 효과가 실증되었다. 물건의 진동을 제어시키는 경우 가장 많이 흔들리는 곳의 진동을 억제하는 것이 효과적이다.

능동형 질량댐퍼(active mass damper)는 초고층건물, 타워의 최상층에 중량(mass)을 놓고, 이 추를 움직였을 때의 반력을 이용해 건물의 흔들림을 제어하는 장치이다. 이 장치를 컴퓨터에 의해 능동적으로 제어함으로써 보다 큰 제진효과를 얻을 수 있다.

7) 배관, 덕트, 도기가스의 진동

① 급수, 공조 등의 일부 배관은 건물 본체가 수평으로 흔들려도 변형되기 어려운 지지방식으로 되어 있다. 다만, 중요기능의 배관은 건물변형에 추종할 수 있도록 한다. 예를 들어, 인접 건물 사이의 팽창이음조인트(expansion joint) 외부에서 건물에 연결하는 부분 수조(水槽) 등의 기기 접속부에서는 건물 본체와의 변형 추종성을 만족하도록 해야 한다.

3차원 변형에 추종하는 배관접속 방식이 이용되면 그 종류에는 ① 배관 자체가 변형되어 건물의 움직임을 추종하는 파형(波形)처짐 금속관 이음매와 ② 배관 조인트 부분이 회전하여 움직임을 추종하는 볼(ball)형 관이음매가 있다.

② 공조(空調) 덕트도 배관과 같은 방법으로 되어 있다. 일반적으로 지진으로 덕트 일부가 파손되어도 건물에 큰 손해를 끼치는 경우는 적다. 따라서 덕트의 탈락을 방지할 수 있을 정도의 지지방식이 취해지고 있다.

③ 도시가스(흔들림 감지)는 지진 시 가스누출에 의한 화재나 폭발 등 2차 재해를 유발할 우려가 있으므로 가스의 공급배관은 지역별로 블록화되어 있어 지진으로 어떤 지역에 피해가 집중되어도 해당 지역에 가스공급을 지역별로 정지시키는 대책이 세워져 있다. 각 가정에는 가스미터기가 보급·설치되어 있고 가스미터는 진도 5 이상의 지진을 쇠공(鋼球)의 흔들림으로

감지하여 가스를 자동적으로 차단한다. 물건에 부딪치는 오작동을 방지하기 위하여 감지된 흔들림 신호가 설정시간 내에 반복되는 경우에 가스미터는 PC에 연결되어 관리되므로 PC가 지진이라 판단하여 가스차단을 한다. 미터기에 의한 가스차단 해제는 각 가정에서 복귀버튼을 눌러서 할 수 있고, 버튼을 눌렀을 때 가스기구를 끄지 않아 어떤 일정 유량(流量) 이상의 가스가 누출되어 있으면 차단한다.

한편 가스미터(PC meter)는 의외에 가스유출 유량의 이상을 판단하여 가스를 차단하는 등 안전기능도 갖고 있다.

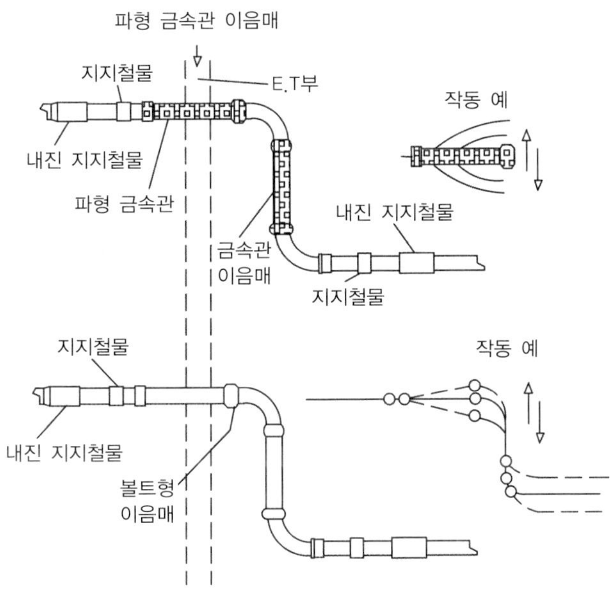

그림 4.5.6 **배관이음매의 내진 메커니즘**

8) 외벽, 새시, 문의 진동

건물이 지진으로 흔들리면 각 층별 상대변위인 층간변위가 발생하고 외벽, 창문 새시, 문의 변위가 골조(건물뼈대)의 변위를 추종하지 못하면 파손된다. 따라서 다음과 같이 시공·설치한다.

① 패널 외벽(커튼월)은 각 층별로 나누어 붙여져 있어서 지진 시 각 층별로 변위량에 맞춰(변위추종성, 變位追從) 외벽 패널이 움직이게 한다. 가동방식의 종류는 다음과 같다.

㉠ Sway방식 ; 패널을 수평으로 슬라이드시킨다(폭이 긴 패널용).

㉡ 록킹방식 ; 패널을 회전시킨다(길이가 긴 패널용).

② 새시(sash, 창틀)는 건물이 변형되면 새시에도 층간변형이 생긴다. 유리는 이러한 변형을 추종하지 못하므로 새시의 홈 내에서 움직이도록 하여 변형을 흡수하도록 되어 있다. 따라서 새시와 유리가 부딪쳐서 파손되지 않도록 새시와 유리 사이에 틈을 설치해 둔다.

③ 출입구의 문은 보통 문과 문틀 사이에 '큰 틈'을 두고, 문틀이 변형되어도 문은 열리도록 되어 있다. 또 문틀의 일부를 얇은 재료로 만들어 문이 접촉(충돌)했을 때, 문틀의 일부가 부서지도록 하는 기능의 제품도 있다.

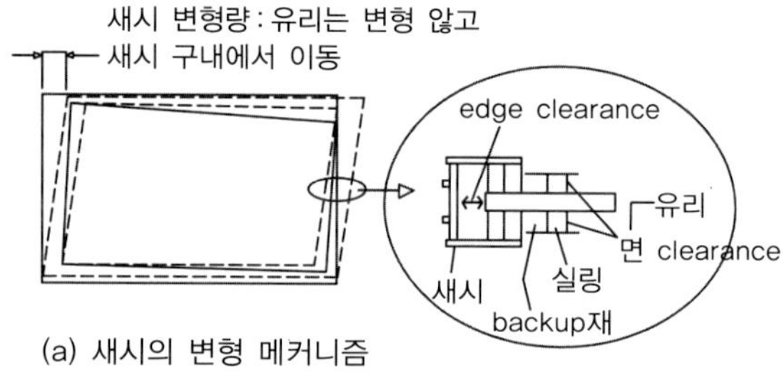

(a) 새시의 변형 메커니즘

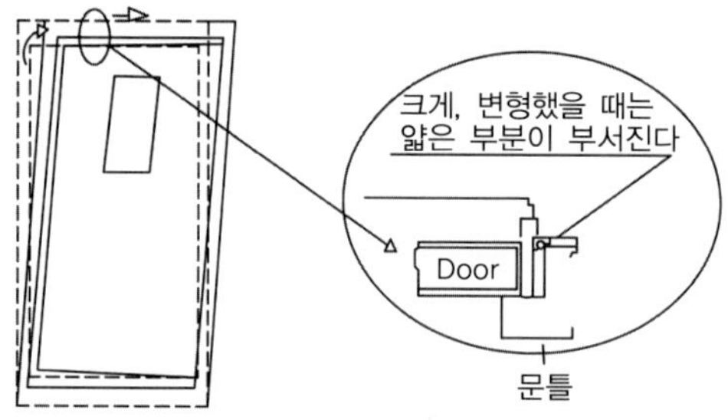

(b) 문의 변형 메커니즘

그림 4.5.7 **새시의 변형 메커니즘**

9) 방진(防震)과 제진(除震)

건물의 거실에서 거주성을 확보하기 위해서는 진동을 어느 정도까지 제어할 필요가 있는 경우가 있다. 저감해야 할 진동의 발생원(發生源)에는 철도, 자동차 등의 교통기관, 기계, 펌프, 바닥충격음 등이 있다. 진동은 발생원에서 지면 · 구체(具體)라고 하는 전달매체를 통해 수진원(受振源)에 도달한다. 진동을 저감 또는 제거하는 장소로서는 진동원의 근방, 전달매체, 수진직전(受振直前) 중의 하나이겠지만, 그곳의 적당한 곳에 고무, 스프링 등의 진동을 흡수 또는 절연(絕緣)시키는 자재 · 장치를 설치한다. 구체적으로 익스팬션 조인트(E.J), 고무 또는 스프링 지승(支承), 뜬 바닥(浮床) 등이 된다.

이 장소와 설치하는 장치는 발진원(發振源), 실(room)의 용도, 진동을 받는 곳에 따라 달라진다. 교통기관에 의한 진동은 지반을 통해 전달되어 온 진동을 받는 건물측에서, 익스팬션 조인트(E.J) 등에서 저감된다. 또한 기계, 펌프, 바닥충격음 등으로 직접 건물의 거실 전체에 영향을 미칠 우려가 있는 경우는 발생원에서 고무지승에 의해 진동을 저감시키고, 배관, 덕트 등 구체를 관통하기 위한 진동이 구체에 전달되는 경우에는 전달매체 또는 수진측(受振側)에 있는 구체측에서 단열재 등에 의해 저감하면 된다. 특히 수진측의 거실에 높은 정밀도를 요구하는 컴퓨터, 전자현미경 등의 정밀기기를 놓을 수 있는 장소에는 다시 수진(受振)직전에 뜬 바닥, 고무 지승에 의해 진동을 절연시킨다.

일반적으로 발생원에 부착한 장치로 진동이 전해지는 것을 막는 것을 방진(防震), 전해져 온 진동을 수진측에서 제거하는 것을 제진(除震)이라 한다. 이처럼 진동의 종류와 허용되는 진동의 레벨에 따라 개별적으로 진동저감방법이 택해지고, 거주자가 쾌적하게 지낼 수 있도록 배려하고 있다.

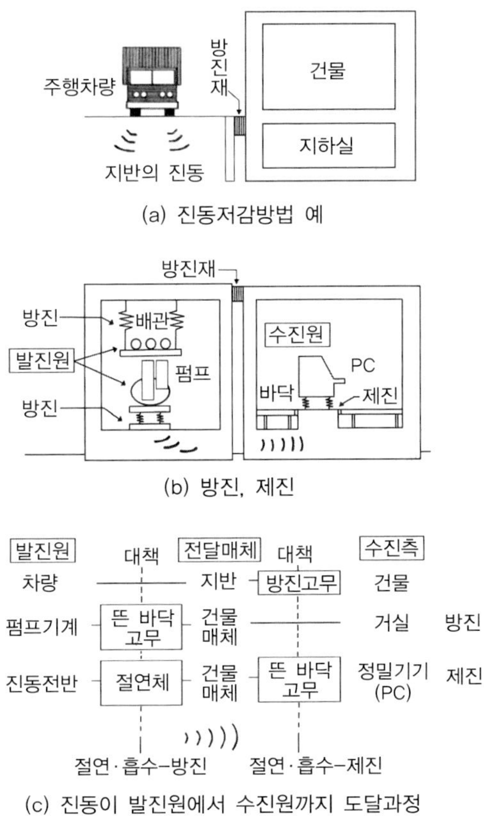

그림 4.5.8 **방진과 제진(除震)**

05 지진에 강한 건물형태

5-1 지진에 강한 건물형태

1) 지진에 강한 건물형태

지진에 강한 건물형태란, 도대체 어떤 형태를 말하는 것인가?

내진적 견지에서 보면 건물의 평면형은 가능하면 단순한 것이 좋다. 정방형 또는 장방형이 좋다고 할 수 있다. 그러나 건물 건축시 부지의 형상이나 방위 또는 도로의 위치에 따라 건물의 형태가 자연스럽게 정해지므로 단순히 정방형, 장방형으로 할 수 없는 경우가 있다. 운좋게 단순한 형태로 부지 내에 평면을 배치할 수 있으면 좋지만 부지 자체가 세장하고 마름모꼴이든지 다양하다.

왜 단순한 형태가 좋은가? 그것은 내진성뿐만 아니라 내풍성, 내구성 면에서도 바람직한 형태이기 때문이다. 평면의 방(room) 나누기도 질서정연하게 조립되고 벽배치도 균형적이며, 또 지붕의 형태도 단순하고 빗물 등이 새는 걱정을 하지 않아도 된다. 따라서 장방형의 2층 건물은 건물의 모양도 단순하게 되고 정연한 균형감이 잡힌 외관이 된다.

정(正)방형은 장(長)방형보다 내진성이 더 좋다. 이는 지진력이 어느 방향으로 가해져도 균등한 힘을 받기 때문이다. 장방형의 경우는 아무래도 장변방향으로 벽이 다소 많이 설계되고, 단변방향은 반대로 벽의 양이 적어지므로 벽배치 방법에도 관계 있지만 벽량이 적은 방향은 약해진다고 할 수 있다. 즉 평면의 방구획 시 벽의 배치방법이 중요하며 건물을 강하게 할 수도 있고 약하게도 하는 첫 번째 요인이다. 건물의 4코너 부분을 기둥과 벽으로 고정시키고 어느 방향에서도 균등하고 밸런스가 좋은 벽배치가 되도록 평면을 구성해야 한다.

내력벽이란 브레이스가 들어간 내력(耐力)적으로 효력 있는 벽을 말하며, 1, 2층의 배치관계, 상하 밸런스도 좋고, 한쪽으로 편중됨이 없는 2층 배치가 가장 바람직하다. 2층의 벽배치 특히 내력벽 배치도 1층과 같이 건물의 4코너 부분을 우선 기둥과 벽으로 고정시키고, 칸막이의 경우까지 고려하면서 균등하게 배치하는 것이 가장 중요하다. 또한 건물의 중량을 가볍게 하는 것도 내진상 유리하다.

▶ 강한 건물의 조건

① 강한 지반 위에 세운다. 매립지나 성토의 약한 지반은 피한다. 지반에 적당한 지정(地定)작업을 한다.

② 기초는 RC조 줄기초로 한다. 보통의 기초 폭보다 저면을 넓히고, 보다 내진성이 좋은 매트기초(온통기초)로 한다.

③ 건물의 중심과 강심의 위치가 거의 겹치는 밸런스 형태를 유지한다.

④ 건물의 형태를 단순하고 균등하게 방나누기 하며, 벽배치의 밸런스를 좋게 한다.

⑤ 건물의 4코너 부분을 직각이고 벽으로 고정시켜 '十'자형 내벽이 1, 2층 같은 위치에 있으며, 큰 개구부(창, 문), 큰 방이 적은 것이 좋다.

⑥ 건물의 강도에 관계하는 비용은 절약하지 않는다.

⑦ 간편한 공사, 공정을 생략하는 것을 방지하고 시공 오류나 시공 불량의 조잡한 공사를 방지한다.

⑧ 완성 후 정기적인 구조진단을 하고, 보수·유지관리를 5년 간격으로 정확하게 시행한다.

고베지진에서 얻은 교훈은 많다. 가벼운 지붕의 건물이 좋지만 프리패브 주택이 강하다고 할 수 있는데, 여러 가지 조건이 있고, 결론을 내기는 어려운 일이다. 오래된 건물이 많이 무너졌지만 누구나 좋은 지반, 강한 지반의 부지를 구하기는 어려우므로 약한 지반에서도 강하게 사용하는 공법은 가능한 것이다. 따라서 종합적으로 기술적인 판단을 하고, 내진기준을 만족시키는 설계에 따라 내진설계를 하는 것이 중요한 일이다.

2) 지진에 강한 건물

(1) 구조물에 미치는 지진의 영향

① 지반가속도의 특징, 구조시스템, 중량, 강성에 의해 좌우된다. 수평하중(가속도, 지진력)은 구조물을 지지하는 수직부재에 발생된 전단력은 구소물에 횡방향의 상대운동을 발생시긴다. 즉 전단력(Γ=Mα)으로 작용하게 된다.

② 지진의 영향으로 지반에서는 부동침하, 액상화, 압밀침하, 지반운동의 증폭을 유발한다.

③ 구조물에는 기둥 취성파괴, 강구조물 좌굴, 비대칭구조물의 비틀림, 마감재 탈락 등을 일으킨다.

(2) 지진에 저항하기 위한 기본요건

① 지반과 기초를 일체화(지반개량)시킨다.

② 기초형태와 구조시스템은 가능하면 단순한 것을 선택한다.

③ 구조물의 경량화로써 설계 초기단계에서부터 구조물의 지진력(동적인 힘)은 구조시스템의 적절한 선택과 질량의 분포와 양에 의해 조절된다.

④ 균형잡힌 평면은 구조물의 비틀림작용을 막기 위해 필요하며, 간결하고 단순한 형상의 구조물은 지진발생시 더 좋은 거동을 하게 된다. 왜냐하면 구조부재의 거동예측이 쉽고 세부설계가 쉬우며, 시공하기도 수월하다. 그러나 평면구성이 정형(整形)이더라도 강성의 수평, 수직분포가 불균등하면 비정형 평면과 유사한 거동을 하므로 주의해야 한다.

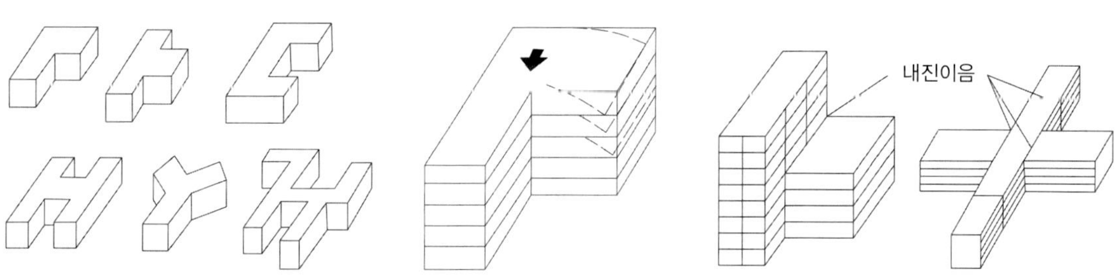

(a) L, T, U, H, Y자형 평면 (b) 응력집중과 비틀림 (c) 내진이음

그림 5.1.1 건물의 형상계획(1)

(a) 평면의 유형(정형, 비정형)
(b) 평면비대칭으로 응력집중과 비틀림 피해 예상
(c) 내진이음(seismic joint)을 두고 기둥을 분리하여 건물간 충돌(pounding)을 예방해야 한다.

⑤ 건물형태의 대칭성은 평면, 입면에서 매우 중요한 개념이며 구조적으로 대칭이 되면 지진에 효율적으로 저항할 수 있다. 따라서 구조물이 대칭성을 잃으면 비틀림이 발생하므로 설계 시 3차원 정밀해석이 필요하며 세부 설계 시에도 주의가 필요하다.

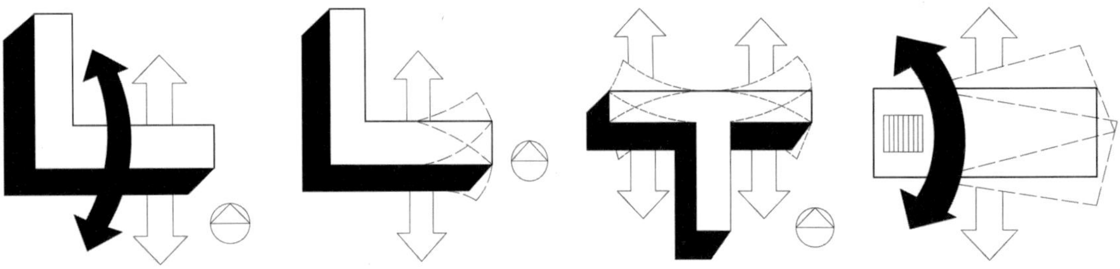

(a) 비틀림 효과 (b) 구조물 강성 (C) T형 건물의 강성효과 (d) 일반적 건물형상

그림 5.1.2 **건물의 형상계획(2)**

⑥ 입면에 대한 구조계획 시 고려사항은 먼저 건물의 연속적인 입면이 필요하며 강성변화가 급하지 않게 셋백(setback)을 가급적 피하는 것이 좋다. 또한 건물 높이(h)에 대한 건물 저면의 폭(w) 비는 h/w=3~4 이내가 좋다.

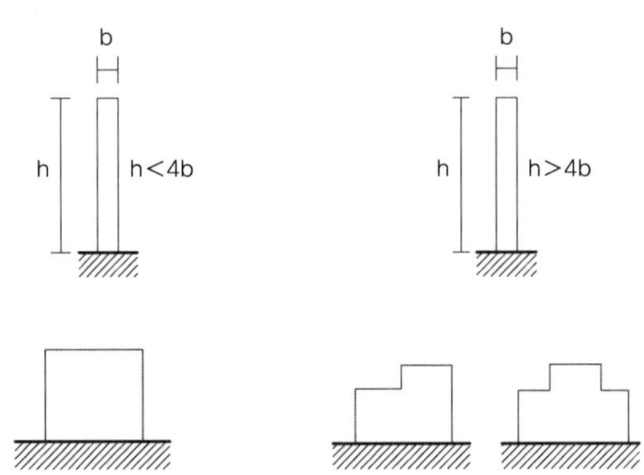

(a) 바른 예 (b) 틀린 예

(a) h/w<4 이상으로 과다한 횡변위가 발생
(b) 셋백은 지진발생시 응력집중이 발생

그림 5.1.2 **입면형태에 관한 예**

⑦ 건물 각층의 수평강성이 인접한 두 층에서 큰 차이가 있는 경우(soft story, 약층), 즉 연속강성이 불연속인 경우는 지진에너지가 그 층에 집중되어 큰 피해를 입는다. 따라서 약층에서 기둥의 수를 증가시키거나

가새(brace)를 이용하여 인성(靭性)을 보강해야 한다.

⑧ 지진피해를 줄이기 위한 참고사항

- 각 부재의 강도와 강성분포는 균일해야 하며, 비구조요소는 분리·설치한다.
- 지붕에서 건물의 기초까지 모든 연직부재의 중심축이 일직선상에 위치한다.
- 모든 보의 중심축이 일직선상에 있다.
- 모든 기둥과 보는 동일축에 놓여 있어야 한다.
- 서로 연결된 RC기둥과 보가 거의 같은 폭을 가지며, 인접부재 간의 급격한 단면변화가 없어야 한다.
- 구조물이 연속이고 하나의 구조재료로 제작된 경우는 그렇지 못한 건물보다 훨씬 더 지진피해가 적고 경제적 부담이 적은 구조물이 될 수 있다.

지진에 대한 건물디자인 방향은 건축가와 시공기술자 모두 건물형상 디자인의 결정에 있어 구조적으로 어떻게, 얼마나 심각하게 지진에 의한 영향을 받는지 제대로 인식해야 한다. 예를 들어 1층을 개방(필로티)하거나 캔틸레버식 발코니, 난간, 차양, 간판, 화단 등을 설치하고자 할 경우는 먼저 구조적 문제점들을 설계 초기에 고려해야 한다.

구조가 적절하면 구조적으로 안전하고 경제적이며 의장적으로도 아름답다는 것을 명심해야 한다.

3) 건물의 내진성

건물의 내진성은 지반과 기초 문제, 건물 본체의 내진성, 내진계획에서 건물 준공까지 유의해야 할 점, 준공 후의 유지관리 문제 등에 따라 좌우된다.

(1) 지반과 기초

① 지반

㉠ 충적층과 홍적층

건물의 지진에 의한 피해를 다룰 때 건물의 내진성능과 함께 지진과 지반의 관계가 중요하다. 지반의 성질을 알고 기초의 계획을 세울 필요가 있다.

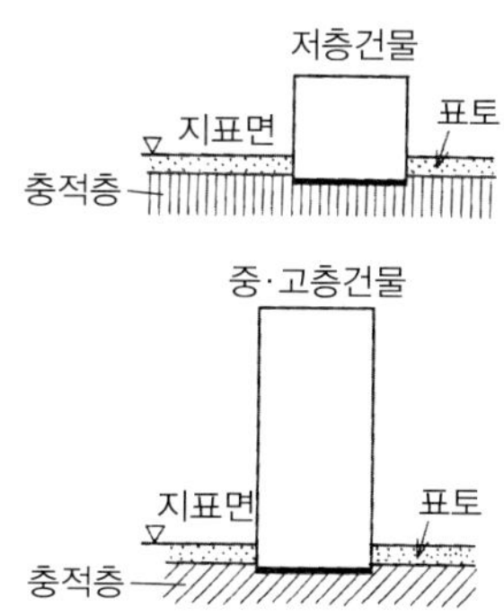

그림 5.1.4

일반적으로 지반은 하부에 지층인 홍적(洪積)층, 상부지층인 충적(沖積)층으로 되어 있고, 충적층은 부드러운 지층으로 목조주택 등 경미한 건물에 적당하며, 중규모 이상의 건물은 홍적층을 지지지반으로 하고, 충적층이 얇은 장소에서는 기초를 직접 홍적층에 지지시킬 수 있지만 충적층이 두꺼운 장소에서는 말뚝기초를 사용하여 홍적층에 지지시켜야 한다(그림 5.1.4).

㉡ 압밀침하와 액상화현상

충적층을 구성하는 지층은 크게 점성토와 사질토로 구성되어 있고 점성토는 저지(低地)나 매립지 등 평탄한 지역에 많은 연약지반이며, 압밀침하가 진행되기 쉬운 지반이다. 말뚝기초에서 압밀침하가 생기면 말뚝 주변마찰에 의해 말뚝이 땅속으로 처박히는 현상(negative friction)이 생기고 말뚝에 과대한 하중이 걸려 말뚝 파괴나 침하가 생긴다.

한편, 충적 사층(砂層)의 경우에는 지하수위가 얕고 완만한 지반이 지진을 받으면 지진의 충동으로 모래 속에 함유된 물의 압력이 급격히 상승하여 액상화현상이 생기고, 이는 말뚝 주위의 지반도 유동하므로 말뚝에 대한 구속력이 없어지고 말뚝 자체도 기둥처럼 지지력이 없이 서 있기만 한다. 따라서 이에 대한 대책은 현장타설 콘크리트 말뚝이나 강관 등에 의해 보강된 기성콘크리트 말뚝처럼 내진성이 높은 말뚝을 채용하거나 지반개량에 의한 모래지반을 단단히 해야 한다.(그림 4.2.4)

홍적층은 건물의 지지지반이 될 수 있는 지층이지만 지질에 따라 그 지내력에 많은 차이가 있다. 따라서 건물의 규모나 그 구조형식(system)에 따라 지지지반을 선택해야 하며, 얕은 위치에 홍적층이 있는 경우에는 독립기초, 줄기초 등 직접기초가 가능하지만, 그렇지 않으면 말뚝기초로 해야 한다. 이때 말뚝이 관통하는 충적층의 지층 성질을 알고 압밀침하나 액상화현상에 대한 충분한 검토가 중요하다.

② 지반조사

기초의 합리적인 설계와 확실한 시공을 위해서는 건설부지에 대한 지반조사가 필요하다. 지반조사는 건물의 용도, 규모, 층수, 구조의 종류, 부지의 상황에 따라 실시할 필요가 있으며, 기본설계 단계에서 예산 작성, 개략공사의 공정 작성을 위해 조사자료, 현지조사 결과로부터 말뚝의 필요 여부를 판단해야 한다.

기초공법에 대한 다양한 대응책 마련이 필요하며, 설계자와 발주자는 토질, 기초관계전문가, 구조설계자와 상의할 필요가 있다. 지반조사 비용은 보통 건물 총공사비의 0.5~1.0% 밖에 안 되므로 구조물의 내진설계상 안정을 위해 충분히 배정해야 한다. 특히 시공비용을 절약하기 위해 지반의 종별($S_a \sim S_d$) 확인을 위한 탄성파실험(down hole test)을 게을리하는 경우가 있으므로 기초에는 구조계산서상 가정(假定)은 없으며, 실제의 보링(boring)테스트 결과를 두고 구조기술자와 토질기술자가 같이 기술적으로 판단해야 한다.

▶ 건축기초 설계기준(KBC 2009)

지반의 전단파 속도 V_s(m/s)를 적용하여 내진설계상 지반 종별을 산정하며, 건축기초설계의 기준으로 삼는다. 설계지반등급(지반의 분류)는 다음 표 5.1과 같다.

표 5.1 지반의 분류

지반 분류	지반종류의 호칭	상부 30m에 대한 지반특성		
		V_s (m/s)	표준관입시험 (N치)	비배수전단강도 $\overline{S_u}$ ($\times 10^3$N/mm^2)
S_a	경암지반	1,500 초과		
S_b	보통암 지반	760~1,500		
S_c	매우 조밀한 토사 또는 연암지반	360~760	>50	>100
S_d	단단한 토사지반	180~360	15~50	50~100
S_e	연약한 토사지반	180미만	<15	<50

실제 설계에서는 지반종별 S_c 이하가 되고 건물 높이 60m가 넘으면 특수전단벽을 가진 벽식구조 시스템으로 설계해야 하는 규정이 있어 특수전단벽의 시공성 저하 때문에 제진댐퍼를 사용하는 방법으로 설계하기도 한다. 따라서 지반조사 시 적절한 방법으로 충분한 조사를 거쳐 지반종별에 대한 정확한 판단을 해야 하며, 이를 등한시하면 건물의 내진성이 치명적으로 약해져서 붕괴에까지 이르기도 한다. 그런데 지반조사는 건축구조설계팀에서 해결이 안 되어 토질조사(土質調查)보고서를 전문업체에 의뢰하는 실정이고, 경우에 따라서는 시공사와 연관 있는 토질조사업체에서 보링조사를 하는 경

우 등 그 신뢰성에 있어 다소 문제가 되기도 한다.

건물의 지진시 거동(擧動, behaviour)은 기초와 지반의 성상에 따라 크게 영향을 받는다. 지진동은 건물의 기초가 접하는 지반으로 입력되어 기초를 통해 상부구조(건물 본체)에 전달된다. 또한 동시에 건물이 진동함에 따라 기초에 접하는 지반도 영향을 받는다. 즉 건물 근방의 지반 진동과 건물의 진동이 상호 영향을 미치게 된다.

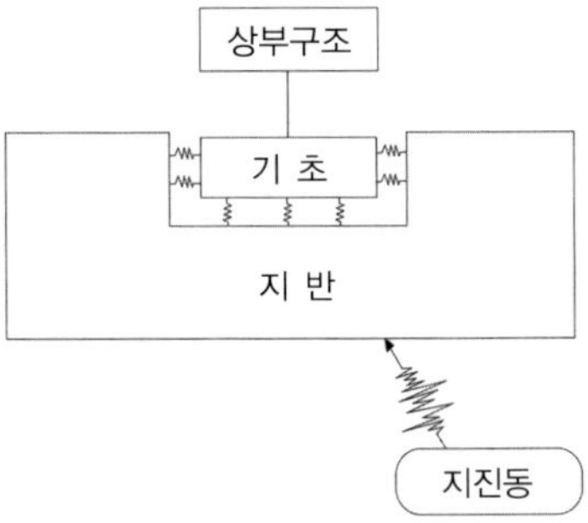

그림 5.1.5 **상호작용 개념**

③ 기초설계상 주의사항

건물의 일부가 다른 부분의 침하량에 비해 크게 침하하는 상태인 부동침하(uneven settlement)는 일부의 보(beam)에 예기치 못한 큰 응력이 생겨 부재 파괴로 연결되므로 주의해야 한다. 그 원인은 서로 다른 지반에 1개의 건물이 지지되는 경우, 이종(異種)말뚝을 사용한 경우, 상부 건물이 셋백 등의 영향, 하중에 편심이 있는 경우에 주로 발생하므로 기초설계 시 주의해야 하며 말뚝기초를 채용하는 경우 말뚝이 지진력에 대한 충분한 내력을 갖게 하는 것이 건물의 피해를 최소한으로 줄이는 것이다.

건물의 내진성 확보 차원에서 기초 부분에서는 우선 압밀침하에 대한 대책, 지반액상화에 대비해야 하며 지반조사에 소홀히 하지 않아야 된다.

(2) 건물 본체(골조)

건물의 내진성을 높이는 방안으로 건물 본체, 즉 골조의 구조형식이 중요하다. 내진설계로서 건물은 보통 어느 정도의 내진능력을 갖게 할지에 따라 설계할 수 있는데, 중규모 지진에 대해 건물은 붕괴 안 되고, 비구조체가 손상을 입었다 해도 보수하면 충분히 사용할 수 있는 상태를 확보하여 재산보전을 목적으로 할 수도 있고, 대지진에 대해서는 인명에 영향을 미치지 않는 정도의 건물 붕괴는 용인하는 설계도 할 수 있다.

골조의 구조형식에 따라 건물의 내진성이 크게 좌우되는데, 강도저항형과 점성저항형 골조로 구별된다. 강도저항형 골조는 구조부재 강도를 충분히 확보하여 지진에 저항하게 하는 설계이며, 대표적인 것은 RC조의 벽식구조와 내진벽을 많이 설치한 RC라멘구조, 철골브레이스구조에서 채택하고 있다. 특징은 강도는 있지만 점성이 없고 강성은 높지만 변형능력이 적다. 반면에 점성저항형 골조에 의한 내진설계는 어떤 일정한 강도를 확보함과 동시에 충분한 변형능력을 갖고, 지진력을 변형에너지로 흡수하는 설계이며, 대표적인 것은 철골에 의한 라멘구조이다. 특징은 강도는 작지만 변형능력이 크고 점성이 크다. RC에 의한 라멘구조, 벽이 없는 라멘구조에서 부재의 휨파괴에 의해 파괴형식이 정해지는 구조형식도 점성저항형으로 분류된다.

그리고 강도+점성의 중간형 내진설계도 가능하며, RC조 건물의 일부에 내진벽이 있는 경우 강구조에서 라멘구조+브레이스구조 병용 시스템이 대표적이다.

따라서 실제 설계에서는 건물의 용도, 기능, 규모, 형태에 따라 최적의 구조형식을 선택해야 내진성을 확보할 수 있다.

▶ 내진설계와 구조계획 포인트

일반적으로 대지진을 겪은 후, 건물의 구조설계에 대한 사회의 관심이 높아졌지만 지금까지 구조설계는 데이터를 컴퓨터에 입력시키면 구조설계는 쉽게 되는 줄 아는 사람들이 적지 않다. 그러나 구조설계는 간단히 할 수 있는 문제가 아니며 의장설계, 구조설계, 설비설계의 3분야 전문가가 공동작업을 통해 얻어지는 창조물이 건축설계작업이다. 특히 구조설계는 건축의 안전성을 보증하는 구조시스템 형성이 목적이다. 구조설계는 구조계획에 의해서 좋고 나쁨이 정해지며, 구조계획에서는 구조의 종별(種別), 골조형식(架構형식), 구조재료 등을 선정하여 건물의 형상을 결정하는 골조형태가 정해지는 것이다. 건물에 가해지는 하중(힘)의 흐름은 구조체의 기하학적 형태, 구조요소 배치, 각 요소가 갖는 역학적 성질에 의해 지배되므로 하나의 건물에 대해 여러 개의 구조시스템이 가능하므로 구조설계자는 건물의 기능, 내진성능, 시공성, 비용 등을 여러 각도에서 고려하여 가장 적당한 구조시스템을 선정해야 한다.

건물의 내진성능으로서 다음과 같은 기본방침으로 설계하는 것이 일반적이다.

① 중규모 지진에 대해 건물이 거의 손상 없이 기능할 것

② 대지진에 대해 건물골조에 부분적 균열은 생겨도 붕괴로부터 인명

보호할 것

고베대지진 이후 일본에서는 내진성능에 대한 인식이 높아져 시방서 규정형 설계에서 성능(性能) 규정형 설계로 이동하는 경향을 보인다. 설계조건을 명확히 하고 구해진 내진성능을 건물에 부여하는 설계를 하는 것이다.

구조계획이 건물의 내진성능을 좌우하는데, 건물의 구체적인 형태를 정할 때 그 중에서 골조의 형태를 정하는 것이 중요하며 구조계획단계에서 내진설계시 검토사항으로 다음과 같은 사항을 들 수 있다.

① 설계기준(허용범위)

어떤 하중상태에서 구조골조 및 건물 부위의 변형, 응력에 허용하는 범위, 예를 들면 500gal 대지진에 대해 골조의 일부는 소성힌지가 생겨도 전체는 붕괴되지 않고 건물 층간변형각은 1/100 이하로 한다.

② 구조종별

골조의 형태가 구체화됨과 동시에 구조종별을 선정한다. 강구조(S조)는 고층사무소, 대공간건축에서 건물의 경량화를 위해 선정하고, RC조는 주택(차음성, 거주성) 관점에서 선정하게 된다. 이 시점에서 재료의 시장성, 각종 구법 비교, 경제성, 그 지역 시공성을 고려해야 한다. 선택기준으로는 스팬, 건물 높이, 하중, 건물변형(강성), 거주성, 경제성, 공사기간, 부지조건, 시장성, 시공성 등을 고려한다.

③ 평면 · 입면계획

평면계획은 기둥, 보, 벽 등의 배치, 비틀림이 적도록 골조(架構)를 형성한다. 예를 들면 L자형, ㄷ자형 형상의 문제점, 내진요소 편재, 코너부의 응력집중 등을 고려하여 바닥 슬래브의 강성, 내력에 주의해야 하며, 필요하면 팽창이음(expansion joint)을 설치하기도 한다.

입면계획 시 특정 층의 강성, 내력이 부족하면 연약층(필로티, 중간층) 붕괴가 우려되므로 입면적 균형(balance)이 중요하다. 왜냐하면 지진에너지가 각층에 고르게 분산 · 소비되어야 부분적인 파괴가 전체 건물의 붕괴를 유발하지 않게 된다.

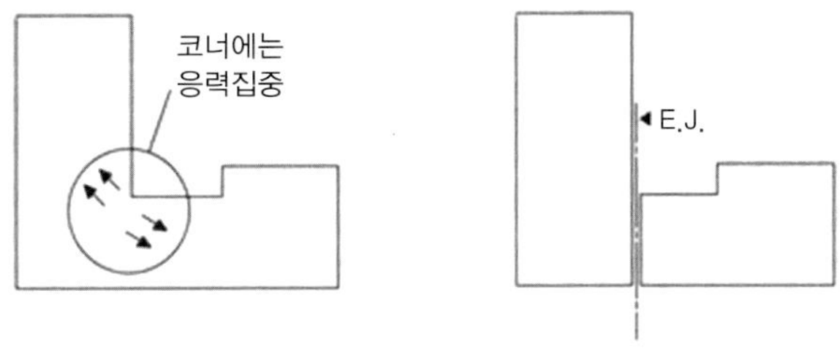

(a) L형 평면 건물　　(B) 팽창이음 설치 예

그림 5.1.6 **L형 평면 건물계획 예**

L형 평면 건물은 지진 시 비틀림 진동이 발생하여 코너 부분에 응력집중이 생기기 쉽다. 이때 팽창이음을 설치하면 구조적으로 효과적이다.

㉠ 평면계획상 문제(편심률, 偏心率)

내진요소를 균형 있게 배치하는 것이 중요하고, 내진요소로는 RC조에서 내진벽, S조에서는 브레이스, RC와 S조 공통으로 기둥과 보에 의한 라멘 프레임도 내진요소가 된다.

- 내진벽 : 강성이 아주 크고 강도도 크지만 하중이 작용해도 변형되기 어려운 구조요소이다. 일반적으로 강성이 크면 변형능력이 작다.
- 라멘 프레임 : 강성은 작고 내진벽에 비해 변형이 잘 되는 내진요소이다. 내진요소를 평면적으로 배치하여 지진에 저항시키지만, 브레이스 배치가 좋을 때는 문제 없고, 내진요소가 편중되게 배치된 경우는 건물의 중심과 내진요소의 강성중심(剛心)이 일치하지 않으면 비틀림이 생긴다.

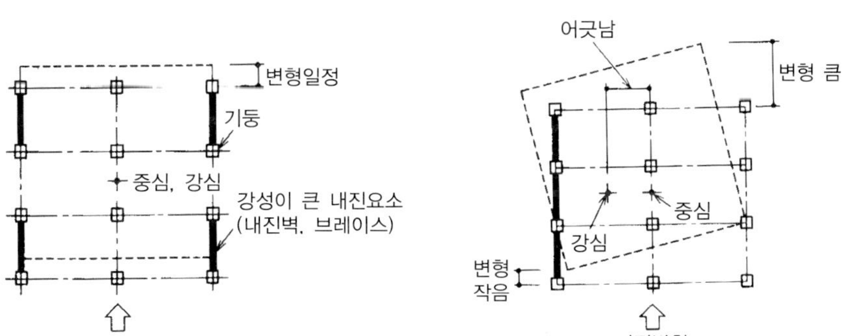

(a) 중심과 강심 일치　　(b) 중심과 강심의 불일치

그림 5.1.7 **중심과 강심의 편심**

– 편심이 생기는 전형적인 예(그림 5.1.8) : 부지조건, 건물용도, 기능상의 문제, 거주성, 각종 기준에 대응할 때 내진성이 크게 영향을 받을 수 있다.

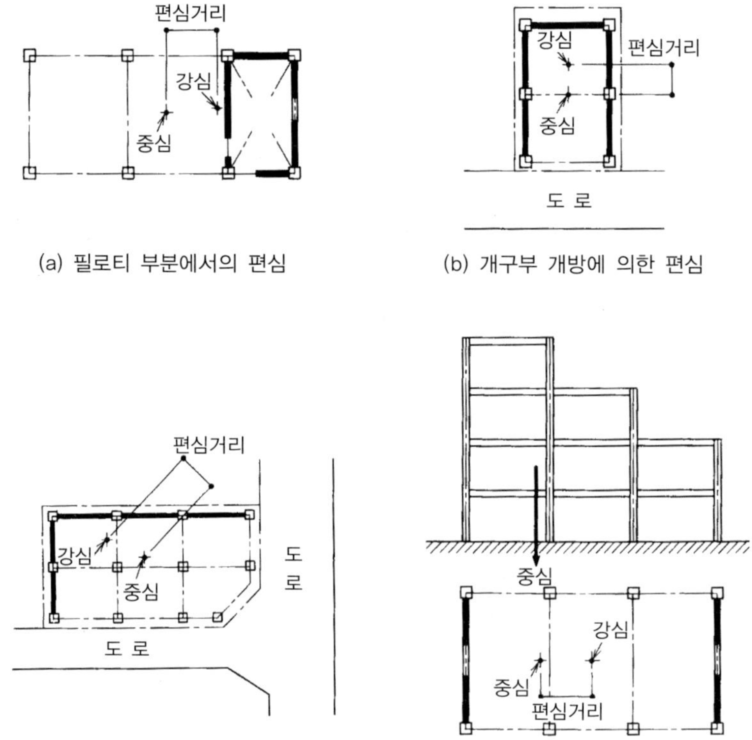

(a) 필로티 부분에서의 편심　(b) 개구부 개방에 의한 편심

(c) 2방향 도로부분에서의 편심　(d) 셋백에 의해 중심에서 어긋난 편심

그림 5.1.8 **편심이 생기는 전형적인 예**

ⓛ 입면계획상 문제(강성률, 剛性率)

건물 높이 방향에서 상하방향 강성의 균형이 나쁜 입면계획, 예를 들면, 필로티형식의 건물은 내진설계상 큰 문제점을 갖고 있다. 1층에 주차장이 있다든지, 1층은 기둥뿐인데 2층부터는 벽이 많은 경우(그림 5.1.9(a)), 중간층, 최상층에 연회장이나 넓은 공간을 설치하여 다른 층에 비해 강성이 매우 작은 층을 포함한 건물(그림 5.1.9(b)) 등은 지진력을 받을 때 강성이 작은 층에 지진에너지가 집중되어 과도한 수평변형(부재의 손상, 손괴)이 생긴다(그림 5.1.9(c)).

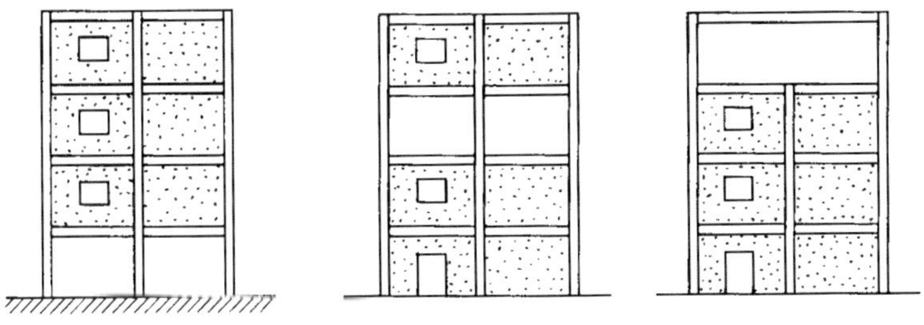

(a) 강성 균형이 나쁜 예(1층)　　　　(b) 강성 균형이 나쁜 예(중간층, 최상층)

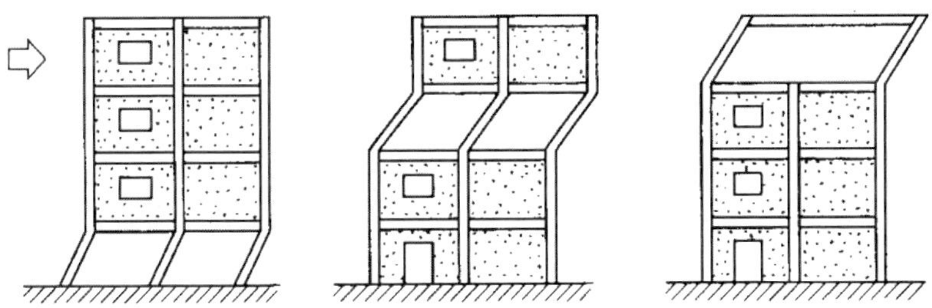

(c) 강성이 작은 층에 피해가 집중

그림 5.1.9 **강성률 불균형 예**

강성률은 높이방향에서 각층의 수평방향으로 변형하기 어려움이 건물 전체의 변형에 비해 어느 정도 크거나 작음을 나타내는 비교수치이며, 강성률이 1.0보다 클수록 그 층은 상대강성이 커서 변형하기 어렵고, 1.0보다 작을수록 강성이 작아 변형하기 쉬운 층(soft story, 약층)을 나타낸다. 입면계획상, 강성률이 작은 층은 설치하지 않아야 하지만 기능상 어쩔 수 없는 경우 해당 층의 부재를 크게 하고, 점성이 충분한 인성이 큰 부재(재료)로 해서 여분이 있는 설계가 되어야 내진성이 확보된다.

④ 내력과 변형능력

건물이 지진에 견디는 방법에는 구조체의 내력, 강도를 충분히 키우는 강도설계와 지진에너지를 변형능력으로 흡수하도록 하는 인성설계 방법을 들 수 있다. 구조설계자는 건물의 붕괴 메커니즘을 미리 파악(image)해야 한다.

- 건물을 인성적으로 설계한다면, 취성적 파괴형식인 전단파괴는 어느 부재에도 생기면 안 되고, 휨항복이 되도록 해야 한다.
- 강도형 설계라면, 대지진에도 부재는 항복하지 않고 강도로 버티며 전단파괴도 허용해야 한다.
- 라멘골조(架構)의 내진설계 시 지진에너지가 각층에 분산되도록 한다면, 보 붕괴형 골조(보가 기둥, 벽보다 먼저 붕괴하는, 연성모멘트골조,

weak beam strong column)로 하는 것이 좋다.

⑤ 편심이 있는 건물의 설계

내진요소인 기둥이나 벽 등 평면적인 배치균형(balance)이 나쁘면 지진 시 비틀림을 동반한 진동을 유발하여 큰 손상을 입기 쉽다. 건물에 지진 시 비틀림이 생기는 원인에는 건물의 각층 중심(重心)에 지진력이 작용하고 기둥, 보 등 수평강성이 중심(中心)을 강심(剛心, 수평력에 대한 반력의 중심(中心))이라 할 때, 건물은 수평방향으로 변형하는데, 중심(重心)과 강심(剛心)이 일치하지 않으면(편심), 강심을 중심(中心)으로 회전력(모멘트)이 발생하여 건물을 비틀어지게 한다. 편심거리가 클수록 비틀림이 커진다.

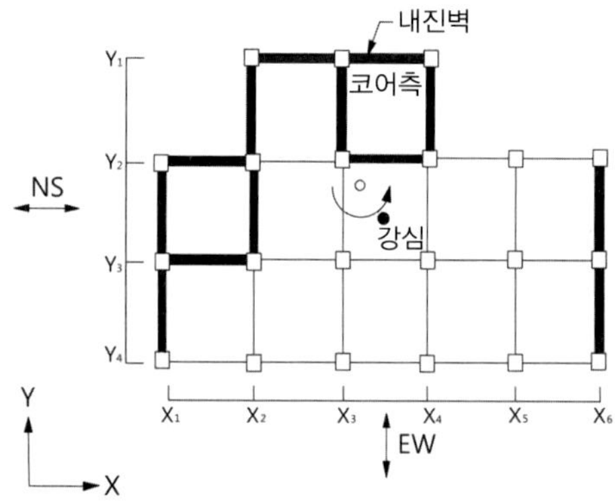

그림 5.1.10 **비틀림 유발 평면도**

건물에 비틀림이 생기는 원인은 편심에 의한 것이고, 건물의 편심에는 질량편심, 강성편심, 내력편심이 있다. 질량편심이란 위층의 하중이 그 층의 평면적 도심과 비교하여 편재된 경우로서 그림 5.1.11처럼 옥상층의 편재, 사선제한 등으로 건물이 셋백(setback)된 경우이고, 강성편심은 그림 5.1.12처럼 내진벽 편재에 의해 건물강심이 평면적 도심에서 벗어난 경우에 생기는 것으로 계단실, 엘리베이터실, 파이프샤프트의 주위 벽이 한쪽으로 치우친 경우 또 반대측은 창문 때문에 벽이 없는 경우에 발생하기 쉽다. 그리고 질량편심이나 강성편심이 없어도 프레임간의 항복내력 차이가 있는 경우에도 비틀림 진동이 생길 수 있다. 예를 들면, 그림 5.1.13에서 탄성범위 내에서는 Ⓐ, Ⓑ 양 프레임의 수평강성이 같아도 Ⓐ프레임이 Ⓑ프레임보다 내력이 작고, 먼저 항복하여 강성저하하면 강심은 Ⓑ프레임쪽으로 이동해서 편심이 생기게 된다. 이처럼 탄성거동 시는 편심이 없어도 항복내력 및 소성

강성 밸런스에 의해 항복 후에 비틀림이 생기게 되므로 주의해야 한다.

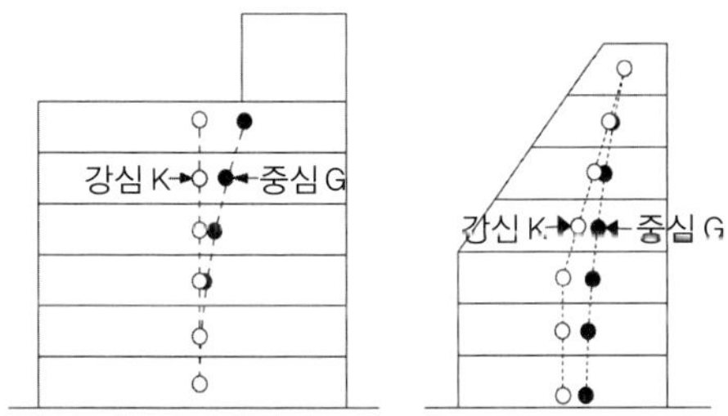

(a) 옥상이 편재된 경우 (b) 셋백된 경우

위층의 하중이 편재된 경우에 질량편심이 생긴다.

그림 5.1.11 **질량편심의 예**

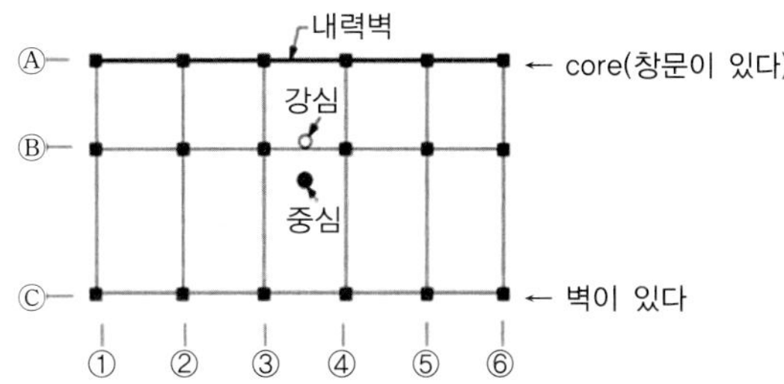

내력벽 편재에 의해 강심이 중심쪽으로 치우쳐 강성편심이 생긴다.

그림 5.1.12 **강성편심의 예**

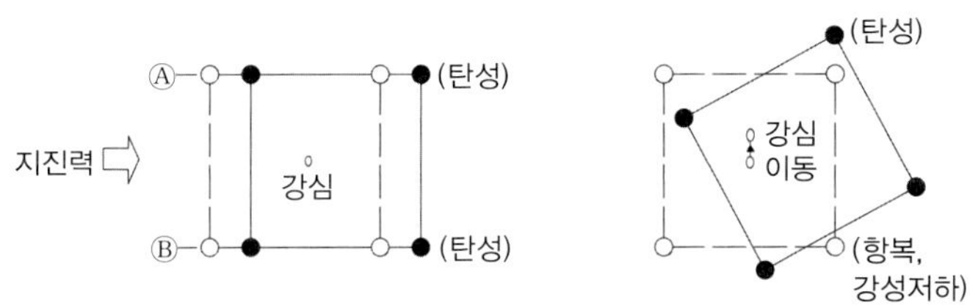

Ⓐ, Ⓑ 양 프레임의 탄성강성이 같으면, 탄성범위 내에서 편심은 없다.

Ⓐ 프레임의 내력이 작고, 먼저 항복해서, 강성저하되면 강심이 이동해서, 편심이 생긴다.

(a) 탄성상태 (b) A프레임 항복 후

그림 5.1.13 **내력편심**

설계 실무에서 비틀림이 생기는 건물에 대한 대처요령은 크게 두 가지 방법이 있는데, 먼저 편심거리를 최대한 줄여서 비틀림이 생기지 않게 하는 방법이 있고, 둘째, 비틀림에 의해 증가하는 구조체의 응력보다 큰 내력을 구조체에 부여하는 방법이 있다.

비틀림이 생기는 건물의 설계대처요령

㉠ 편심을 없앤다.

- 질량편심의 경우 ; 질량의 불균형(unbalance)을 수정하고 질량이 치우친 쪽의 강성을 증가시킨다.
- 강성편심의 경우 ; 강한 측의 강성을 저하시킨다(구조슬릿(slit) 등). 반대측의 강성을 증가시킨다(브레이스, 편평(扁平)기둥 등)

㉡ 강성, 내력을 증가시킨다. 즉 검토방향의 내력을 증가시키고, 비틀림 강성을 증가시킨다(ㄷ형 내진벽 등).

우선 편심을 없애는 방법에는 질량편심과 강성편심을 나누어 설명한다.

질량편심의 경우 그림 5.1.11에서 옥탑을 건물 중앙으로 이동배치하거나 양측에서 대칭으로 셋백시키는 등 건물형상을 좌우대칭되게 할 필요가 있지만 이 방법이 곤란하면 강심을 중심(重心)쪽으로 이동시키는 방법이 있다. 예를 들면, 그림 5.1.14처럼 위층에 질량편심이 있고 중심이 그림의 위쪽으로 치우쳐 있는 경우, 그림의 위쪽 프레임의 건축계획상 지장이 없는 위치에 내진벽을 추가 설치하여 강심을 중심쪽으로 근접시켜 편심을 줄일 수 있다.

그리고 강성편심의 경우는 그림 5.1.12처럼 도면의 위쪽에 코어(core)가 있고, Ⓒ열에는 벽이 있지만, Ⓐ열은 채광 때문에 창문으로 된 경우이다. 해결법은 Ⓐ열의 강성을 벽이 붙어 있는 Ⓒ열의 강성만큼 증가시킴으로써 편심을 없앨 수 있다. 그래서 Ⓐ열에 최소 필요한 벽 또는 브레이스(brace)를 설치하든지 기둥을 넓게(扁平)하여 강성을 증가시키는 방법이 있다. 다만, 건물 사용성, 채광, 입면디자인에 영향이 없어야 한다.

또 다른 방법은 벽체에 구조슬릿(slit)을 넣고 벽과 프레임을 분리(격리)하여 Ⓒ열의 강성을 저감시켜서 강성편심을 없앨 수도 있다. 최근에는 플라스틱이나 발포스티로폼을 사용한 기성제품이 시판되고 있다.

이제까지 설명한 방법과 또 다른 방법으로 편심에 의한 비틀림이 생겨도 구조체의 내력 및 강성을 증가시켜 비틀림응력에 저항하는 방법도 있다. 예를 들면, 그림 5.1.16처럼 지진력 방향과 직교방향 양측 면에 내진벽을 증설함으로써 강심(剛心) 주위의 비틀림모멘트를 양측면 벽이 부담하고, 벽이 없는 반대측의 프레임 변형 및 응력을 작게 할 수 있다. 또한 직교 방향에도 벽이 없는 경우는 앞에 소개했듯이 구조슬릿(slit)을 넣어서 벽의 강성 및 내력을 무시하고 비틀림이 없는 순수라멘으로 설계하는 방법도 있지만 그 효율은 상세한 검토가 필요하다.

편심건물에 대한 정적, 동적인 시뮬레이션 결과 반드시 슬릿에 의해 벽의 강성, 내력을 무시하는 것이 좋은 방법이 아니고, 반대측 프레임의 강도보강을 하는 것이 보다 내진성을 향상시키는 경우가 많다는 것을 알 수 있다.

이처럼 편심이 있는 건물을 설계하는 경우는 구조적 대응은 여러 가지 방안이 있으며, 각 건물별로 설계자는 구조계획단계에서 최악의 해결법을 선택하지 않아야 한다.

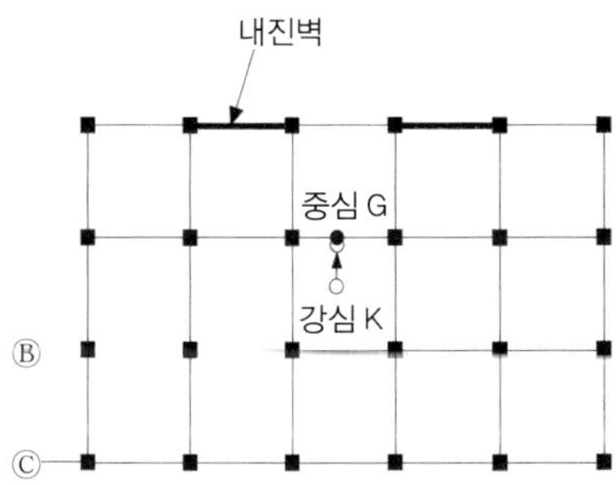

내진벽을 설치하면, 강심을 중심쪽으로 이동시켜서 편심을 작게 할 수 있다.

그림 5.1.14 **편심조정**

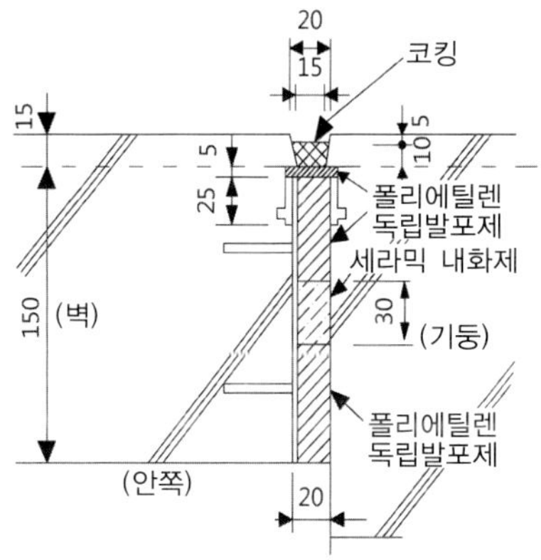

그림 5.1.15 **구조슬릿(slit)의 예**

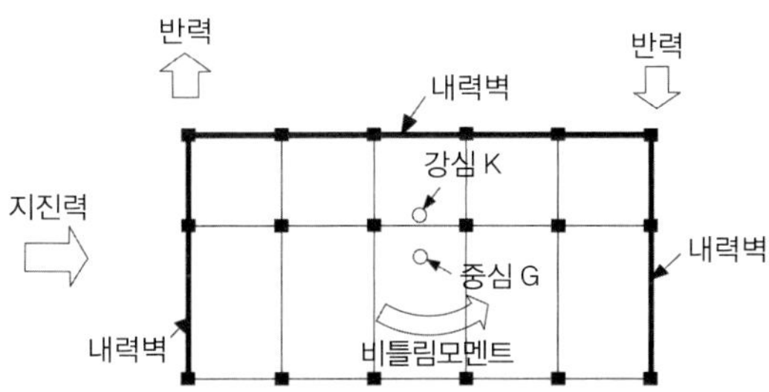

양쪽에 측벽을 설치하여 비틀림모멘트를 부담시키면 직교벽의 변형과 응력을 저감시킬 수 있다.

그림 5.1.16 **변형 · 응력의 조정**

⑥ 높이방향으로 불균형(unbalance) 건물의 설계

필로티 건물의 설계, 고베지진에서 건물 중간층이 붕괴되어 많은 피해를 입었다. 그 원인으로는 먼저 내진설계 구 기준(1983년 이전)에 설계전단력은 중간층보다 상부층에서 상대적으로 작은 값으로 규정되어 있어서 중간층 이상에 내력을 상회하는 지진력이 작용하여 그 중의 한 층에 변형 · 손상이 집중되었다. 두 번째 원인으로는 기둥의 전단파괴에 의한 내력열화(劣化)이다. 구(舊)내진설계기준에서는 설계전단력 이상의 내력 확보를 의무화시켰지만 부재의 변형능력에 대해서는 특별히 정하지 않음으로써 설계전단력 이상의 힘이 작용했을 때 급격히 내력열화(저하)를 일으켜 붕괴한 예가 많았다.

설계에서는 어떠한 경우에도 높이방향으로 불균형(unbalance), 즉 질량불균형, 강성불균형, 내력불균형 문제가 생길 수 있다. 질량불균형이란 각층의 질량에 비해 특정층의 질량이 크거나 작은 경우로 예를 들어 건물옥상에 중량의 설비기기가 설치되거나 수영장(pool)이 있는 경우에 생긴다. 강성불균형은 층에 따라 강성이 급변하는 경우로써 예를 들면 주상복합 건물로 상부층은 공동주택 때문에 강성이 큰 전단벽식 구조로 하고, 하부층은 점포 때문에 벽이 거의 없는 라멘조의 경우 층고가 급변하거나 건물의 평면적으로 급변하는 경우에 생긴다. 그리고 내력불균형은 상부층과 하부층에서 구조형식(S, RC, SRC 등)이 바뀐다든지 기둥-보의 단면이 어떤 층에서 급하게 작아지거나 구조재료가 바뀌는 경우에 생기므로 탄성시 그다지 내력균형이 나쁘지 않지만 약층(soft story)이 항복한 후에는 그 층이 강성저하를 일으켜 강성불균형이 생겨 건물이 붕괴하기도 한다.

일반적으로 다른 층에 비해 강성이 작은 층에는 지진력이 집중되어 큰 변형이 생기고 지진피해를 받기 쉽다고 알려져 있다. 우선 하부층에 비해 상부층의 강성이 작은 건물이나 최상층에 큰 질량을 갖는 건물에서는 수평력을 받으면 상부층이 크게 흔들리게 된다. 이를 휘핑(whipping)현상이라 하고, 과거의 지진에서도 돌출한 옥탑이 이 현상에 의해 파괴된 경우가 많다. 역으로 상부층에 비해 1층의 질량이 극단적으로 작은 건물은 필로티라 하고, 고베지진에서 많은 피해를 입었다.

지진에너지를 흡수하는 방법에는 건물 전체로 흡수하는 방법과 어느 특정층(層)에서 흡수하는 방법이 있는데, 전자의 방법은 지진시 손상을 전체로 분산시켜 손상을 적게 하는 것이며, 후자의 방법은 부분적으로 에너지를 흡수흐므로 그 층의 손상은 크지만 다른 층은 손상이 없는 것이다. 그러나 일반적으로 건물 전체가 흡수하는 방법이 더 효과적인 것으로 알려져 있다. 실제 높이방향의 불균형(unbalance) 문제에 대한 건물의 설계 대응방안은 주로 다음의 방법을 생각할 수 있다. 먼저 구조적 연구를 통해 불균형 문제를 수정하거나 붕괴 메커니즘을 조절하여 특정층의 변형집중을 방지한다. 또한 약층(soft story)의 인성을 증가시키는 것이다. 구조적 연구를 통한 구체적 방안은 그림 5.1.17처럼 약층을 강하게 하는 방법이 중요하다.

- 약층의 기둥-보 단면을 크게 한다.
- 약층에만 내진요소(기둥, 브레이스, 내력벽 등)를 넣는다.

또는 벽 등의 충분히 강한 층을 약하게 하는 방안에는 다음이 있다.

- 벽을 추종(追從)성이 있는 건식으로 설계하고, 내진요소로서 쓰지 않는다.
- RC조벽의 경우는 슬릿(slit)을 설치하고 지진력을 부담시키지 않는다.

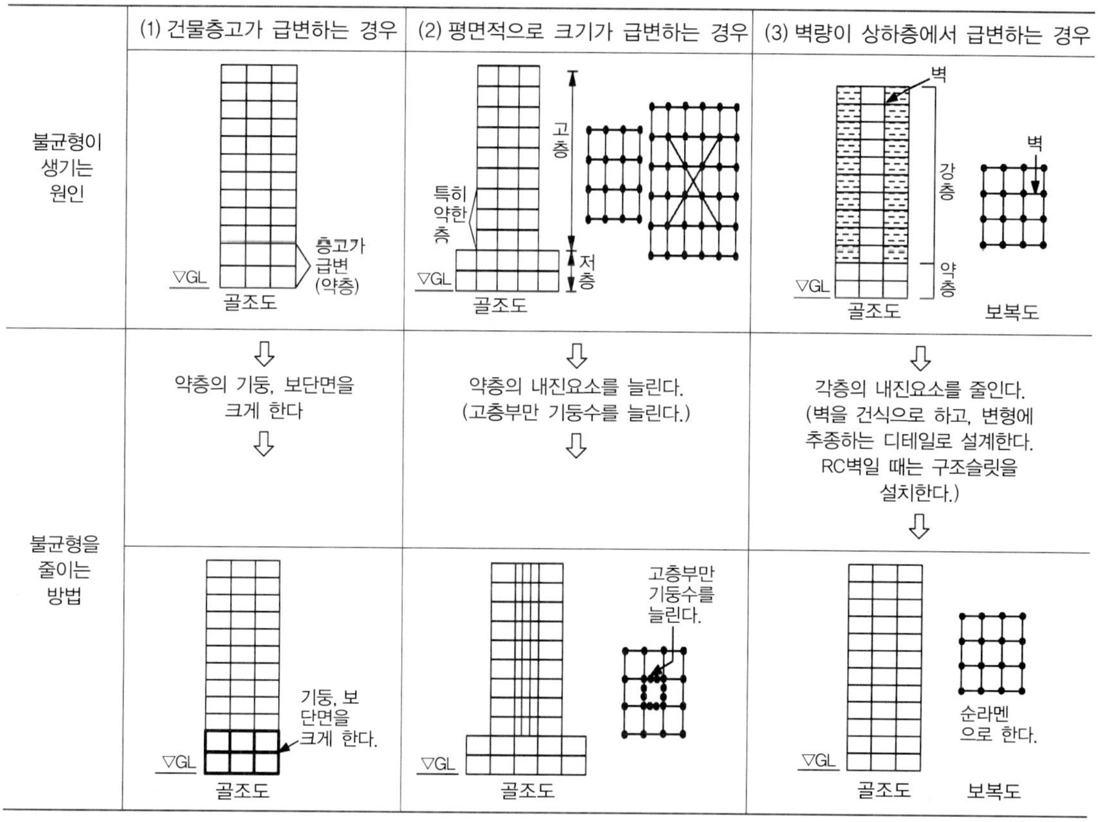

그림 5.1.17 **불균형(unbalance)을 수정하는 구체적 방안**

또한 내력불균형이 생기지 않도록 다음과 같은 점에 주의할 필요가 있다.

현행기준에서는 층별로 변형능력에 따라 구조특성계수(일본, Ds)값을 정하고, 인성이 있는 층은 이 값을 작게 하여 보유내력(부재의 저항능력)이 작아도 되도록 하고 있다. 그러나 특정층의 내력이 상하층 내력에 비해 작은 경우는 손상의 집중을 초래할 우려가 있으므로 그림 5.1.18처럼 다른 층과 같은 정도로 내력을 올리는 것이 매우 중요하다.

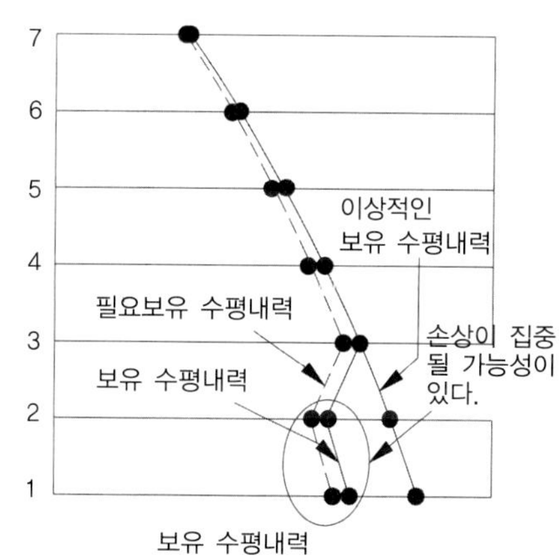

인성이 있어도 상하층에 특히 내력이 약한 층을 만들지 않고, 다른 층과 같은 정도의 내력을 보유한다.

그림 5.1.18 **보유 수평내력 분포**

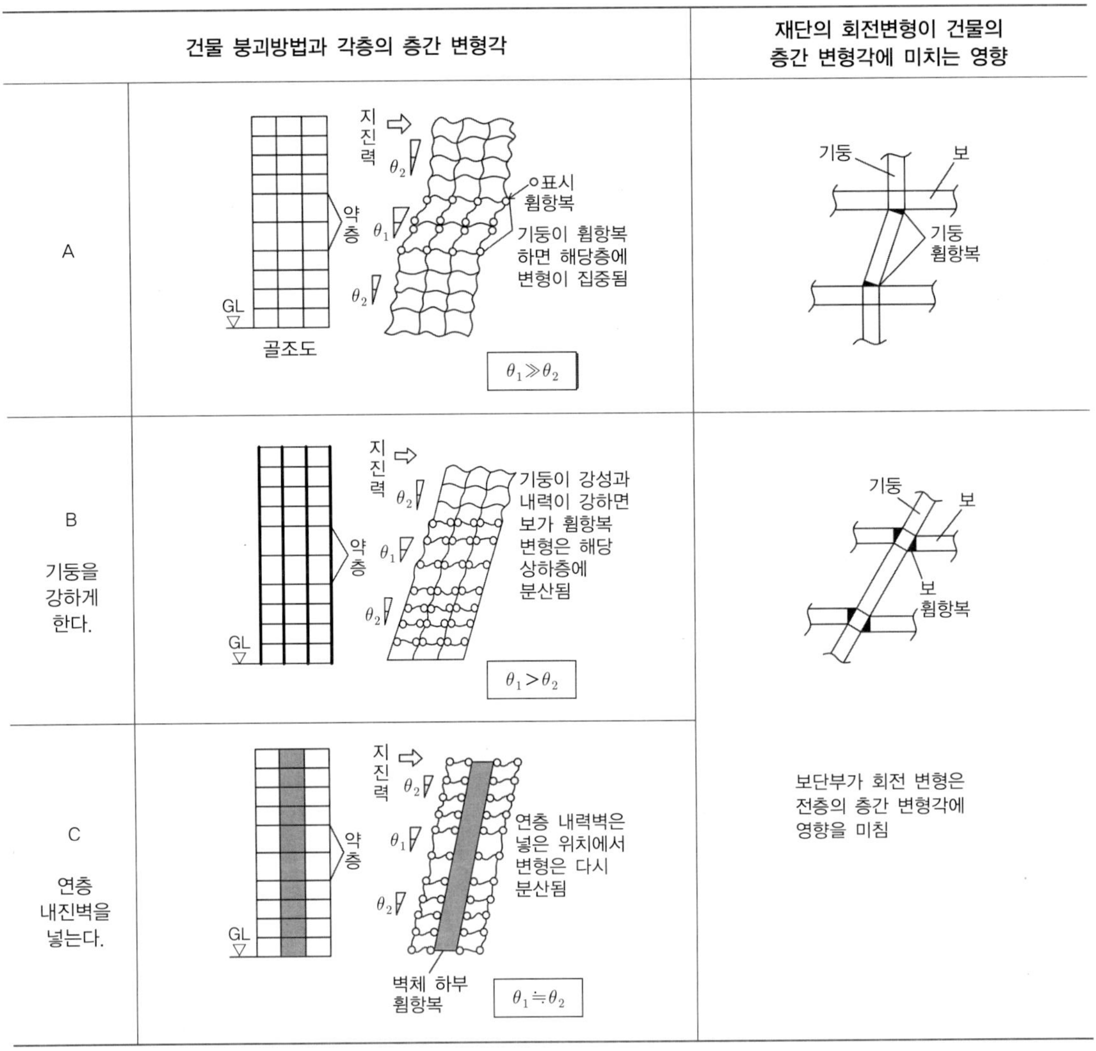

그림 5.1.19 **건물의 진동방법과 각층의 층간 변형각**

⑦ 전체로 지진에너지를 흡수할 수 없는 건물-필로티

건물 중간층 붕괴처럼 고베지진에서는 필로티형식의 건물이 많이 붕괴되었던 점이 특징이다. 중간층 붕괴의 경우는 구(舊)내진설계기준으로 설계된 경우가 많았지만 필로티형식은 신구 내진기준은 물론, 신(新)기준으로 설계된 건물에서도 발생했다.

필로티(pilotis)형식은 필로티 부분의 기둥 단면을 크게 하여 강성, 내력을 위층만큼 근접시키는 것은 필로티층 이외의 기둥이 너무 커서 불가능하고 또한 필로티층에는 벽이 없으므로 건물에 코어(core)를 설치하는 것도 불가능하다.

그림 5.1.20은 순수라멘과 필로티형식 건물의 흡수에너지를 각 층별로 분담률을 나타낸 것인데, 순수라멘 건물은 입력에너지를 각층으로 분산시켜 흡수하고 있는데 비해 필로티형식 건물은 입력에너지의 거의 100%를 필로티층에서 흡수해야만 한다. 따라서 필로티 건물의 설계에서는 대상으로 하는 지진동 레벨(중지진 혹은 대지진)에 대해 필로티 기둥의 내력과 변형능력의 필요량 및 그 여유도를 설정하는 것이 중요하다.

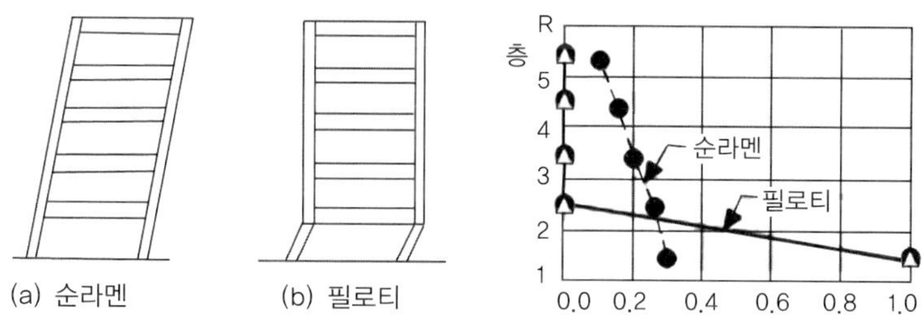

그림 5.1.20 **순수라멘과 필로티 흡수에너지 분담률 비교**

그 기준을 얻기 위한 시뮬레이션 결과를 소개하면, 그림 5.1.21과 같은 평면을 갖는 공동주택에서 5층, 7층, 10층의 3가지 경우(그림 5.1.22), 각각의 경우에 대해 1층의 필요 보유(저항)내력에 해당하는 설계밑면전단력(base shear)계수 C_B가 0.45, 0.60, 0.80, 1.00인 4종류의 보유내력을 갖는 건물 모델에 대해 지진파를 El centro파(해구형 지진파, 최대가속도 511cm/s²)와 고베지진파(직하형 지진파, 818cm/s²)를 이용하여 응답해석을 하고 그 결과로 1층 전단력과 층간변형각의 관계를 그림 5.1.23에 나타낸 것이다. 건물 붕괴 시의 층간변형각 기준으로써 1/50(0.02rad)로 상정하면 건물의 층수에 관계없이 El centro파에 대해서는 응답변형각이 1/50 이하가 되었지만, 고베지진파의 경우는 C_B=1.0 경우만 1/50 기준을 만족하고, C_B=0.45~0.8 경우는 변형이 1/50을 크게 초과하고 있다. 즉 500gal 정도의 대지진에 대해서는 C_B=0.45 이상, 800gal 정도의 극대(極大)지진에서는 C_B=1.0 이상의 내력을 갖고 있으면 붕괴하지 않는다는 것을 보여준다. 이는 1개의 파(波)를 입력시킨 결과이지만 필로티 건물의 설계내력을 정할 때 참고될 수 있을 것이다. 특히 고베지진과 같은 도시직하형 지진의 경우가 일반적인 먼 바다에서 발생한 해구형 지진보다 주의가 더 필요하다.

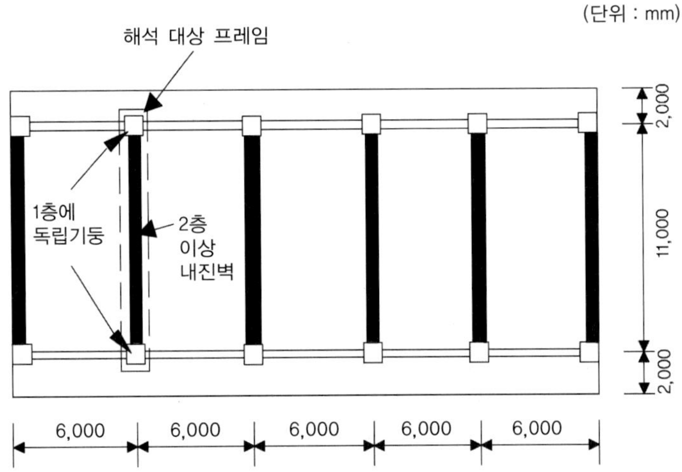

그림 5.1.21 **해석 건물평면도**

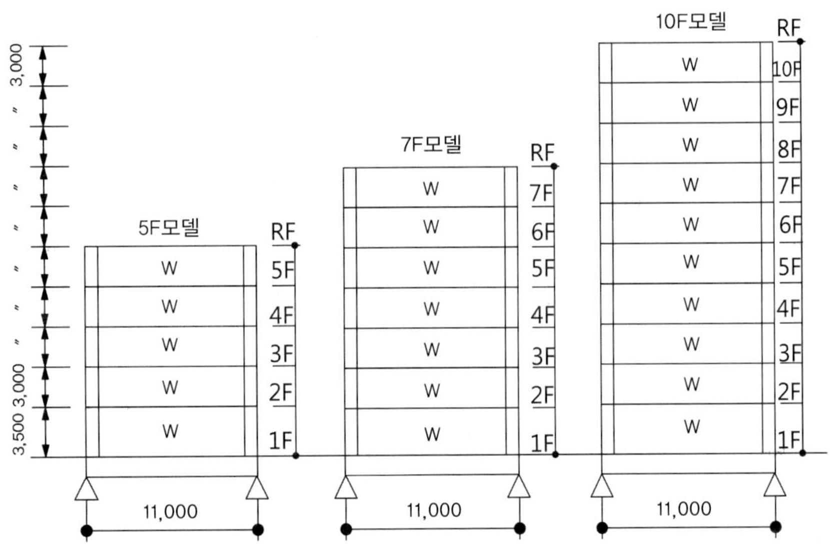

그림 5.1.22 **해석모델**

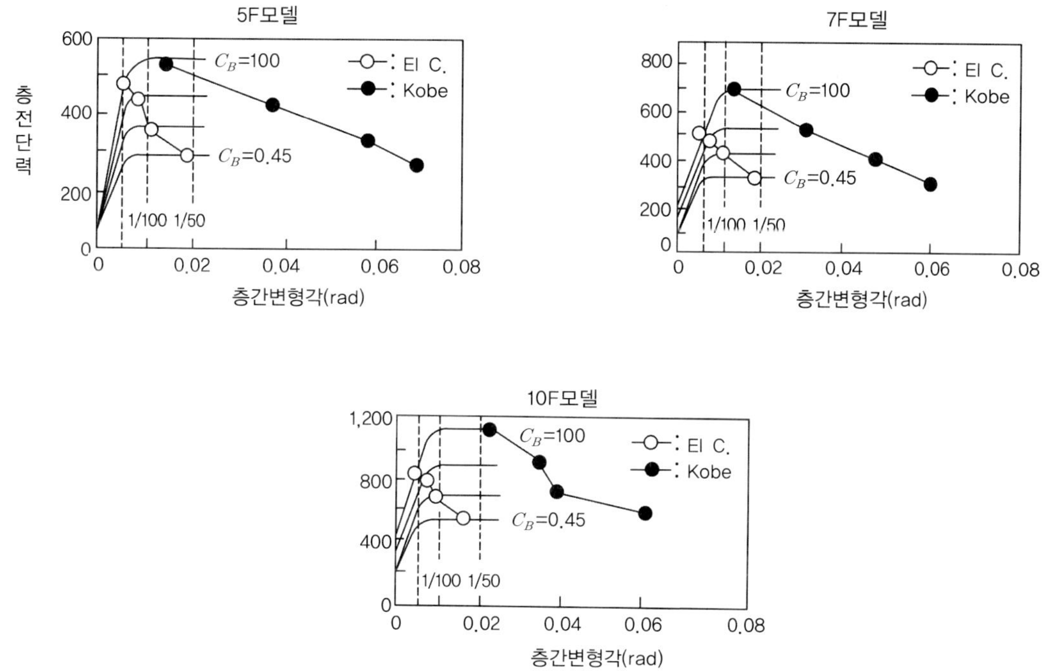

그림 5.1.23 **1층 전단력-층간변형각**

필로티 건물의 설계에서는 그 외에도 지진의 반복가력에 의해 기둥축력이 변동하므로 변동축력의 영향도 고려해야 하고, 필로티 기둥의 필요 인성능력을 어떻게 배근상세에 실현할 수 있을 것인지 검토할 필요가 있다. 또한 SRC(철골철근콘크리트)기둥이나 CFT(콘크리트충전)강관기둥 등의 채용도 인성능력을 높이는 한 가지 방법이 될 것이다.

5-2 지진에 저항하기 위한 건물의 수평형태와 구조배치

내진건물의 수평형상(水平形狀)을 정함에 있어 각 건물은 관성력에 저항하고 주어진 방향의 수직구조(예, 전단벽)로 전달되는 수평구조 시스템이 필요하다. 수직구조(垂直構造)는 직각인 2방향으로 건물에 설치되며, 각 수직요소는 비틀림에 저항하기 위해 각각으로부터 적당히 분리(offset)되어야 한다. 내진 구조배치가 좋거나 나쁨에 따라 건물 붕괴에 큰 영향을 미치며, 건물 전체의 형태 및 매스(mass) 결정에 중요한 역할을 한다.

건물의 정형, 부정형(不整形)의 정도(精度)에 따라 분류할 수 있는데, 수평 부정형의 유형에는 비틀림(torsion), 요각(凹角)모서리(reentrant corner), 불연속 다이어프램(discontinuous diaphragm), 면외 오프셋(out-of-plane off-set), 비평행 시스템(non-parallel system)을 들 수 있고, 이러한 요소는 건축가에게 직접적으로 큰 영향을 주지 않지만, 구조설계자들에게는 건물의 수평형상을 선택함에 있어 중요하다.

부정형은 다른 구조적 피해도 가져온다. 설계기준(design code)은 일반적인 경우보다 엄격하므로 구조적으로 적합한 접합부(connection)와 부재를 요구한다. 경우에 따라 부정형인 경우는 50% 더 강하게 설계되도록 요구하며 강진지역에서는 건축허가 자체가 보류되기도 한다.

1) 비틀림

건물의 질량중심(重心)이 저항중심(剛心)과 일치하지 않을 때 발생한다. 수평면 내의 비틀림작용은 질량중심에 대한 바닥 다이어프램에 비틀림이 발생한다(그림 5.2.1). 비틀림에 의한 건물의 회전은 저항중심에서 가장 먼 위치의 기둥에 큰 영향을 미쳐 큰 수평변형을 발생시킨다. 예를 들면, 1994년 노스릿지지진과 1995년 일본 고베지진에서는 많은 비틀림에 의한 피해를 찾을 수 있었다.

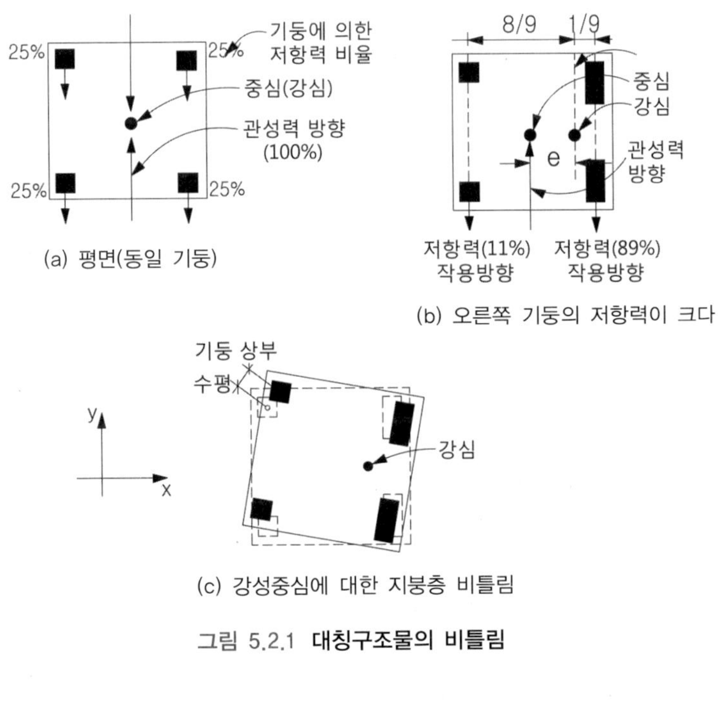

그림 5.2.1 **대칭구조물의 비틀림**

이러한 비틀림에 대한 방지대책에는 먼저, 평면에서 질량중심(重心)과 저항중심(剛心) 사이의 편심거리를 최소화시킨다. 보통 완벽한 대칭적 구조 배치에서도 지반의 흔들림(sway)으로 약간의 비틀림이 발생하고, 설계편심과 건물 내의 비대칭적 중력분배 및 불가피하게 균형을 잃는 경우에는 저항중심으로 조정하여 최소화해야 한다.

그리고 설계자는 최소한 각 직교축(直交軸)에서 수평으로 상호 떨어진 주요 2개의 수직부재를 배치하고, 각 건물 간의 수평간격, 모멘트 팔길이가 크도록 해야 한다. 왜냐하면 비틀림 저항력과 강성 모두 최대화하기 위해서이다.

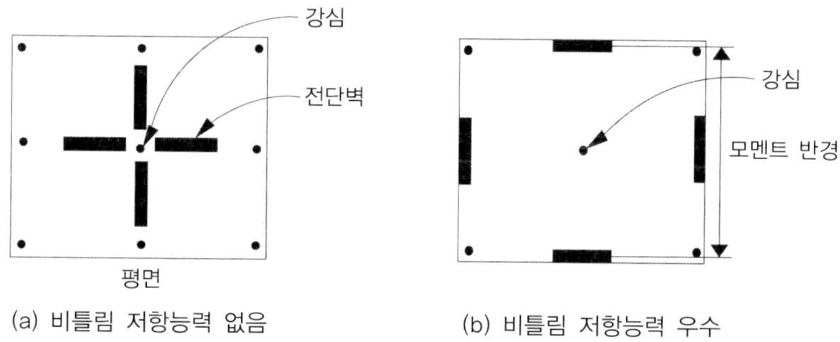

그림 5.2.2 **비틀림 저항능력**

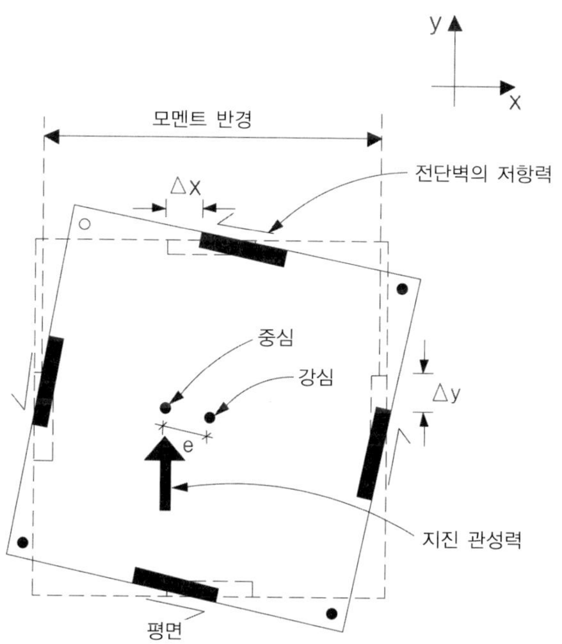

그림 5.2.3 **수직구조물이 비틀림에 저항하는 방법(평면은 중력만 받음)**

y방향으로 관성력(지진력)이 작용할 때 이 힘과 저항중심(강심) 사이의 편심거리 때문에 건물에는 시계방향 비틀림이 발생하며, x방향 전단력과 바닥 다이어프램이 저항한다.

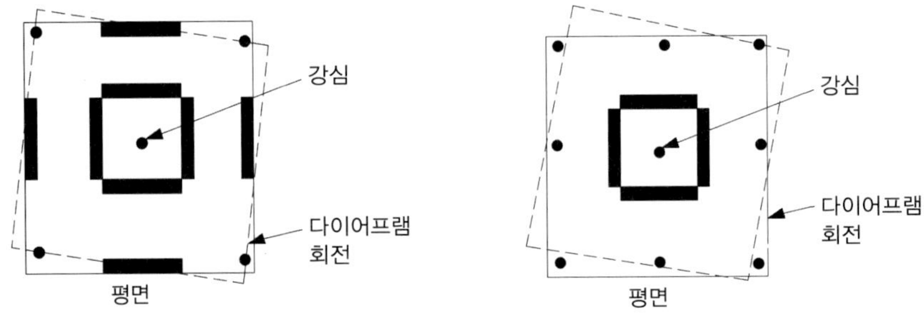

(a) 내부벽에 의한 회전저항력 약간 상승 (b) 내부벽만이 비틀림에 저항하는 곳에서는 다이어프램 회전력 증가

그림 5.2.4 **강심에 가까운 구조체는 비틀림저항에 비효율적임**

만일, 도시(都市)에서 대지의 모퉁이에 위치한 건물인 경우는 비틀림에 있어서 최악의 경우이다(그림 5.2.6). 도로에서 떨어진 두 면은 특별히 전단벽으로 설계하지 않아도 되지만 정면의 두 방향은 도로에 상대적으로 개방되어 있어 저항중심(剛心)은 건물 뒤쪽에 위치한다. 이러한 경우 비틀림에 의한 건물의 피해를 없애는 방안에는 다음이 있다.

(1) 건물 뒤쪽의 강성이 큰 벽체계획을 피하고, 모멘트골조의 방화벽(세 부분으로 구획된 경량구조 또는 콘크리트 보강블록으로 충분함)으로 대체한다. 이런 경우 건물 후면의 골조는 도로에 면한 골조와 똑같은 것으로 설계할 필요가 있다.

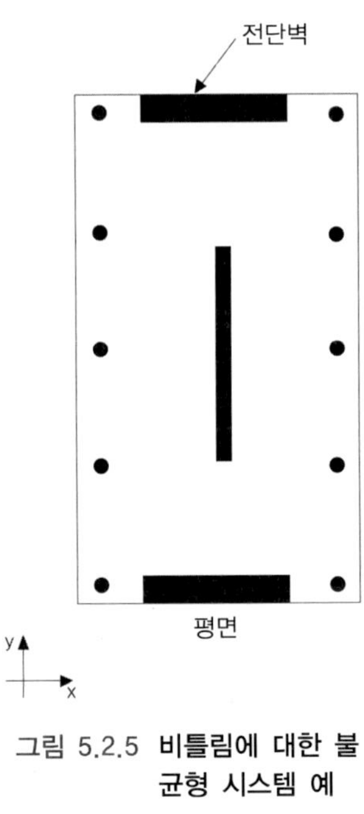

그림 5.2.5 **비틀림에 대한 불균형 시스템 예**

즉 그림 5.2.8과 같이 수평력은 대칭 모멘트골조에 의해 저항하도록 한다.

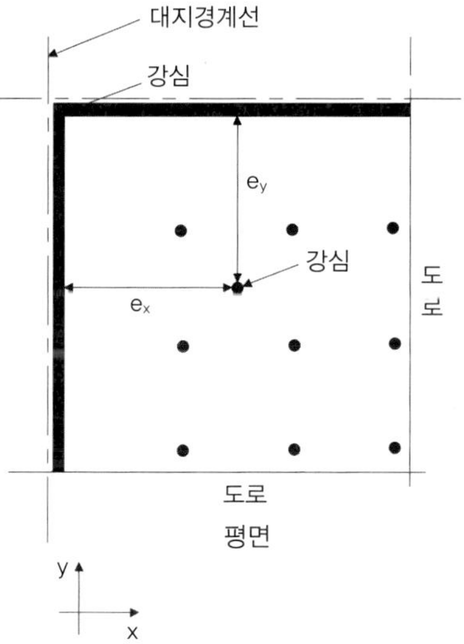

그림 5.2.6 **전단벽을 경계벽으로 하는 전형적인 코너 건물**

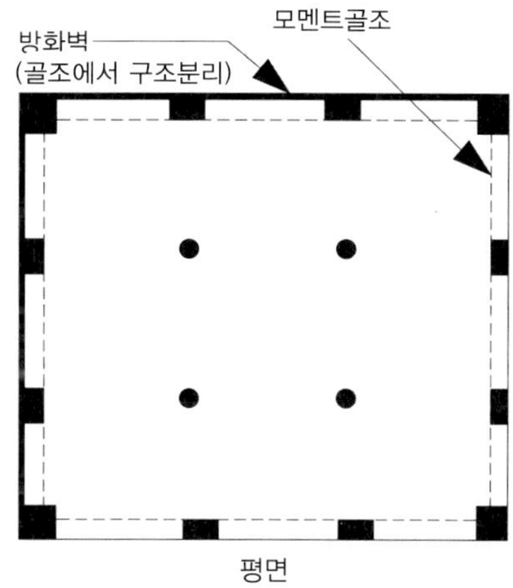

그림 5.2.7 **코너 건물의 개선된 수평형상 (수평력은 대칭모멘트골조에 의해 저항)**

(2) 건물 뒤쪽에 2개의 강한 벽체를 두고, 건물의 나머지 부분과 구조적으로 분리한다. 벽과 바닥 다이어프램 사이에 평면분할 접합부를 설치하여 벽체가 지진에 관여하는 것을 막는다. 그 대신 건물 내부에 모멘트골조를 새롭게 구축하면 양방향의 지진에 의한 관성력(지진력)에 저항할 수 있다(그림 5.2.8).

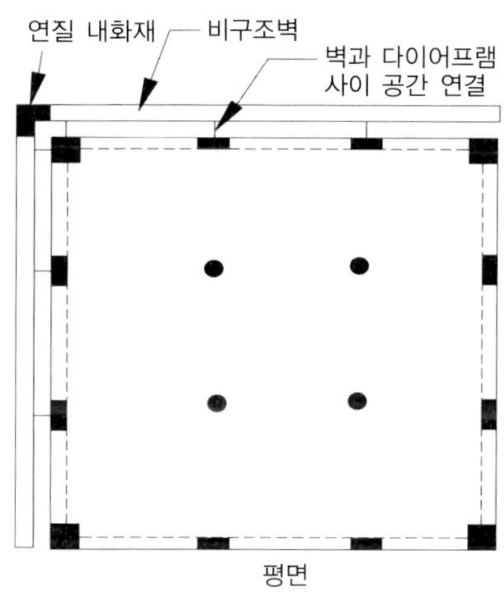

벽을 건물과 구조분리

그림 5.2.8 **새 모멘트골조를 내부에 설치, 모든 지진하중에 저항**

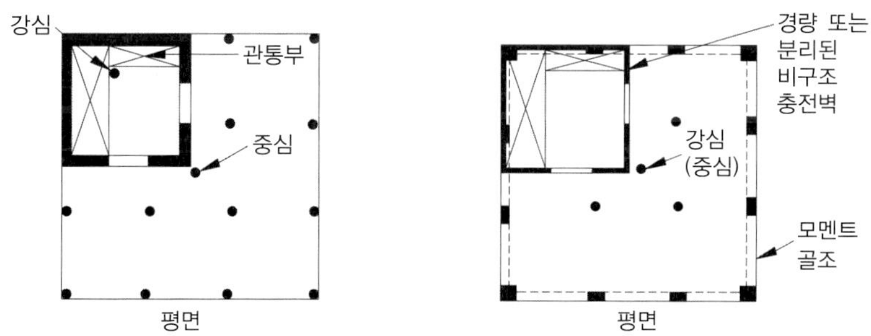

(a) 편심코어에 의한 잘못된 배치 (b) 정형적 배치의 편심코어

그림 5.2.9 **코너를 비구조재로 만들어 편심 비틀림에 저항**

(3) 벽과 바닥의 접합부를 각 평면마다 상세화한다. 즉 이음보(tie-beam)는 벽에 작용하는 자중(自重) 때문에 생기는 관성력에 저항하게 하고, 접합부는 한쪽은 강하게 하고, 다른 쪽은 이동이 자유롭게 설치한다.

이 방법은 비틀림에 의한 편심을 줄이기 위해 건물 뒤쪽에 길이가 짧은 여러 유연한 벽체들을 세우는 것이다. 예를 들어 후면에 20m 길이의 벽체 대신에 4m 길이의 벽체를 5개 설치한다. 벽체 사이의 수직 접합부는 구조적으로 분리(分離, separation)해야 하며, 내화(耐火)처리를 할 필요가 있다. 이러한 방법은 편심을 충분히 감소시킬 필요가 있으며, 이러한 유연한 벽체는 모멘트골조보다 훨씬 강하고 강성도 크다.

건물 후면의 강한 벽체 대신에 분리된 비구조 충전벽 또는 내화재료와 경량벽으로 대체하는 방법은 비틀림을 감소시키는 실용적인 방법이 될 수 있다(그림 5.2.8). 단지 이 부재는 건물의 경계부(境界部)에 사용하면 안 된다. 일반적으로 수평방향의 저항부재는 편심코어나 샤프트에 의한 편심문제를 극복할 수 있게 해준다.

2) 요철(凹凸)이 있는 모서리(reentrant corner)

건물모서리의 요각(凹角) 때문에 지진피해를 입은 건물을 지진관련 보고서에서 가끔 볼 수 있다. 이들 건물은 날개 부분의 서로 다른 동적(動的)거동 특성 때문에 입은 피해 사례이다(그림 5.2.10).

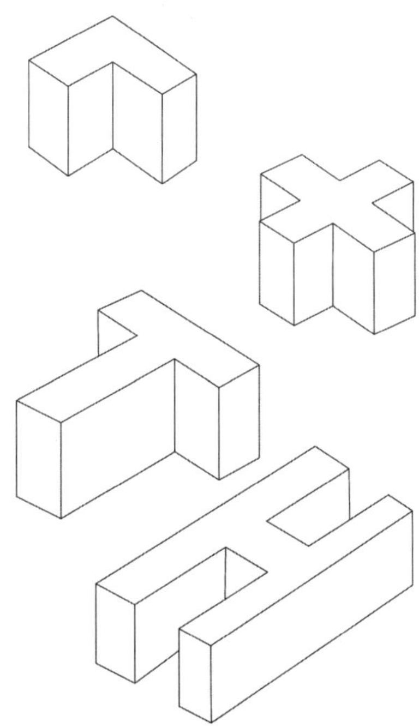

그림 5.2.10 **전형적인 요철 모서리 건물형상**

그림 5.2.11의 건물이 지진으로 y방향으로 흔들리면 건물의 왼쪽 부분과 오른쪽 날개 부분은 서로 다른 거동을 보인다. 왼쪽 부분은 깊이가 깊어 강도가 크고, 큰 수평강성을 가지므로 수평방향의 휨(회전)이 적게 생기지만, 오른쪽 부분은 큰 수평변형 때문에 끝부분의 기둥이 손상이 될 수 있고, 우측 부분의 비틀림 회전력은 강성이 크

고 더 강한 왼쪽 부분에 종속되어 발생한다. 강성이 더 큰 왼쪽 부분이 지진으로 흔들리면 특히 두 날개 접합부의 바닥 다이어프램(슬래브)이 손상(균열)되게 된다. x방향의 지진력에 대해서도 같은 구조적 문제가 발생할 수 있다.

건물이 들어서는 부지의 길이방향으로 건물 평면 길이의 15%가 돌출한 요각모서리를 갖는 건물을 설계할 때는 3차원 동적해석을 통해 응력집중을 해석해야 한다(그림 5.2.12).

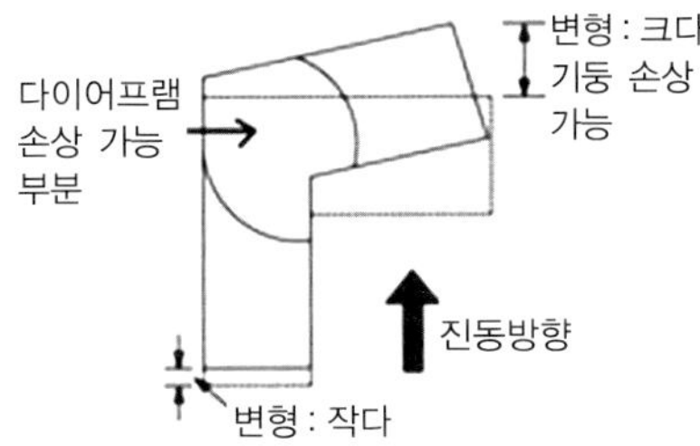

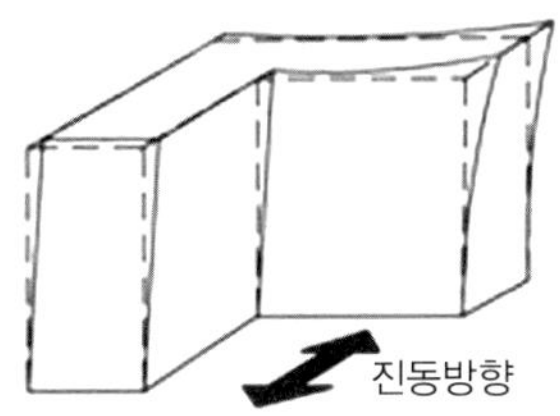

그림 5.2.11 **요철 모서리의 동적반응**

이런 경우 구조기술자는 다이어프램(슬래브) 균열이나 과도한 수평변위를 피하도록 건물을 설계해야 하며, 이는 날개 부분의 상대적인 강성(剛性) 조절을 통해 안전성을 확보할 수 있다. 그러나 날개 부분이 너무 길거나 다이어프램이 수직방향 회전(휨)이나 접합부가 또 다른 이유로 약해진다면 이러한 방법은 적당치 않다. 이런 경우 2개의 독립된 구조체로 분리시키는 것이 가장 좋다(그림 5.2.13). 건물을 구조적으로 분리하는 것은 요각 건물에서 일반적인 방법이다.

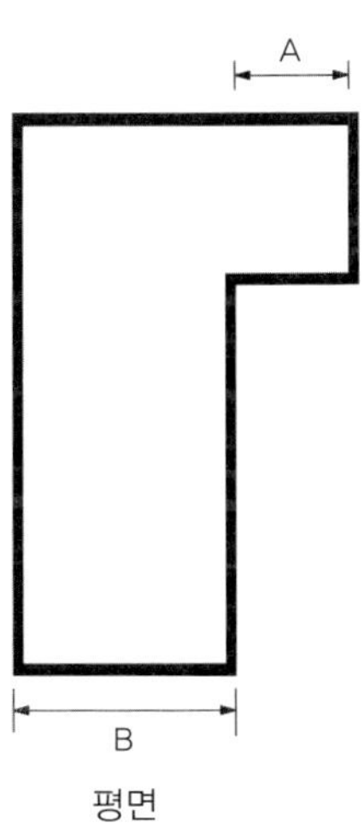

그림 5.2.12 **A>0.15B인 전형적 비정형 요철건물**

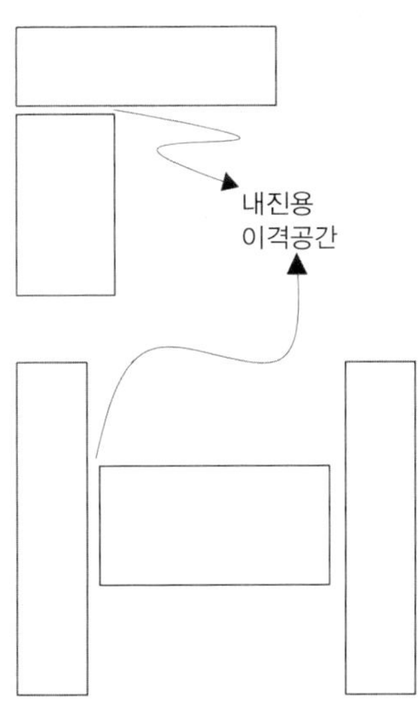

그림 5.2.13 **구조적 분리에 의해 개선된 비정형 평면**

3) 불연속 다이어프램(discontinuous diaphragm)

대부분의 바닥구조(slab) 설계는 수직으로 작용하는 고정하중과 그에 따른 수직력에 저항하는 것이지만 지진이 진행되는 약 10~100초 사이에는 수평 지진력에 저항한다. 상대적으로 매우 짧은 시간에 바닥구조는 중력하중뿐만 아니라 수평력에도 저항하도록 요구(要求)될 때 다이어프램이라 한다.

그림 5.2.14의 y방향으로 지반이 흔들릴 때, 관성력(지진력)은 내부와 외부의 벽체와 바닥 슬래브에 입력(入力)된다. 일반적으로 벽체에 작용하는 관성력은 벽체길이의 직각방향으로 작용될 때 절반(1/2)은 위와 아래의 다이어프램에 전달되며 흔들리는 방향(y방향)의 수직부재로 연결된다. 그림 5.2.14와 같은 경우에는 2개의 구조벽으로 전달되고, 그 후 벽체는 관성력을 기초로 전달하게 된다.

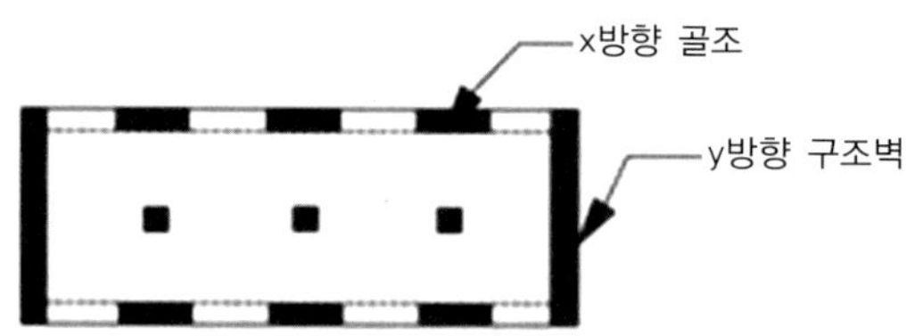

(a) 평면

(b) 단면 y방향 진동, 관성력

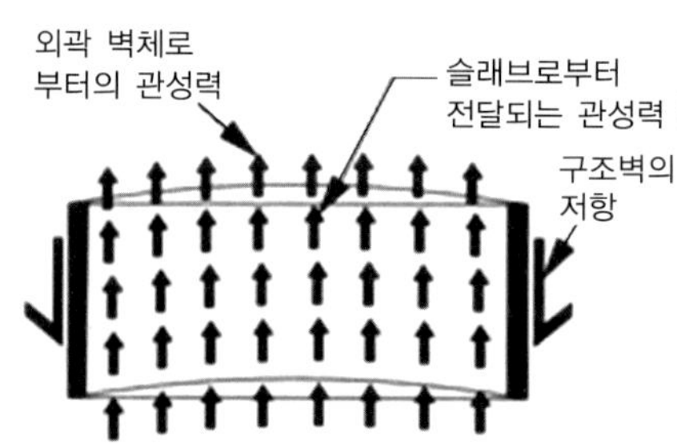

(c) 평면에 작용하는 관성력

그림 5.2.14 **평면과 단면에서의 내부 관성력**

다이어프램의 재료 선택은 다이어프램 스팬(span)과 저항해야 하는 관성력 강도에 의해 결정된다. 주택의 천장 혹은 지붕 다이어프램은 3m보다 작게 하여 가벼운 목재골조의 관성력을 지지하는 반면, 스포츠 스타디움을 덮는 큰 지붕 다이어프램은 100m를 넘는 스팬과 높고 무거운 콘크리트 벽체를 지지하기도 한다. 첫 번째 경우는 석고판이나 합판을 사용하여 하나의 시트(sheet)

로서 다이어프램 웨브(web)를 구성한다. 두 번째의 경우는 가새(bracing)가 보강된 강구조 다이어프램이 적당하다.

다이어프램 기능을 하는 경우는 건물의 지붕과 바닥이 테두리보(spandrel girder)와 함께 철근콘크리트로 구성되어 있는 곳, 현장타설 바닥 슬래브, PC 바닥과 RC보 연결된 경우 등이 있으며, 대부분 구조기술자가 전단력과 휨모멘트에 대한 강도를 확인한 상태에서 다이어프램 기능을 한다고 볼 수 있다. 이러한 다이어프램은 휨모멘트와 전단력을 전달하여 연속보처럼 모델링(거동)할 수 있다. 따라서 연속된 다이어프램 내의 띠(帶)부재는 길이에 따라 다른 단면에 대한 인장과 압축을 동시에 부담해야 된다.

건물의 다이어프램 기능을 하는 부재는 직경 300mm 이상의 파이프를 관통시켜 불연속 구간(opening)을 만들면 안 되며, 다이어프램은 2차원이고 전체 바닥평면은 동일한 층고를 가져야 한다. 대부분의 건물에서 계단이나 엘리베이터와 같은 수직이동으로 큰 공간이 필요하게 되고, 설비배관을 위한 공기덕트, 파이프 덕트 등으로 바닥 슬래브를 관통하므로 이런 과정에서 다이어프램의 기능은 점점 약하게 된다.

전단벽 또는 모멘트골조와 같은 수직구조 시스템은 수평관성력에 의한 지진력을 수평보와 바닥 다이어프램에 전달하고, 이 바닥 다이어프램에는 큰 수평변형이 작용하게 되어 구조적으로 중요한 역할을 수행한다. 외부의 다이이프램 현(chords, 수직부재)이 인장이나 압축을 받을 때 다이어프램의 웨브(web, 수평부재)는 전단력에 저항하고 휨모멘트에도 저항해야 함을 기억해야 한다.

그림 5.2.15와 같이 전단벽 사이에 놓인 단순한 직사각형 모양의 다이어프램을 생각해 보자. 다이어프램 개구부(slot)가 너무 넓으면 구조적으로 위험해진다. 개구부의 목적이 다이어프램을 통하여 빛과 설비를 끌어들이는 것이라면 철골가새(steel bracing)를 이용하여 다이어프램 개구부를 연결시켜 주는 것이 하나의 해결책이 될 수 있다. 그 대신 기하학적, 의장적으로 대각(對角)가새를 사용하지 못하면 구조적 기능이라도 살리기 위해서는 큰 단면의 수평 비렌딜(virendrel) 골조를 적용할 수도 있다(그림 5.2.16).

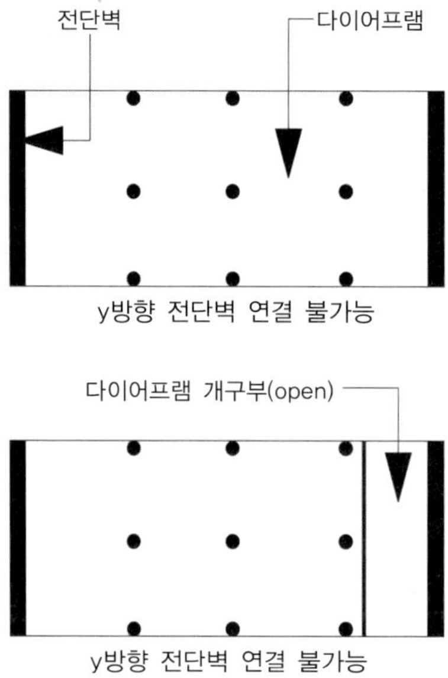

그림 5.2.15 **구조적 일체성 상실**

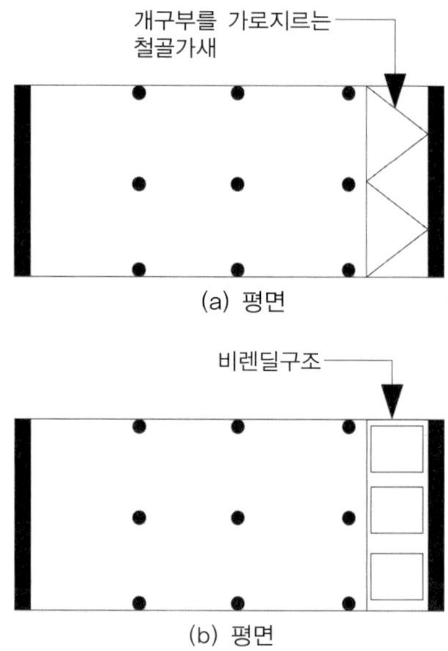

그림 5.2.16 **구조적 일체성 복구**

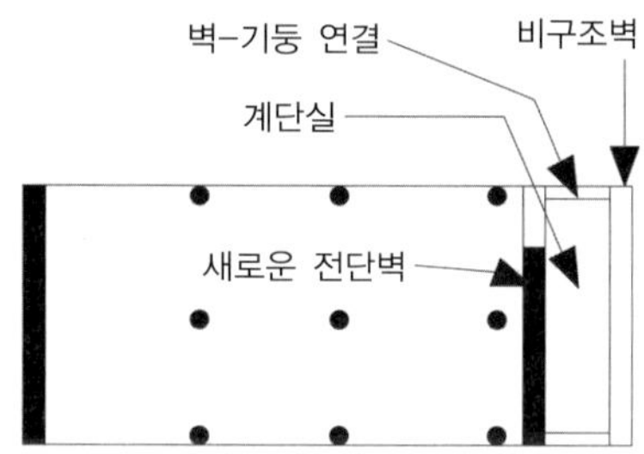

그림 5.2.17 **우측벽, 구조기능 상실**

만약 다이어프램 개구부의 관통목적이 계단을 설치하기 위한 것이라면 앞의 2가지 방법은 적합하지 않을 수 있다. 그래서 오른쪽 전단벽은 설치하지 않고 관통공간의 왼쪽에 새로운 전단벽을 설치하는 것이다(그림 5.2.17). 그러면 두 전단벽 사이를 구조적으로 연결시켜 주게 되고 힘의 경로도 회복된다. 그리고 크기가 줄어든 다이어프램 뒤를 묶어줌으로써 x방향의 힘에 대해 오른쪽 벽체를 고정시키고, 2개의 새로운 벽-기둥 연결 타이(tie beam)는 수평 캔틸레버보나 비렌딜골조의 부재와 같이 거동해야 한다. 만약 벽체가 부족하면 비구조적 벽체에서 다이어프램으로 지진력이 옮겨진다.

그림 5.2.18과 같이 두 전단벽 사이가 떨어져 있어 불연속 다이어프램이 되는 경우 평면의 중앙에 다이어프램을 설치하고자 할 때 그림 5.2.16의 대각가새(steel bracing)를 설치하는 것이 불가능하면 건물의 두 부분을 물리적으로 구조분리시키는 것이 좋다. 끝의 전단벽은 비틀림을 최소화하기 위해 모멘트골조로 대체하는 것이 필요하다.

또 다른 다이어프램 불연속의 예는 바닥에 레벨차(단차)가 있으며, 특히 중앙 부근의 다이어프램을 가로지르는 단차(段差)가 있는 경우(그림 5.2.19), 다이어프램은 뒤틀리고 평면상 뒤틀린 보는 힘을 전달하지 못한다(그림 5.2.20). 단차에 의해 생기는 또 다른 문제는 건물 오른쪽 끝에서 2개의 전단벽으로 전달되는 x방향 관성력(지진력)에 저항하는 것이다(그림 5.2.21(a)). 이 문제를 해결하기 위하여 2가지 방법이 있다. 첫 번째는 건물을 완벽하게 2개의 구조물로 분리하여 단차에 의한 우측의 관성력이 X방향 전단벽에 전달되지 않게 하는 것이고, 두 번째 방법은 계단의 선(line)에 맞추어 새로운 전단벽이나 골조를 만드는 것이다(그림 5.2.21(b)). 이때 평면상 양 끝에 x방향 전단벽을 설치하고 겹쳐진 부분의 골조는 벽체로 대체해야 한다.

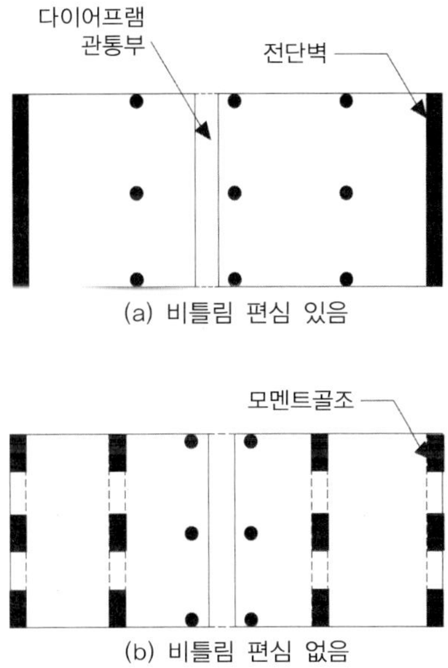

그림 5.2.18 **모멘트 골조에 의한 비틀림 편심 회복**

그리고 바닥 레벨차가 심하여 다이어프램 불연속이 되는 경우는 중앙 근처에 다이어프램을 가로지르는 계단이 있는 상황이면 보나 다이어프램은 비틀림 힘을 전달하기 곤란해진다.

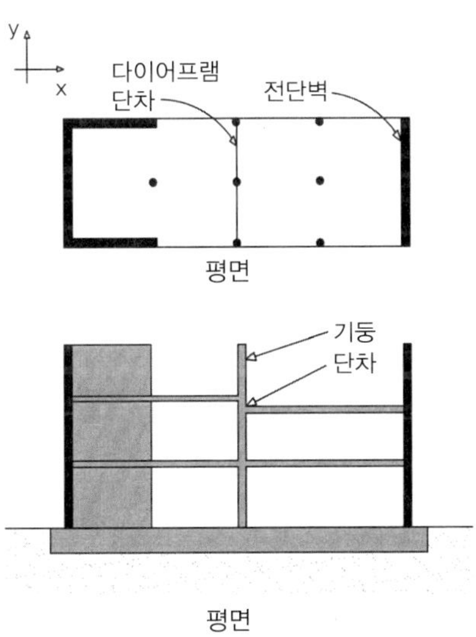

그림 5.2.19 **단차가 있는 다이어프램**

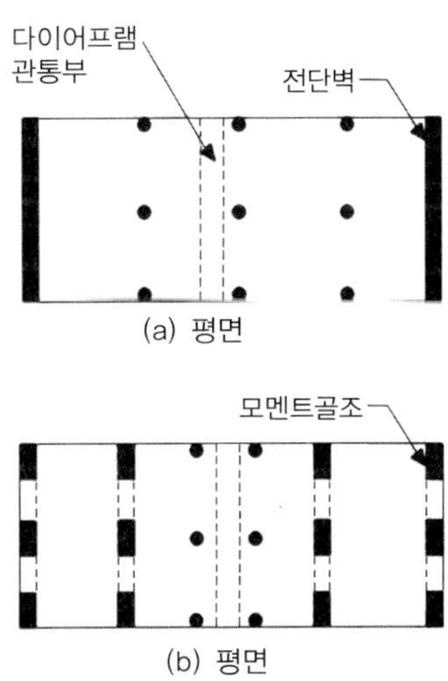

그림 5.2.20 **평면상 뒤틀린 보는 구조적으로 불안하다**

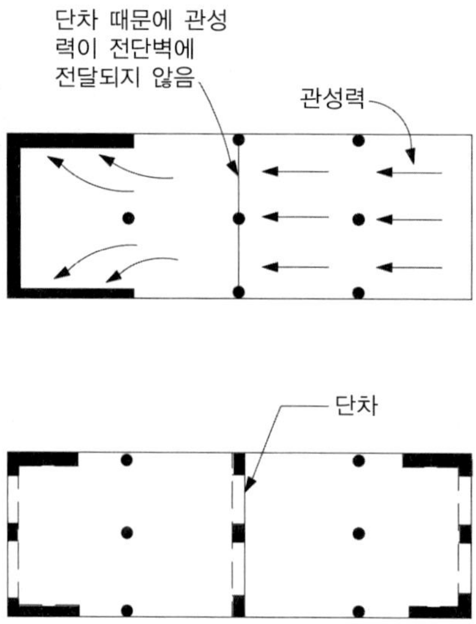

그림 5.2.21 **다이어프램 단차(전단력 수 증가로 구조적 회복)**

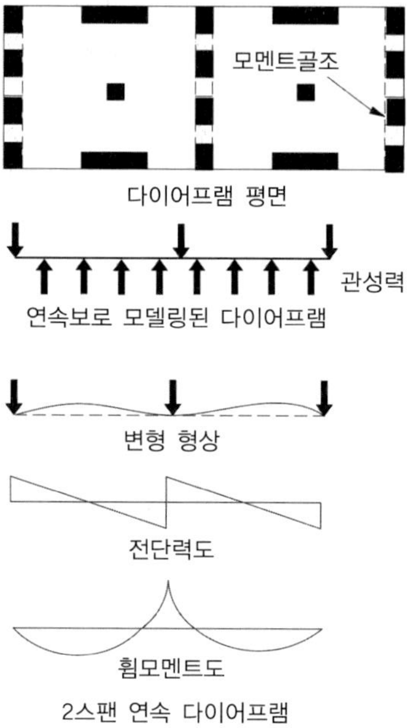

그림 5.2.22 **다이어프램 변형과 응력**

4) 건물의 연결다리

독립적인 건축물 사이의 내진분리 공간을 연결하는 대표적인 방법은 다리(bridge)를 설치하는 것이다. 이때 건물이 각각 다른 방향으로 움직여도 다리는 피해를 입지 않아야 한다. 다리의 형태는 건물 간에 수평이동을 제공하거나 안뜰을 보호하는 캐노피 유리지붕일 수도 있다(그림 6).

다리는 지진 시 추락을 방지하고 안전하게 두 건물을 연결해야 하므로 다리 길이방향에 대해 한쪽은 고정(固定, fix)시키고, 다른 쪽은 자유롭게 미끄러져(sliding free)야 한다. 다리의 양 끝은 지진관성력과 가로방향의 바람에 의해 옆으로 움직이는 것(횡이동)을 방지하기 위해 오른쪽 주각을 고정시킨다.

그림 5.2.23에서 다리는 왼쪽건물에 연결(고정)되고 다리 길이방향으로 미끄러진다. 다리가 추락하지 않기 위해서는 미끄러지는 끝부분에 걸침폭을 엄격하게 설치한다. 오른쪽 다리와 건물 연결부에 방수철판을 설치하며 다리가 미끄러졌을 때 힘의 증가를 막기 위해 유연하게 움직이도록 설치해야 한다. 그림 5.2.24는 내진분리 공간에서 바닥을 지지하는 방법을 나타낸다.

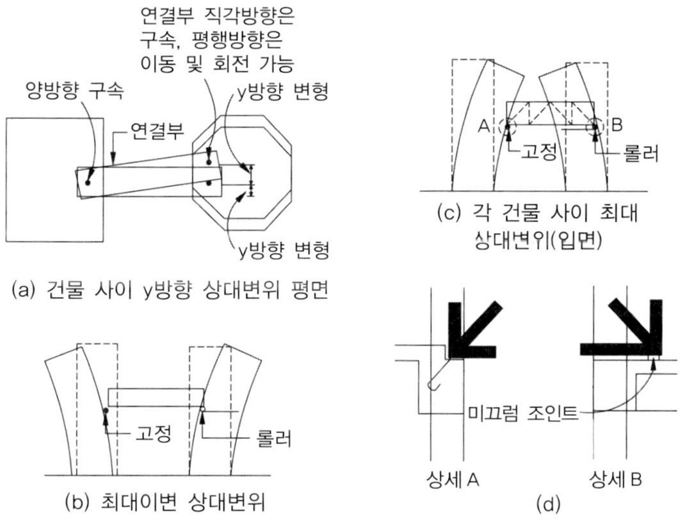

그림 5.2.23 **건물 사이의 상대변위**

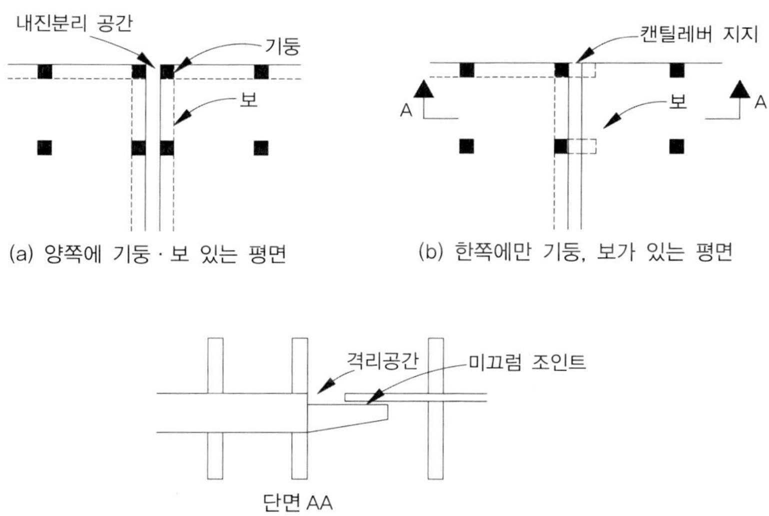

그림 5.2.24 **내진분리 공간에서 바닥을 지지하는 방법**

5-3 지진에 저항하기 위한 건물의 수직형태와 구조배치

건물의 수직구조는 건물 외관(입면)에 영향을 미치는 가로, 세로방향의 뼈대로 구성되고, 가장 이상적인 내진성능은 건물의 3차원 질량과 수직구조가 정형(整形)일 때 얻어지며 다음과 같은 경우, 즉 인접층보다 중량인 바닥을 갖거나 상부층보다 연성적(soft story) 또는 약한 1층 수직구조(필로티),

단주, 불연속 벽체 및 건물 높이에 따른 바닥평면의 급격히 변화하는 부재를 갖고 있는 건물 등과 같은 수직적 불규칙성을 가진 설계를 하지 않을 때 내진성이 크게 좋아진다.

이러한 불규칙성은 비용을 많이 들여서라도 피해야 하며, 그렇지 않으면 힘의 경로를 단절하고 복잡하게 함으로써 내진성에 심각한 악영향을 미친다.

1) 연약층(soft story)

연약층 구조는 내진설계 관점에서 건물의 임의 층이 바로 위층보다 더 약한 구조, 유연한 층을 의미한다. 이런 경우 지진 시 지진에너지는 그 연약층에 집중되므로 기둥에 손상을 입혀 구조물 전체에 심각한 악영향을 미친다. 다만, 연약층 상부 구조물은 상대적으로 손상을 적게 입지만 연약층이 있는 건물은 결국은 무너진다. 이는 상대의 약점을 집중공격하여 KO시키는 복싱의 예와 유사하다.

다층(多層)구조물이 붕괴되는 가장 큰 이유 중 하나는 연약층이 원인으로 알려져 있다. 그림 5.3.1(a)은 약기둥(weak column)과 강보(strong beam)에 의한 1층 연약층 거동을 나타내며, 기둥에 심각한 파손이 발생한 것으로 재단 전단력과 휨모멘트가 기초에 증가하였기 때문이다. 반면에 그림 5.3.1(b)는 강기둥-약보의 경우로서 각층의 보에 소성힌지가 발생하여 골조 전체가 연성적인 거동을 띤 경우로 내진설계상 선호하는 골조형상이다.

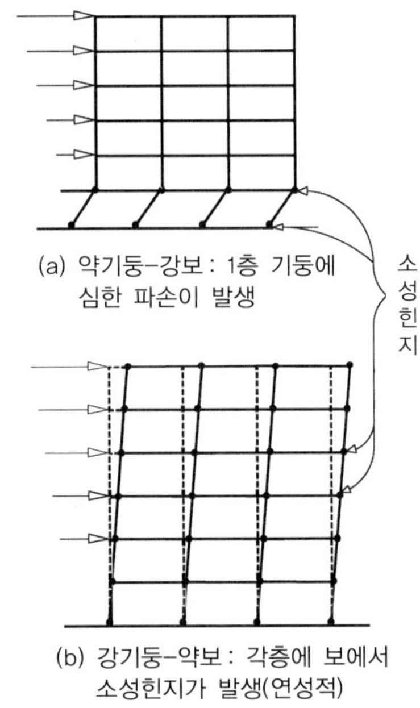

그림 5.3.1 **모멘트골조와 하중 메커니즘**

이들 연약층의 다양한 형태는 그림 5.3.2에서 그 예를 찾을 수 있으며 건물 입면의 비정형성에 영향을 받는다. 그림 5.3.2에서 (a)는 개방된 지상층과 조적조 조합으로 조적채움에 의해 견고한 상부층이 형성된 경우이고, (b) 상부층 보길이가 긴, 1층 기둥의 경우이며, (c) 불연속기둥에 의한 연약층 발생의 예이다.

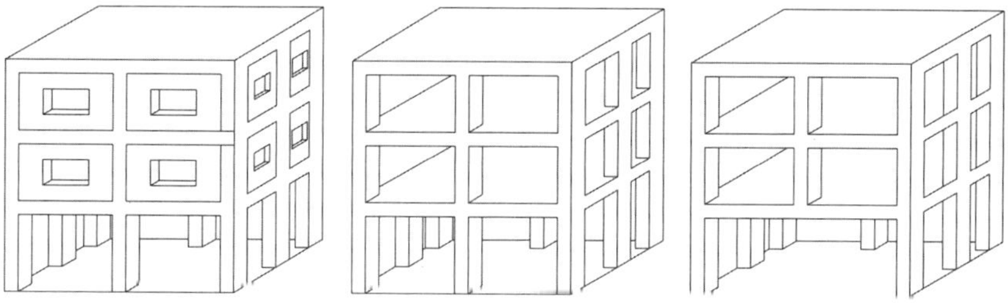

(a) 1층 필로티(채움벽) (b) 상부층 보길이가 긴 1층 기둥 (c) 불연속 기둥

그림 5.3.2 **연약층 형태**

세장(細長)한 기둥과 깊은 보(deep beam) 모듈(module)에 의한 건물 입면 디자인을 강조할 경우 위험한 약기둥-강보 접합부를 갖게 될 가능성이 크며 위험하다. 또한 이러한 건물구조는 불가능할 것이다(그림 5.3.3).

여기서 일단 기둥이 손상되면 약한 기둥-강한 보 구조는 연약층으로 발전한다. 이러한 문제에 대한 대응책으로는 즉 바람직한 약보-강기둥 모멘트골조를 얻기 위한 방안에는 다음과 같이 하는 방법이 있다.

① 분리원칙을 적용한다. 보의 강도를 작게 하고, 상하 테두리보를 이동시켜 보와 단일구조체를 구성하면 보는 기둥보다 약해진다. 약해진 테두리(spandrel)보를 패널로 피복시키고, 이때 패널은 모멘트골조와 분리시켜 둔다.

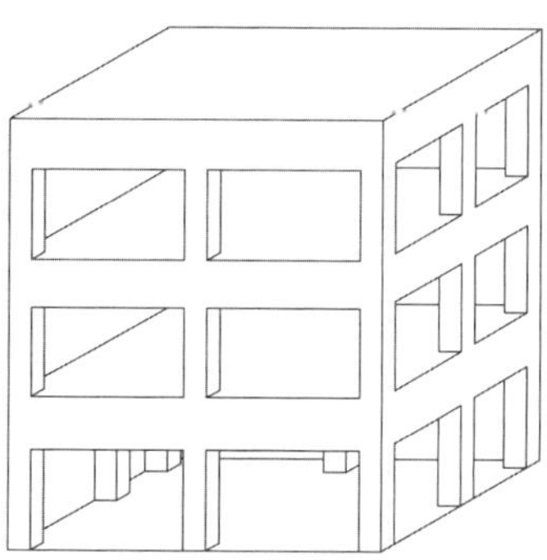

그림 5.3.3 **약한 기둥-강한 보 (연약층)**

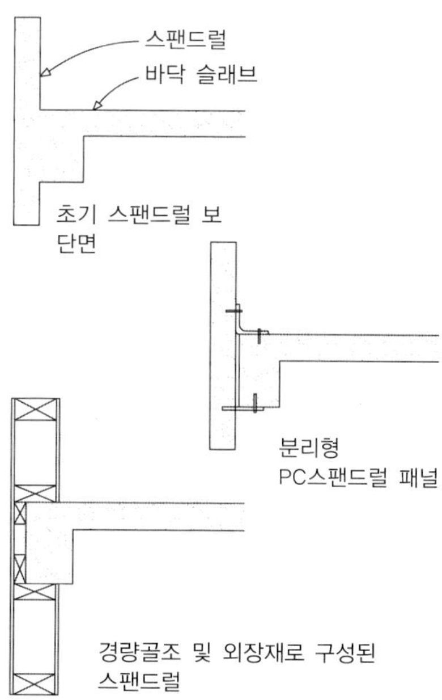

그림 5.3.4 **비구조 스팬드럴 패널**

② 내부에 새로운 모멘트골조를 추가하여 내부 모멘트골조와 전단벽이 모든 수평력에 저항하도록 한다. 주골조(연약층 골조)는 중력만 저항하게 한다.

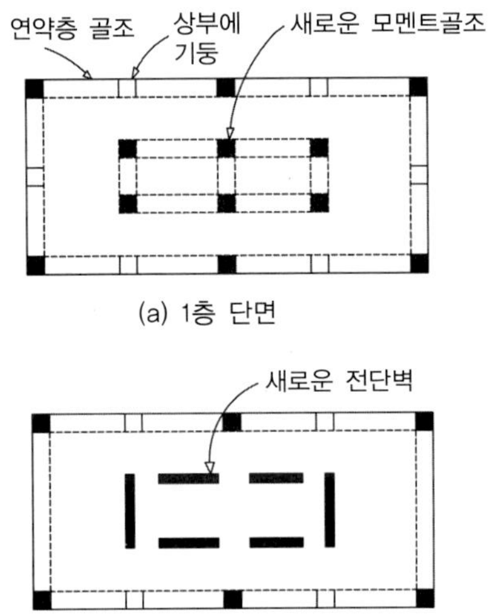

(a) 1층 단면

(b) 1층 평면

그림 5.3.5 **내부 모멘트골조 전단벽 추가(연약층 보강)**

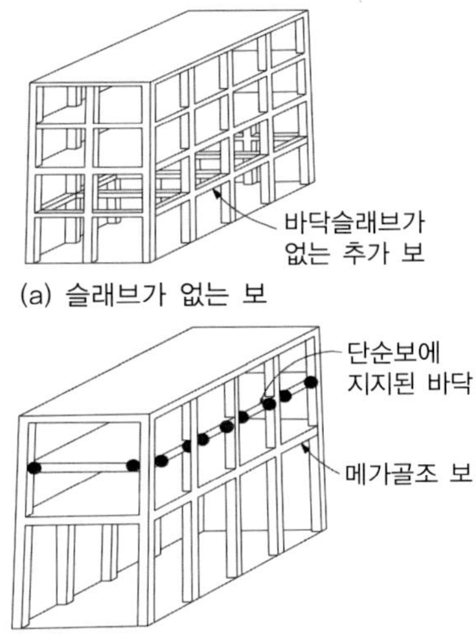

(a) 슬래브가 없는 보

(b) 보의 양단을 핀으로 변경한 2층 메가골조

그림 5.3.6 **한 층이 다른 층보다 높은 연약층 방지법**

③ 각 기둥 상하부에 핀(pin)접합을 도입한다. 이는 의도적으로 지진에 의한 기둥의 손상을 유도하는 것으로 어떠한 수평력도 전달하지 않게 해주는 방법이다.

디자인 측면에서 그림 5.3.2(b)에서와 같이 지상층 또는 다른 곳에서 복층(復層) 높이의 층고를 필요로 한다면 먼저 ① 연약층이 있는 골조는 내진시스템에서 제외하고 불규칙 형상은 유지시키되 중력에 대해서만 견디도록 설계한다. ② 대체 구조물을 설계한다(그림 5.3.5). 이 방법은 연약층을 피하는 방법으로써 바닥 슬래브가 없는 보(beam)를 추가하거나 다른 층에 보의 양단에 핀(pin)을 설치한 메가(mega)골조를 구성한다(그림 5.3.6). 여기서 메가골조란 층고는 복층으로 확대하고 보 양단은 핀(pin)접합으로 하는 것을 말하며, 단점은 층고 증가로 횡방향변위, 휨모멘트 및 전단응력이 증가되어 골조부재의 크기도 증가하게 된다. 기둥도 각층에 작용하는 관성력에 모두 저항해야 한다. ③ 연약층에서 기둥의 크기나 기둥 숫자를 증가시키거나 해당층에 전단벽, 가새골조로 거동하는 외부 부측벽(buttress)을 설치하기도 한다.

2) 단주(短柱)

내진설계에서 단주의 단점에는 모멘트골조에서 어떤 기둥이 다른 것들보다 더 짧고, 일부를 채움벽이나 춤이 깊은 스팬드럴(테두리)보에 의해 기둥이 너무 짧아져서 취성파괴가 생길 수도 있다는 점이다.

경사지 건물에서 일부(一部) 단주인 경우(그림 5.3.7) 구조적 어려움은 수평력에 저항하는 기둥의 강성은 기둥높이에 매우 민감하여 기둥 높이(L)의 3제곱에 반비례한다(그림 5.3.8). 따라서 짧은 기둥의 강성은 긴 것보다 8배 정도 저항하게 되는데, 큰 수평력에 저항하며 충분히 강하지 않으면 수평력(지진력)에 의해 파괴될 수도 있다.

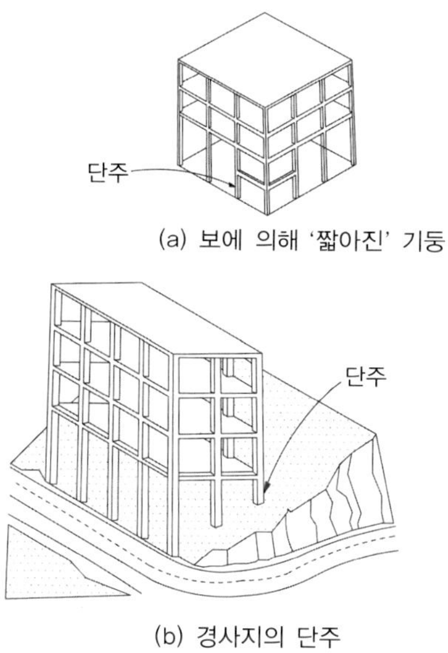

그림 5.3.7 **모멘트골조의 장주 사이 단주의 예**

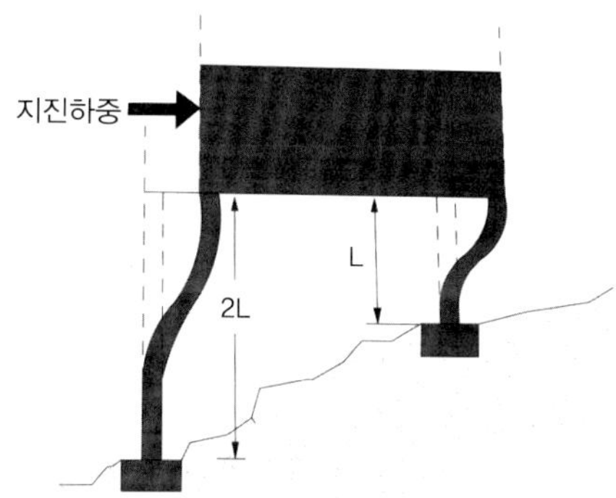

그림 5.3.8 **지진력에 저항하는 높이가 다른 두 기둥**

단주의 이러한 문제점은 다음의 방법으로 극복할 수 있다.

① 단주의 수를 늘린다.

② 전단벽, 가새골조를 평면에 설치한다(그림 5.3.5).

③ 단주와 연결된 보 양단을 핀접합한 골조를 형성하되 2개의 기둥길이가 같게 한다. 이때 그림 5.3.7(a)를 구성하는 대안은 장주(長柱)의 내진강도는 무시하고, 대칭적 구조형상을 달성하기 위해 각각의 방향으로 2개씩 4개의 베이(bay)골조가 지진력에 저항하게 한다.

④ 경사지 단주와 파일(pile)이 일체화되어 길이가 길어지고 슬리브(sleeve)

관, 케이싱(casing)에 의해 지면과 격리되면(그림 5.3.9), 수평변위가 구속되지 않아 단주를 사용하면 위험해지므로 피해야 한다.

⑤ 기초 변경으로 연약층(유연층)이 생기지 않도록 한다.

수평방향 변위에 의한 장주와 단주를 비교해보면(그림 5.3.10), 기둥 하부를 구속하면 조적 또는 콘크리트 충전으로 된 장주는 단주로 바뀌며, 전단균열이 발생한다. 단주는 보통 두께의 2배 자유 장(length)을 갖는데, 이것이 너무 짧으면 연성(延性)힌지가 발생되지 않고 위험해져 과대한 지진하중으로 기둥이 전단파괴되고, 기둥에 대각방향으로 전단균열이 생기면서 중력하중에 의해 붕괴하게 된다(기둥의 Snapping).

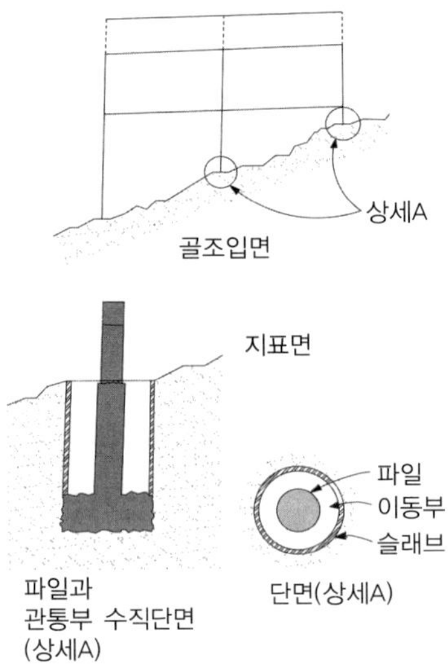

그림 5.3.9 **경사지에서 단주를 피하는 방법**

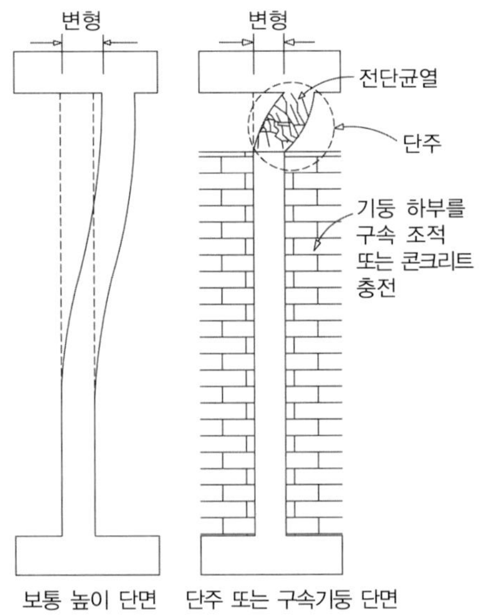

그림 5.3.10 **기둥과 단주 비교**

단주의 파괴를 막기 위해서는 ① 개구부 축소로 단주파괴를 예방하거나(그림 5.3.11), ② 하나 이상의 창을 채움 전단벽으로 바꾸고(그림 5.3.12 c), ③ 강한 충전벽들을 모멘트골조와 분리시킨다(그림 5.3.12 b) 등의 방법이 있다.

단, 개구부를 뚫을 때 수평방향 개구부는 그 보의 두께(춤)보다 커야 하고, 충전재의 각 끝은 부드러운 재료로 채워서 휨변형이 집중되는 것을 피하게 해주어야 한다.

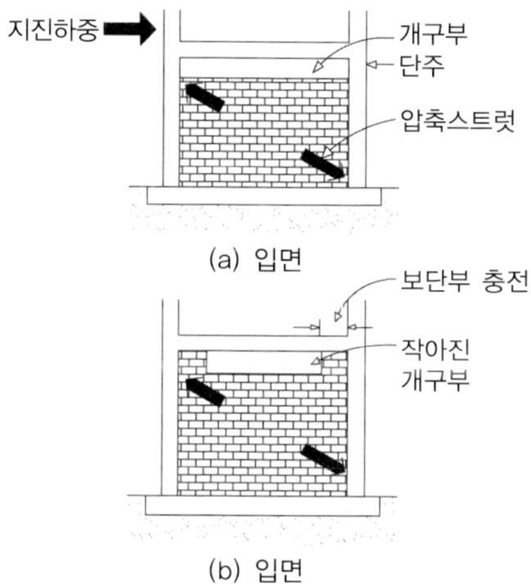

그림 5.3.11 **단주피해 방지법(조적 또는 콘크리트 충전으로 개구부 감소)**

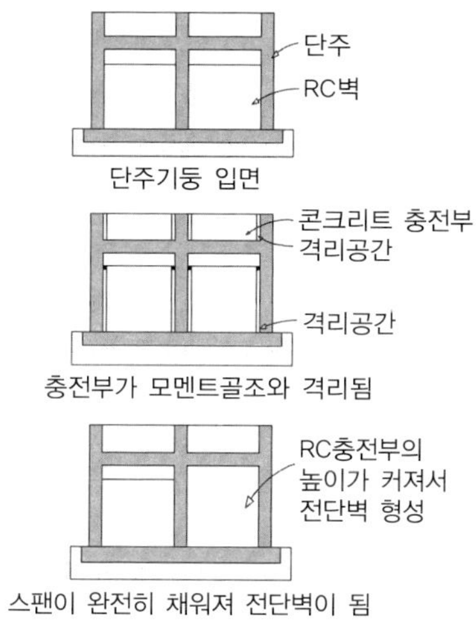

그림 5.3.12 **RC 단주를 피하는 방법**

3) 전단벽

전단벽은 원래 진동이 발생할 때 전단에 의해 구조물이 붕괴되거나 붕괴가 예상되는 벽체를 의미하지만 현대에 지어진 구조물의 주목적은 전단파괴를 방지하기 위한 것이므로 전단벽이란 주로 횡방향 전단력에 저항하기 위해 설계된 것이라 정의할 수도 있다. RC전단벽은 지진에 저항하는 구조시스템 가운데 철근이 잘 배근되면 우수한 내진성능을 갖고 있어 지진이 자주 발생하는 지역에서 좋은 선택이라 할 수 있다.

전단벽은 건물 내에서 기둥이나 보와 같이 다른 구조요소가 손상을 입기 전에 지진하중에 먼저 저항해야 하므로 설계 시 평면상 충분한 길이를 가져야 한다. 전단벽은 건물의 기초에서 지붕층 가장 높은 곳의 다이어프램까지 연속적으로 연결되어야 하고, 전단벽이 층(層)에 따라 불연속적으로 구성되거나 전단벽이 평면상 제외된 부분이 있다면 치명적인 피해를 줄 수 있다. 양방향으로 경사진 전단벽은 y방향으로는 유효하지만 x방향으로는 지지가 필요하다(그림 5.3.14). 대부분의 벽은 평면상 직사각형으로 구성되지만 완만한 곡선과 C, L, I와 같은 다른 평면형태도 구조적으로는 가능하다. 또한 전단벽은 길이방향에 대해 효과적인 점을 명심해야 한다. 전단벽에 면외방향으로 하중이 작용할 때 전단벽은 매우 약하고 유연하여 붕괴될 가능성이 있다. 따라서 이럴 경우는 적당한 지지점(支持点)이 필요하다.

그림 5.3.13(a)에서 관성력(지진력)은 각층에서의 다이어프램에 의해 전단벽으로 전달된다. 벽체에서의 전단력과 휨모멘트는 지붕으로부터의 거리에

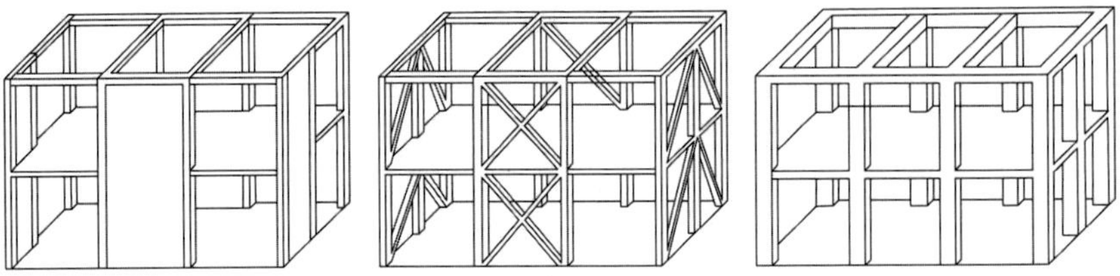

그림 5.3.13 **기본 지진력 저항시스템**

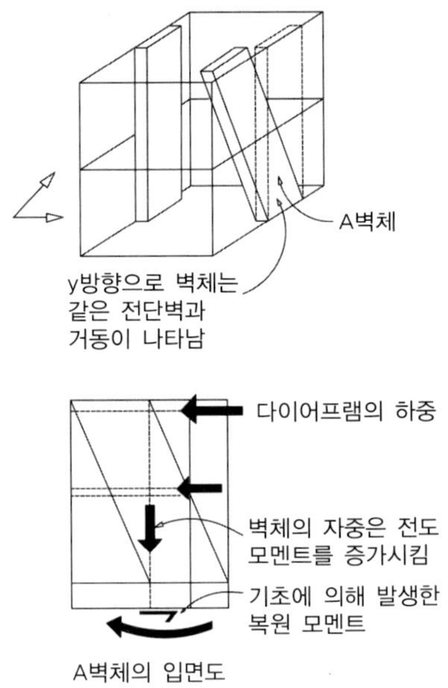

그림 5.3.14 **경사진 전단벽**

따라 증가하고 기초에서 최대값이 전달된다. RC전단벽의 전단강도는 콘크리트강도와 전단보강근으로 거동하는 수평철근에 의해 발휘되고, 창문이나 문과 같은 개구부는 벽의 전단강도를 심각하게 감소시킨다. 이러한 이유로 높은 응력을 받는 벽체, 특히 기초 주변에 큰 개구부를 내면 위험해진다.

휨모멘트는 벽의 양끝에서 축력(인장과 압축)을 발생시킨다. 어떤 벽은 수직방향의 인장보강을 위해 충분한 단면적을 확보하고 압축에 의한 벽체 단부의 좌굴을 방지하기 위해 벽 양끝 부분에 띠(帶)부재(chord)를 설치하거나 두껍게 한다. 충분한 휨강도는 벽체 내에 적절히 배근한 수직철근과 충분한 벽체두께에 의해 얻어진다. 벽에 작용하는 수직방향의 압축력과 전단력, 휨모멘트는 궁극적으로는 기초에 의해 저항한다. 기초의 잠재적 전단벽의 미끄러짐은 지반과의 마찰력과 횡방향 토압에 의해 막을 수 있다. 따라서 지중보를 적절히 설치하면 훨씬 안정적이다.

전단벽은 어떠한 구조재료로도 시공될 수 있지만 RC전단벽은 중간규모에서 대규모 공사에 이르기까지 가장 많이 사용되는 재료이다. 연성이 높아서 짧은 벽체길이를 가능하게 해주고, 대부분 현장에서 제작·타설된다. 조립(built up) 패널을 포함한 PC콘크리트는 보통 1층에서 3층 높이이며, 일반적으로 20층 높이까지 하는 것이 가능하다. 반면에 강구조 전단벽은 4층에서 8층까지이다.

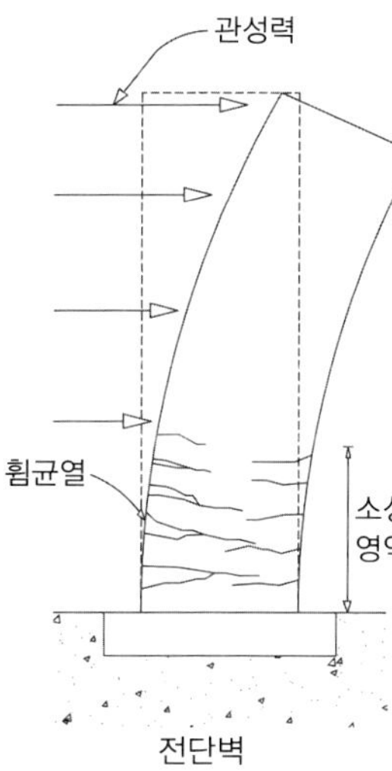

그림 5.3.15 **연성 전단벽**

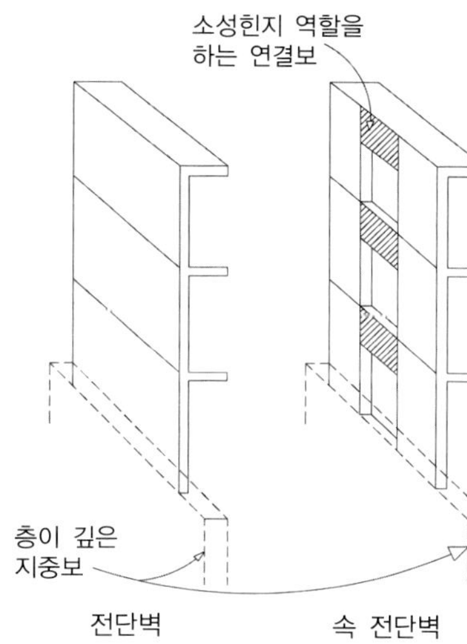

그림 5.3.16 **전단벽과 연성 전단벽**

▶ 특수전단벽

KBC 2009(건축구조설계기준) 개정에 따른 높이제한 규정의 도입으로 벽식(壁式)구조로 60m 이상 건립되는 건물에는 특수전단벽을 사용해야 하지만 이로 인해 시공성 저하 및 공사비 증가 등 건설현장에서의 여러 어려움이 있어 이에 대한 연구도 다양하게 발표되고 있고, 최근에는 특수전단벽 대신에 제진(制震)댐퍼(damper)를 벽식 공동주택(고층 아파트) 개구부 상부에 설치하는 추세이다. 그러나 전단벽 구조에 설치하는 제진댐퍼에 의한 기술축적은 다소 부족하고 설계업체의 수(數)도 부족하며 시공성만 강조하는 이윤추구 논리 때문에 발전이 늦어지는 실정에서도 OO혁신도시를 포함한 여러 현장에서 꾸준히 적용·설계되고 있다(부록 사례 참조).

4) 모멘트골조

모멘트골조는 '모멘트저항골조', '골조'라 부르기도 하며, 주로 휨(bending)을 통해 하중을 전달하는 수직구조 시스템을 의미하며 지진력을 기둥과 보는 횡방향변위나 변형이 생기면서 큰 휨모멘트에 저항해야 한다(그림 5.3.17).

모멘트골조의 3가지 주요 특징은 다음과 같다.

① 기둥은 휨모멘트에 저항하도록 충분히 깊어(depth)야 한다.

② 보와 기둥은 비슷한 높이를 가져야 한다.

③ 기둥-보 접합부는 강접(剛接)되어야 한다.

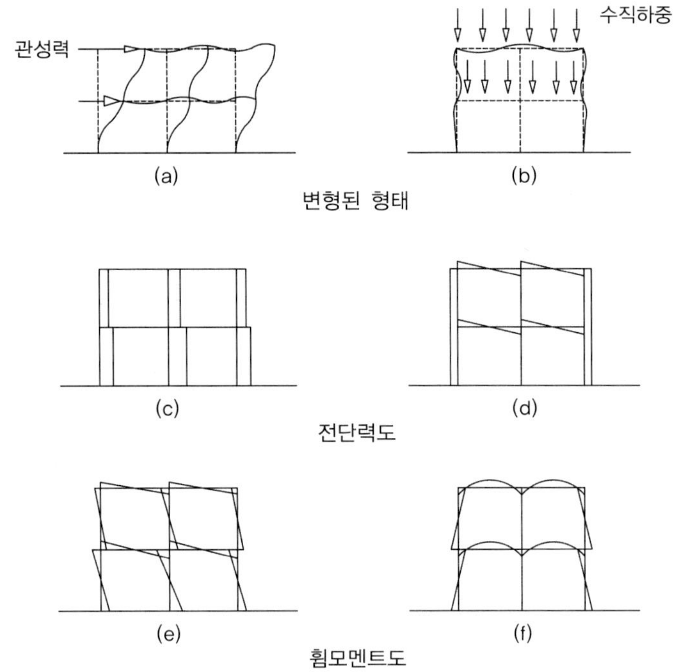

그림 5.3.17 **수평 및 수직하중을 받는 모멘트저항골조**

골조에 휨이 작용하면 전단력 발생을 항상 수반하게 되므로 엄격한 성능 설계를 하지 않으면 기둥, 보 및 기둥-보 접합부는 휨 이전에 전단력에 의해 파괴될 수도 있다. 수평력(지진력)을 받는 기둥은 특히 피해를 입기 쉬우며, 중력하중(수직하중)을 받는 골조의 기둥과 비교하면 매우 큰 전단력을 받게 된다(그림 5.3.17(c), (d)). 또한 지진저항골조의 외곽기둥(外柱)은 축력, 즉 인장과 압축을 받는데, 골조에 작용하는 전도모멘트 대부분은 외곽기둥이 저항하게 되며 골조(骨組) 폭이 좁고 높을수록(고층) 축력은 더 커지게 된다.

모멘트골조는 지진과 중력하중을 동시에 고려하여 설계해야 하며, 전단벽처럼 모멘트골조는 골조의 길이방향에 대해 효과적이다. 기둥이 강도와 강성을 최대한 이용하기 위해서는 골조의 길이방향으로 휨모멘트를 많이 저항하도록 배치해야 한다. 기둥은 강축(强軸)에 대해 휨모멘트를 받을 때 강하고 강성을 발휘하며, 약축에 대해서는 강성을 발휘하지 못한다(그림 5.3.18).

(a) 골조는 이러한 (⟶)방향으로 하중에 효과적임

(b) 기둥은 약축에 대해 휨을 받을 때 약하고 강성을 발휘 못한

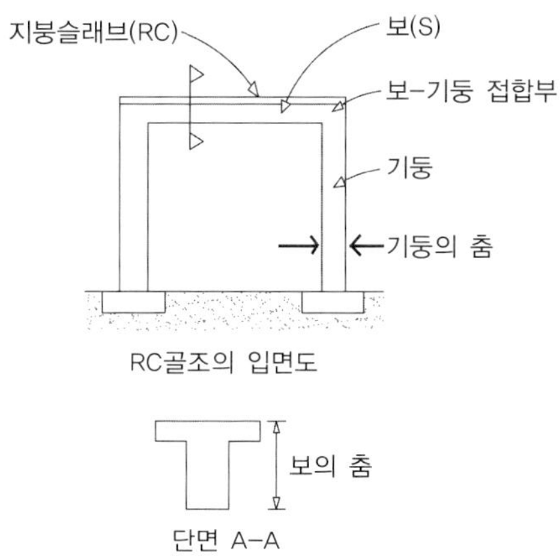

(c) 골조

그림 5.3.18 **모멘트골조에서의 기둥배치 방향과 강성**

모멘트골조 형태는 다양하다(그림 5.3.19, 그림 5.3.20). 건축설계 시 필요에 따라 골조의 배치, 경간의 수, 경간의 폭(스팬), 기둥과의 간격을 선택해야 하며 선택된 골조는 건축가의 설계디자인 개념과 형상디자인 취향을 만족시키면서 지진하중에 견디도록 충분한 강도와 강성을 갖도록 배치해야 한다. 모멘트골조는 지진에 저항하는 가장 효과적인 구조시스템의 하나이며, 공간계획을 위한 제한이 적고 최소한 구조면적, 자연채광, 전망을 부여하는 등 장점을 가지고 있는 반면에 다음과 같은 필수적인 모멘트골조의 구조적 요건이 있다.

(1) 상대적으로 두꺼운 폭의 기둥을 적용해야 하며, 충분한 강성, 휨 및 전단강도를 가져야 한다. 내진설계상 강한 기둥과 약한 보(strong column, weak beam)로 구성된 골조를 위해서 기둥의 깊이는 보의 깊이보다 크거나 같아야 한다. 예를 들어, RC모멘트골조에서는 기둥은 단면 폭 230mm, 깊이(춤) 400mm 이상이어야 한다. 기준보다 작은 부재는 1층 이상의 건물에 사용하면 위험하다.

기둥은 2방향에서 충분한 강도 발휘를 요구하므로 정4각형, 원형 단면이 유리하며, 기초에서 지붕층까지 연속적으로 구성되어야 한다.

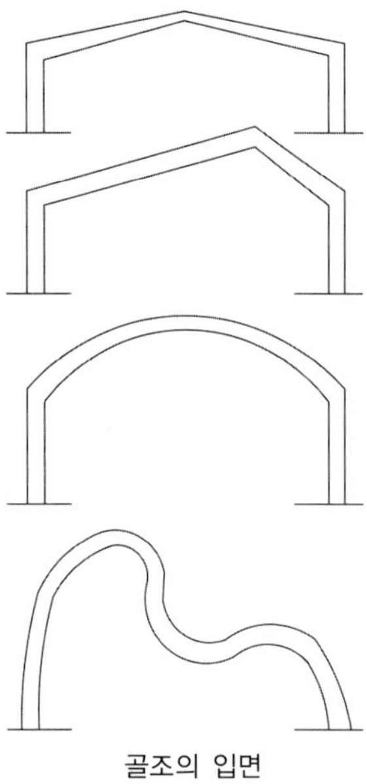

그림 5.3.19 **단층 모멘트골조의 변화**

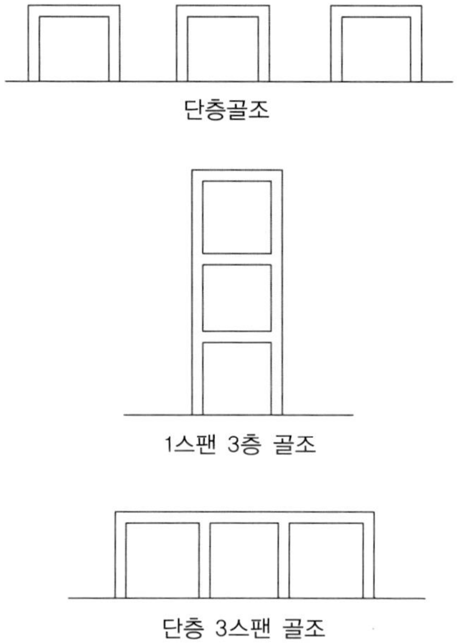

그림 5.3.20 **복합 · 다층골조**

(2) 모멘트골조의 보는 기둥과 보 사이에 휨모멘트를 직접적으로 전달하기 위한 역할을 하므로 기둥과 같은 두께와 폭을 가지며 슬래브보다 더 두껍게 설계한다. 보 두께(깊이)는 스팬 L/12보다 두껍게 설계하고, 참고로 슬래브 두께는 스팬 L/25~L/30 정도이다.

모멘트골조의 보는 슬래브 형태를 가지면 안 되며, 격자(grid) 슬래브는 특히 내진성능이 약하고, 워플(waffle) 슬래브는 팬케이크(pancake)처럼 주저앉는다. 보가 없는 슬래브(flat slab)는 수평력에 취약하다. 다만, 수직하중을 부담하는 플랫 슬래브, 플랫 플레이트는 독

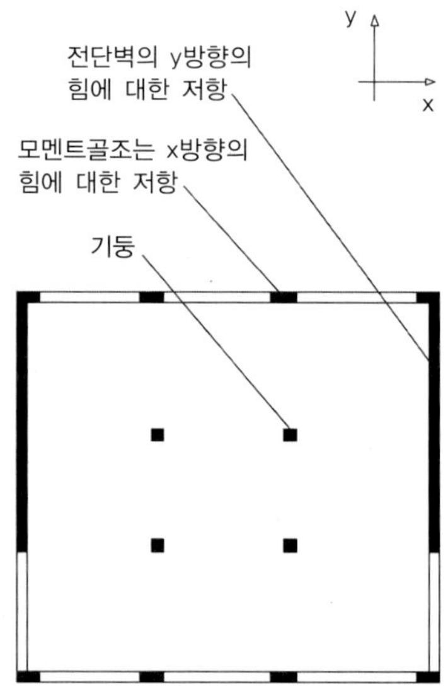

그림 5.3.21 **전단력과 모멘트골조의 조합에 의한 지진력저항 (평면)**

립적인 횡력저항 시스템이 서로 직각방향으로 구성되어 있으면 사용이 가능하다(그림 5.3.21).

따라서 이상적인 모멘트골조의 보는 평면상 연속적, 직선적으로 구성해야 하고, 굽은 보는 피해야 하며, 보의 중심선은 기둥의 중심선과 일치해야 한다.

(3) 모멘트골조에는 적어도 1개 이상의 강접합이 필요하다(그림 5.3.22). 강접합된 접합부가 많을수록 부재 주변에 휨모멘트와 전단력이 고르게 분배되어 횡방향 저항이 커지며, 부재는 최소단면으로 설계될 수 있다. 단, 기둥의 주각이 바닥에 핀(힌지)으로 고정된 단층건물은 골조가 유연해져서 더 큰 부재를 필요로 한다.

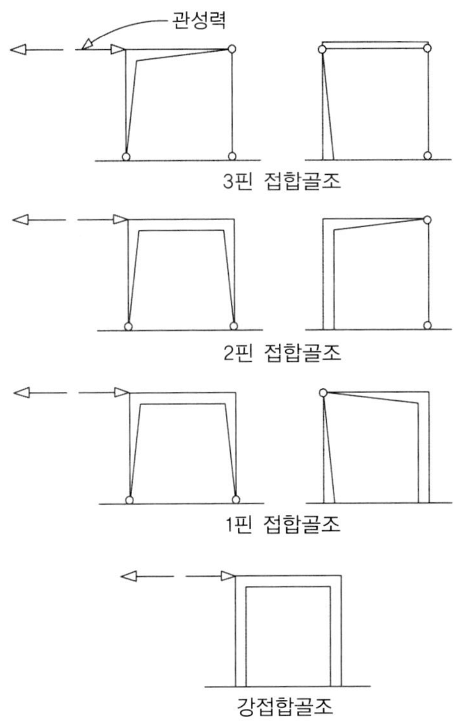

그림 5.3.22 **핀(힌지)접합을 가진 모멘트골조 형태**

평면, 입면에서 정형적 형태를 가진 골조(骨組), 보의 길이가 일정한 다(多)스팬(경간) 골조들은 내진성이 우수하다. 기둥의 중심간 최적 길이는 5~8m가 적당하고, 스팬이 8m를 넘으면 보춤이 더 큰 것이 필요하고, 이 때문에 층고가 증가하게 된다.

모멘트골조의 재료는 석층합판(집심목), RC조, S조로 구성이 가능하며, 보-기둥 접합부가 강접합인 것이 가장 중요하다. 목제 모멘트골조는 저층, 경량건물에 제한되고, RC 및 강구조 모멘트골조가 고층건물에까지 적용되고, 큰 내진성능을 발휘한다. 단지 20층이 넘는 RC모멘트골조는 전단벽으로 보강해야 하며, 풍하중에 저항하는 묶은 튜브 구조와 같은 구조시스템으로 변경하는 것이 바람직하다.

연성모멘트골조(strong column, weak beam)는 내진설계상 강한 기둥-약한 보로 구성된 골조이며, 보가 기둥보다 먼저 파괴되도록 설계된 것이다.

이러한 연성모멘트골조의 기본요건은 연성적 거동을 위한 부재배치와 연성적 부재이어야 한다. 적절치 못한 골조의 부재배치는 바닥층 기둥과 소수의 부재에서 피해가 집중된다. 피해, 손상받은 기둥은 수직하중을 지탱하지 못하고 붕괴된다.

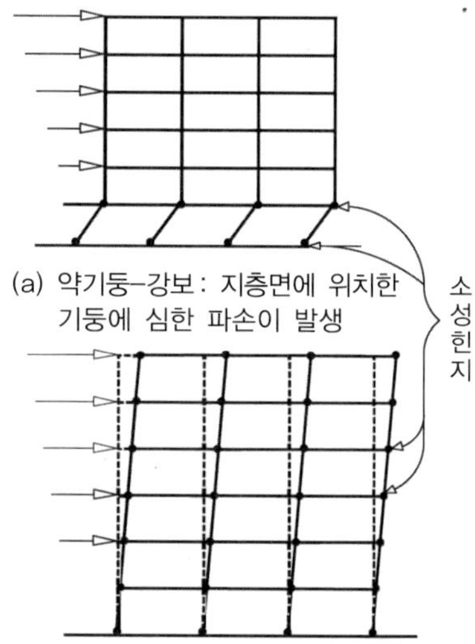

그림 5.3.23 **모멘트골조의 붕괴 메커니즘**

여러 연구결과에 의하면 과도한 지진하중이 모멘트골조에 가해질 때 2개의 붕괴 메커니즘을 보여준다. 소성힌지(구조적 fuse)가 1층 기둥 상·하부에만 발생하여 기둥에 심각한 피해를 주는 경우(그림 5.3.23(a), 약한 기둥, 강한 보)와 보 끝단에 소성힌지가 발생하는 경우(그림 5.3.23(b), 강한 기둥, 약한 보)이다. 두 번째 경우는 지진에너지가 전체 구조물에 균등하게 소산(분산)된다는 것이고, 이 경우 보의 단부에 소성힌지가 형성된다 해도 보는 더 수직하중을 지지할 수 있으며, 기둥에 힌지가 생기는 것보다 유리하다. 과도한 압축하중을 받지 않는 보는 기둥보다 더 연성적이므로 건물 전체 안정에 문제를 발생시키지 않는다.

따라서 지진력에 저항하는 연성모멘트골조가 되기 위해서 기둥은 보보다 더 강해야 되고, 기초는 기둥보다 더 강해야 한다. 기둥에 허용하는 유일한 힌지는 기둥 단부(주각)이며, 보의 양단에 생기면 유리하고, 기둥의 깊이가 보의 춤보다 같거나 커야 한다. RC조에서는 기둥에 더 많은 보강철근을 넣으면 보에 비해 약간 더 작아도 된다.

여기서 소성힌지란 모멘트골조 길이방향의 주철근 또는 강재단면이 소성화되는 부분에 연성적 에너지 손상이 집중되어 발생한다는 것이다. 힌지조인트에서는 하중 증가 없이 변형(변위)만 증가한다.

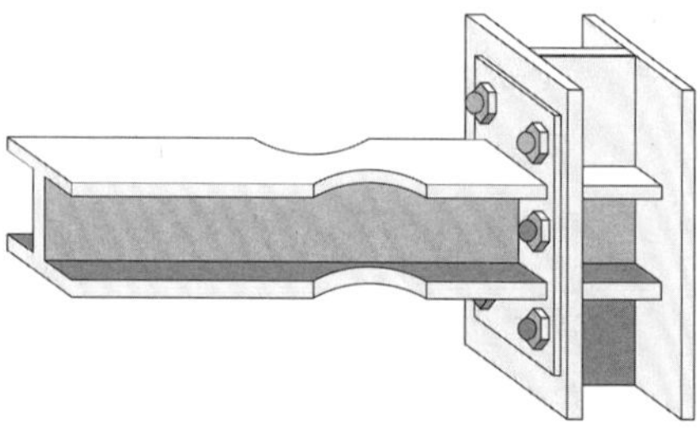

그림 5.3.24 **구조퓨즈(소성힌지, dog bone)**

가장 주의할 것은 모멘트골조가 아무리 연성거동하도록 설계되었더라도 실제로 연성능력을 확보하기는 어렵기 때문에 높은 수준의 구조설계, 시공상태가 더 중요하다. 모멘트골조의 성능은 약간의 설계, 상세 오차에 민감하므로 품질보증에 대한 확신이 없으면 지진저항시스템으로 모멘트저항골조 대신에 전단벽을 사용하는 것이 필요할 수도 있다.

5) 복합구조와 전이보

(1) 복합구조

건축설계자가, 지진력에 저항하는 2개 이상의 구조시스템이 한 방향으로 거동하는 복합구조시스템을 적용할 때는 주의해야 한다. 그림 5.3.25는 전단벽과 모멘트골조가 x방향으로 평행하게 거동하는 예이다.

복합구조 시스템의 문제는 서로 다른 특성의 구조시스템의 구조적 부조화 때문에 구조해석이 복잡하고 거동파악이 어렵다. 위의 경우 벽체는 모멘트골조보다 강도와 강성이 훨씬 크다. 내진성능이 큰 골조로 설계해도 유연성의 차이 때문에 그 효과는 작다. 벽체가 모든 횡력에 효과적으로 저항하더라도 벽체가 손상된 후 골조시스템이 충분히 저항할 수 있는가 하는 점이다.

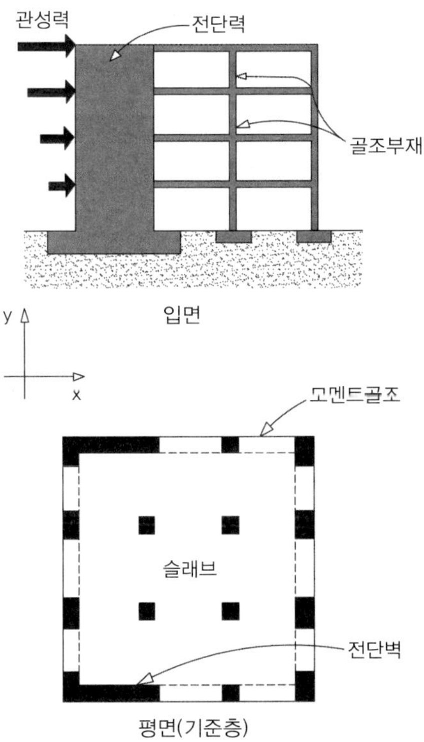

그림 5.3.25 **복합구조(전단벽+모멘트골조)**

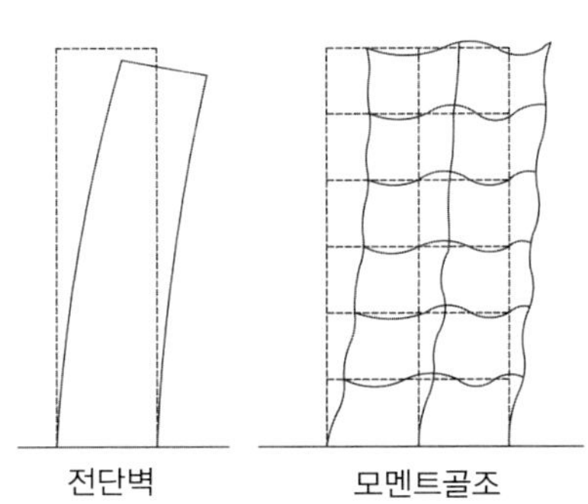

그림 5.3.26 **지진하중에 대한 변형**

중앙부의 전단벽(코어)과 그 주위의 모멘트골조에 의한 복합구조는 벽과 모멘트골조가 함께 수평하중에 저항하는 고층건물에 효과적이다. 모멘트골조의 층간변위는 지표면에서 가장 크고 상부로 갈수록 작아지지만 전단벽에서는 반대 상황이 발생한다(그림 5.3.26). 벽과 평행되게 작용하는 곳에서 골조는 벽의 관성력을 포함한 상부하중의 대부분에 저항한다. 복합구조체의 기초쪽으로 힘(하중)이 이동함에 따라 층(層) 다이어프램(바닥판)을 거쳐 벽체로 옮겨간다. 건물의 기초 근처 벽은 대부분 이 힘을 받아 저항하게 된다. 따라서 내진상 기초구조가 중요한 역할을 하므로 기초의 내민길이나 기초판 두께를 크게 해보는 것도 효과적일 수 있다(그림 2.5.1).

복합구조시스템의 또 다른 형태는 아래쪽 몇 층에 전단벽이 설치되고 이후 지붕층까지는 모멘트골조로 대체하거나 하부층 또는 지하층은 모멘트골조로 하고 상부층은 전단벽으로 하는 경우이다. 이렇게 건물의 높이방향으로 복합구조시스템이 적용되면 구조설계에서 주의할 점은 잠재적 연약층(soft story)이 생길 수 있어 내진적으로 더 위험하다는 것이다. 그러므로 구조기술자는 이론적으로 더 강하고 단단한 건물 하부에 더 약하거나 유연한 구조시스템을 적용해서는 안 된다는 개념을 명심해야 한다. 특히 최근에 국내에서는 위의 두 번째 경우, 즉 하부는 모멘트골조, 상부는 전단벽구조의 복합구조시스템이 고층 아파트나 주상복합건물에 많이 적용되고 전이보(transfer girder)가 발생하여 구조설계상 더 복잡하게 하고 내진성능을 위협하고 있다.

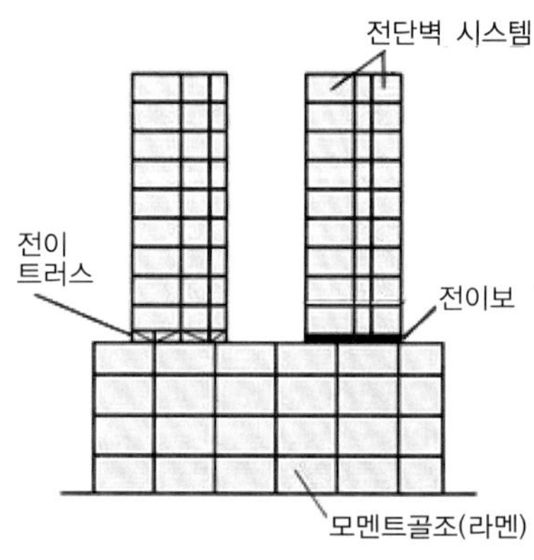

그림 5.3.27 **복합골조**

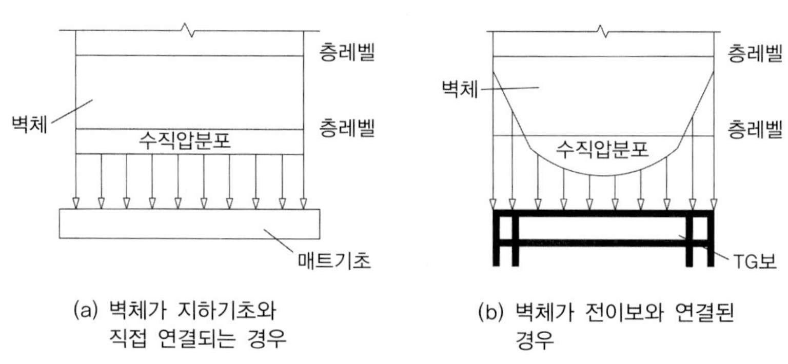

그림 5.3.28 **전이보의 응력분포**

(2) 전이보(transfer girder)

건축물에서 상하부가 서로 다른 구조형식으로 설계되어 상부구조체의 하중을 하부구조체로 고르게 전달하는 역할을 하는 보를 전이보(轉移, transfer girder)라고 한다. 보통의 경우 주상복합 건축물에서 주거(住居) 부분의 상부층은 벽식구조이고, 비주거 부분의 하부층은 기둥-보의 라멘(rahmen)구조일 때 또는 저층부에 통로와 주차공간 확보를 위한 필로티형식을 가지는 전단벽식 고층 아파트에 주로 적용된다. 이 전이 시스템은 하나의 건물에 2개 이상의 구조시스템을 가지는 복합구조형식에서 각 시스템의 경계가 되는 층에 주로 형성되는 매가(mega)구조형식을 말하는데, 그 종류에는 전이층의 구성을 춤(depth)이 큰보(girder)로서 구성하는 전이보 시스템(transfer girder system)과 전이층을 두꺼운 슬래브와 같은 판(板)으로 구성하는 전이판 시스템(transfer plate system), 그리고 전이층을 3차원 트러스로 구성하는 전이트러스 시스템(transfer truss system)이 있다.

① 상부 벽식-하부 골조구조물에 대한 전이보 시스템의 구조적 특징

이런 종류의 구조물은 전이층(transfer floor)을 기준으로 상부 전단벽 시스템과 하부골조 시스템으로 이루어진 복합구조로써 1층을 개방된 공간(필로티형식)으로 유도하거나 지하층을 기둥-보 골조로 구성하여 지하주차장으로 활용하는 국내 주상복합 건물 및 벽식 고층 아파트 구조물의 전형적인 구조시스템이라 할 수 있다. 이와 같은 전이보 시스템은 국내 여건상 많은 건물에 적용되어 설계 및 시공이 이루어지고 있으며, 주로 주상복합건물이나 오피스텔 등에 자주 적용되는 구조형식이다. 현대에는 도시집중화로 인하여 초고층건물뿐만 아니라 교통문제 등 제반 문제점을 발생시키고 있기도 하다.

전이보는 상부 벽식구조+전이층+하부 라멘조이다. 전이보는 2방향 슬래브와 같이 2방향으로 힘이 작용되므로 한쪽 방향으로만 힘을 보내야 하는 일반보(beam)에 비해 구조적 안전성은 뛰어나지만 전이보의 구조해석과 설계가 어렵다는 단점이 있고, 계산상 안전하더라도 좋은 구조계획이라고 할 수는 없다. 왜냐하면 설계 시 적용된 하중값이 실제로 작용하는 하중값보다 작아서 전이보(T.G) 설계 시 벽체, 기둥, 보를 원래의 강성을 적용하면 전이보가 과소설계되기도 하며, 그 오차가 크게 생기는 경우도 있다. 그리고 횡하중이 작용할 경우 상하부의 분기점(전이층)에서 수평(횡)강성이 급격히 변하게 되므로 응력 및 하중전달의 흐름을 명확히 판단하기 어렵고 계산도 복잡하다. 전이보는 상부하중과 하부기둥의 간격에 의해 두께가 결정되고 전단응력에 지배를 받는다. 전이보는 춤(depth)이 너무 두꺼워지면 시공성이 떨어지고 추가로 공사비도 증가하게 되므로 가급적 춤을 줄이는 것이 가장 중요한 부분이다. 또한 리모델링시 공간변형이 어렵고 공간활용이 제한될 수 있으며 전이보의 단면 크기가 매우 커져서 동바리 설치 시 별도의 계산이 필요하다.

이러한 특징적 전이보 시스템은 전이층에서의 급격한 강성변화와 횡하중에 대한 상부구조와 하부구조의 변형모드 차이에 따른 큰 변형의 발생, 상부 전단벽은 휨거동, 하부 골조는 전단변형, 그리고 지진하중에 대한 전이층에서의 급격한 질량변화 같은 구조적 측면으로 볼 때, 내진설계 측면에서는 하부 골조가 연약층(soft story)현상을 유발시켜 이 부분에 응력집중이 과도하여 기둥 상부에 소성힌지가 발생하여 연성모멘트골조가 되지 못하고, 벽체(기둥)에 먼저 균열이 발생하여 결국은 구조물 전체가 붕괴에 이르는 경우도 발생할 수 있는 매우 불리한 구조형식이다.

따라서 전이보 시스템에 대한 보강방법은 기본적으로 해당 전이보만 춤을 지나치게 크게 하면 응력집중이 전이보 단부 하단에 발생하여 내진상 바람직하지 않은 붕괴모드가 되므로 전이보의 인성이나 변형능력을 키워주기 위하여 단부의 인장근을 보강하고 기둥에 정착길이를 충분히 확보하며 기둥 역할을 하는 벽체 상단을 철판 등으로 보강하는 방안 또한 가능하면 전이보가 구성되는 하부층의 바닥 슬래브 강성을 키워주고 주변 벽체의 강도를 높이는 방법도 있다.

② 전이보(transfer girder) 시공 시 유의사항

㉠ 큰보는 그 규모가 매우 크므로 춤이 보통 2~4m(높이 기준)이므로 동바리 설치 시 별도의 계산이 필요하다.

㉡ 일반 강관 동바리로는 비틀림과 좌굴에 대해 취약하기 때문에 시스템 동바리를 사용하게 된다(시스템 동바리는 좌우 전후 결속되는 동바리를 말함).

㉢ 당일 타설이 불가능한 경우도 있고 기둥과 보의 강도가 달라 분리 타설해야 하는 경우도 발생되므로 이때 분리타설에 대한 별도의 계획을 세워야 한다.

㉣ 보폭이 80cm 이상이면 매스콘크리트에 대한 규정에 따라 콘크리트의 온도를 저하시킬 수 있는 계획을 세워야 한다.

㉤ 서중(暑中)콘크리트의 계획에 따라 콘크리트 운반거리, 외기온도, 지연제(혼화제) 등의 검토도 이루어져야 한다.

③ 전이보 계획 시 고려사항

㉠ 불가피한 경우가 아니면 전이보를 사용하지 않도록 구조계획을 한다. 계산상으로는 안전할 수 있으나 좋은 구조계획이라 할 수 없다.

㉡ 근래에는 동일한 구조방식으로 변환하는 추세이다. 즉 주거 부분도 기둥-보형식으로 바꾸는 것이 좋다. 그 이유는 벽식구조는 리모델링 시 공간변형이 어렵고 공간활용이 제한되기 때문이다.

6) 구조적 피해를 발생시키는 비구조요소

건물의 구조골조는 기둥, 보, 바닥 슬래브 등으로 구성되는데, 이들의 자중(自重)에 의한 지진력에 대해서도 저항하지 못하는 요소를 비구조요소라 한다. 예를 들면 ① 마감재, 천장재, 유리피복재, 칸막이벽(건축요소), ② E.V. 공조설비, 보일러, 소화설비, 조명설비(기계, 전기설비), ③ 책장, 책상, 냉각장치, 파이프(건물 안의 내용물) 등이다. 중요한 것은 구조설계자는 비구조요소를 설계하지 않는다. 그러나 건축설계자는 지진 발생시 비구조요소가 적절히 거동하여 구조부재에 피해를 입히지 않는지 확인할 필요가 있다.

이들 비구조요소의 지진거동을 중요시하는 이유는 먼저 이들 요소의 탈락, 붕괴는 주변 사람에 위험을 끼칠 수 있고, 건물의 경제적 가치, 내부 기업인들의 경제활동에 피해를 끼친다. 1994년 노스릿지지진에서는 건물의 3/4이 비구조요소에 의해 피해를 입었다.

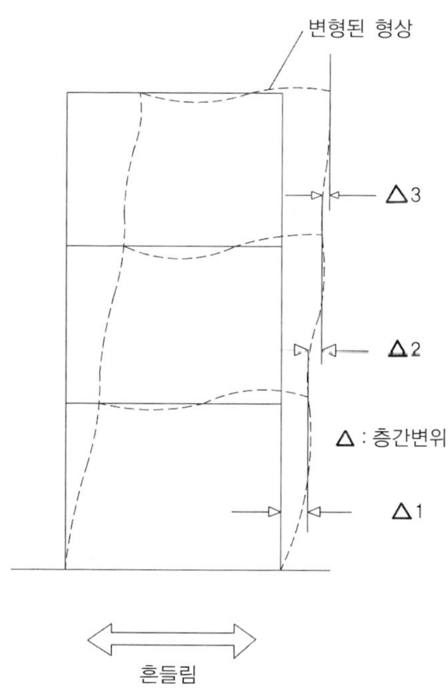

그림 5.3.29 **지진에 의한 층간변위**

비구조요소 피해의 원인은 지진에 의한 진동의 2가지 특징인 수평가속도와 층간변위를 들 수 있다. 먼저 수평가속도에 의한 피해의 경우는 건물에서는 층고가 높아질수록 가속도 증폭의 크기가 커져 비구조요소에 관성력을 유발하고, 비구조요소를 미끄러지게 하고 전복, 파손시킨다. 이에 대한 방지대책에는 비구조요소 자체가 자중에 의한 내부 관성력에 견디도록 충분한 강도를 가지고, 비구조요소를 구조요소에 물리적으로 완전히 구속시킨다.

비구조요소에 의한 피해의 두 번째 형태는 층간변위에 의한 것이다. 지진 발생시 각층은 아래층보다 더 많은 수평변위를 일으킨다(그림 5.3.29). 각층의 층간변위 또는 상대변위는 각층을 연결하는 비구조요소에 피해를 입히게 된다. 이에 대한 방지대책으로는 비구조요소를 구조요소에서 분리키는 것이다.

사람에게 위협이 되는 비구조요소에는 채움벽과 계단을 들 수 있다.

(1) 채움벽

채움벽은 기둥 사이에 시공되는 비구조벽을 말하며 마감재 역할을 한다. 일반적으로 기둥, 보, 바닥층으로 구분되며 고유의 강도, 강성을 갖고 있고 구조설계 여부와 상관 없이 하중에 저항한다. 지진시 채움벽은 건물내 다른 지진시스템이 없을 때 채움벽의 결함으로 큰 피해를 가져온다. 채움벽은 저층이고 조적벽이 기초에서 지붕까지 연속되며 큰 개구부 없고 합리적인 평면 대칭이며 평면상 직교방향으로 벽량이 충분해야 한다.

① 채움벽 추가 및 리모델링시 주의사항

㉠ 전단벽 기능 수행시 채움벽에 개구부를 설치하면 안 되며 기존 개구부도 확장하면 안 된다.

㉡ 채움벽을 추가할 경우, 비틀림을 유발하는지 검토할 필요가 있다.

채움벽은 RC건물 또는 강구조건물에서 구조적 피해를 유발할 수 있는데, 보통 속이 채워지거나 중공 조적벽돌, 무보강 회반죽 콘크리트 블록, 기둥 사이의 대형 콘크리트 벽체도 채움벽이다.

채움벽은 기둥과 보가 시공된 후에 타설되고 시공된다. 이들은 길이방향(면내)으로는 강성이 크고 취성적이지만 면외하중에 취약하다.

② **강진지역에서의 채움벽 시공시 주의사항**

㉠ 채움벽은 수평력에 대해 건물의 강성을 크게 한다. 증가된 강성은 진동의 고유주기를 감소시키고 가속도와 관성력을 증가시킨다. 따라서 지진력 크기가 증가하면 비구조요소뿐만 아니라 구조재 피해도 커진다.

㉡ 구조골조가 자유롭게 수평으로 변형되는 것을 구속한다. 이 때문에 채움벽 피해가 발생하고 주위 골조에도 피해를 입힌다. 조적조 채움벽의 평면 내부강성은 채움벽 주위의 모멘트골조 강성보다 5~10배 정도 더 크다. 채움벽이 없는 골조는 수평력을 기둥과 보의 휨변형으로 저항한다. 채움벽이 있는 골조는 조적조 채움벽이 구조거동을 지배한다 (그림 5.3.30).

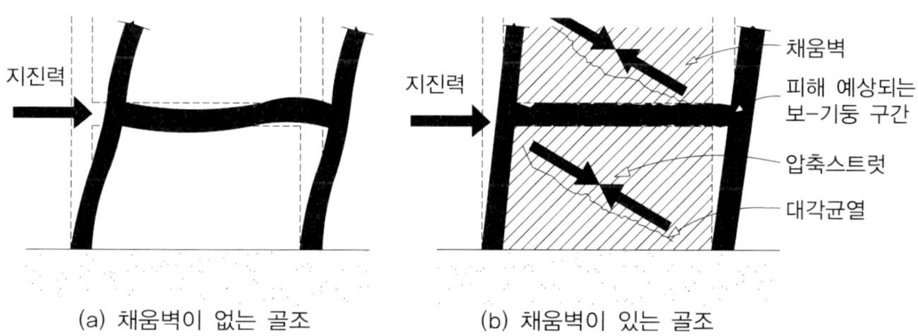

그림 5.3.30 **조적채움벽의 구조거동**

골조부재에 의해 저항되는 지진력보다 채움벽 내부에 압축 스트럿(가새)이 형성되는 동시에 대각방향 인장균열이 골조의 두 코너에 발생하는데, 이는 반대쪽 대각방향으로 생기는 인장력과 채움벽에 사용된 재료의 인장강도가 작기 때문이다. 채움벽은 평형사변형 형태로 변형되고, 지진력이 반대방향이 되면, "X"자 형태의 균열이 생긴다.

압축스트럿 강도와 하중의 세기는 주(主) 골조부재의 접합부에 집중되어 기둥-보 접합부에 전단파괴를 발생시키는데, 이러한 전단파괴는 취성적이고 부분적인 건물의 붕괴를 일으킨다. 채움벽이 있는 골조에서는 없는 골조보다 진동주기가 더 짧고 더 큰 가속도가 생긴다. 대각방향 인장균열이 생기는 이유는 반대쪽 인장력과 채움벽 재료의 인장강도가 작기 때문이다.

㉢ 채움벽의 강성이 계속된 지진으로 약화되면 연약층(soft story) 파괴가 생길 수 있다. 어떤 층의 채움벽이 파괴되거나 심하게 균열이 생긴 채움벽은 면외하중 방향에 취약해지고 구조부재에서 분리되어 붕괴된다(그림 5.3.31). 채움벽이 적절히 구속되어 있지 않으면 잠재적 위험요인이 된다.

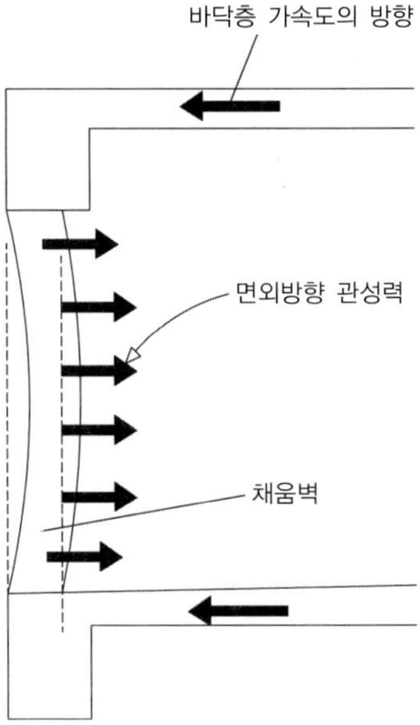

그림 5.3.31 **2개 바닥층 사이의 채움벽 역할**

㉣ 비틀림 문제를 일으킨다. 채움벽이 평면에서 대칭배치가 아니면 채움벽이 지진력에 대해 강성이 매우 크기 때문에 강심(剛心) 위치를 변경시킴으로써 큰 비틀림이 작용하여 y축에 대해 회전된다(그림 5.3.32(c)).

이런 경우에는 어느 한 층이 그 아래층의 상대적 저항중심(강심)에 대하여 회전하므로 기둥은 중력하중을 계속 지지하지 못하여 기둥이 피해를 입게 되고 결국 건물이 무너진다. 단, 이 경우에는 채움벽이 y방향으로 진동하는 경우에만 비틀림이 생긴다.

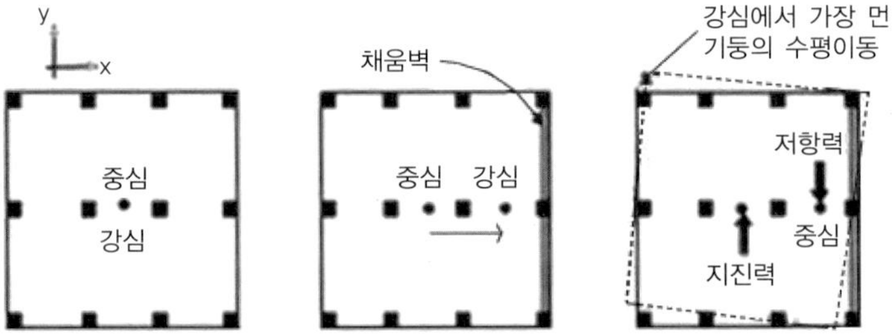

그림 5.3.32 **비대칭 채움벽은 비틀림을 유발**

③ **채움벽의 문제점 해결방안**

㉠ 채움벽을 구조부재와 일체로 되게 구속된 조적벽으로 시공한다.

㉡ 주(主)구조체의 강성을 채움벽보다 상대적으로 크게 하여 채움벽이 수평력을 부담하지 않도록 한다. RC전단벽은 지진 작용시 층간변위를

매우 작게 제어해준다. 유럽 지진기준의 채움벽은 비대칭 평면배치 시 3D모델링으로 비틀림 영향을 해석하는 경우는 허용하고 있다.
수직적 · 비정형적으로 배치된 채움벽은 약층(soft story)이 될 수 있으므로 기둥의 강도를 일반기둥보다 약 5배 가량 키운다.

㉢ 채움벽을 골조와 구조적으로 분리하는 것이다. 분리간격은 소음, 우수 침투, 방재, 미적인 면을 고려하되, 골조가 벽에 의해 구속되지 않아야 한다(그림 5.3.33).

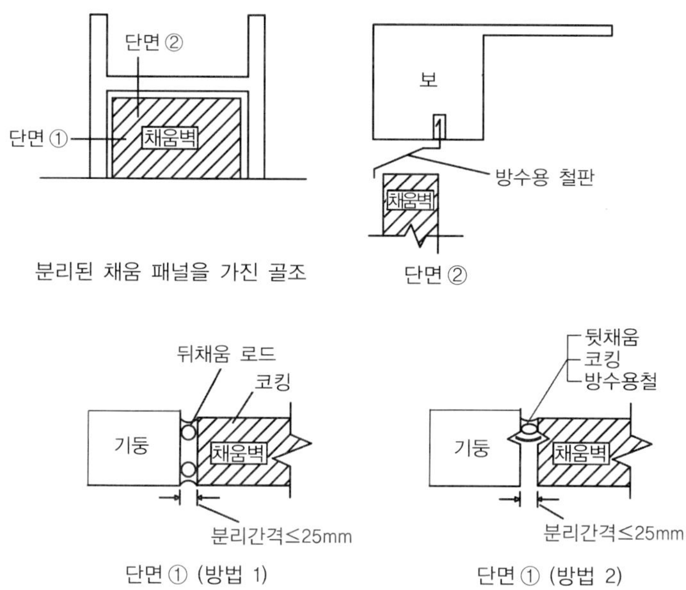

그림 5.3.33 **채움벽과 골조 사이의 분리간격(상세)**

④ 구조분리된 채움벽 특징

㉠ 채움벽과 기둥 간의 수직방향 순간격은 보통 20~80mm이고, 벽체 상부와 보(beam) 사이의 폭은 약 25mm 필요하다. 보 또는 바닥 슬래브 하부에 있는 이 간격은 슬래브의 장기처짐보다 커야 하고, 지진력을 받을 때 모멘트골조의 보가 아래쪽으로 휨변형할 수 있도록 해야 한다. 이러한 간격은 채움벽이 평면방향으로 저항을 받지 않고 슬래브가 수평좌우로 움직이게 해준다.

㉡ 채움벽이 면내방향으로 분리되어도 면외방향(약축) 하중에 취약하다. 층간변위를 구속하지 않고 약축방향 하중에 대해 안정시켜야 한다. 면외방향 하중에 대해 채움벽을 안정시키는 구조적 해법에는 채움벽의 밑면에서부터 채움벽을 캔틸레버구조로 만드는 것이다.

㉢ 다른 방법은 채움벽을 바닥층 사이의 수직스팬에서 면외하중을 지지하도록 설계하는 것이다(그림 5.3.31).

㉣ 채움벽이 무보강 조적벽 시공인 경우, 너무 약하여 바닥층과 바닥층 사이에 수직스팬에서 면외 지지력을 상실한 경우, 벽의 두께 이내의 RC조 기둥을 시공한다(그림 5.3.34).

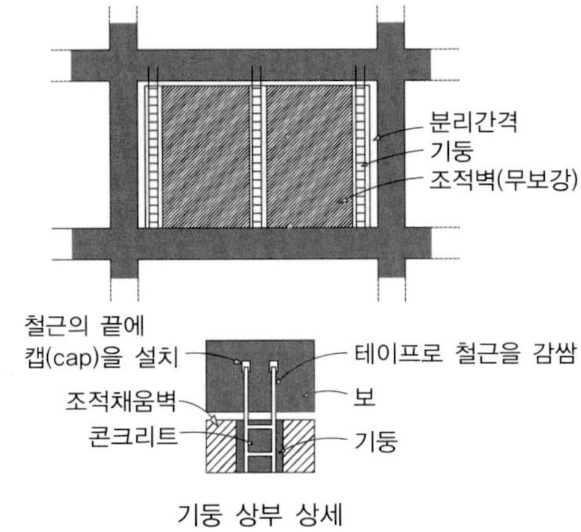

그림 5.3.34 **분리된 무보강 조적채움벽**

(2) 계단

계단은 채움벽과 같이 주구조체에 피해를 입힐 뿐 아니라 계단도 피해를 입는다. 구조체에 강하게 부착된 계단은 구조부재로 거동하며 경사진 계단은 대각가새로 기능을 한다(그림 5.3.35). 삼각형 모양의 골조로 형성되는 계단은 모멘트골조처럼 큰 강성을 갖는다. 이런 경우 계단에 큰 하중이 작용할 수도 있다.

계단평면이 비대칭이 되면 건물에 비틀림을 유발한다. 즉 계단이 평면의 코너에 배치되었을 경우(그림 5.3.32) 계단의 강성이 코너의 2개 채움벽 강성과 같다면 강성의 강심(剛心)이 오른쪽으로 이동하여 비틀림이 생긴다. 이런 경우 주 구조체의 피해를 막기 위한 방안은 다음이 있다.

① 계단과 각층 이음부에 미끄럼 이음부(sliding joint)를 설치하여 분리시킨다(그림 5.3.36). 즉 계단과 계단 하부 지지부(支持部) 사이의 접착을 제거하고 스테인리스 강판 위에 테프론, 플라스틱 시트를 깔거나 계단의 상부 접합부는 상부층에 강접시키고 하부 접합부는 힌지로 한다. 또 계단 밑에 바퀴(roller)를 설치하는 방법도 있다(그림 5.3.36,

그림 5.3.37).

② 지그재그(zigzag)형 계단 또는 층높이의 절반을 연결한 사다리형 계단을 설치하는 방법이 있다.

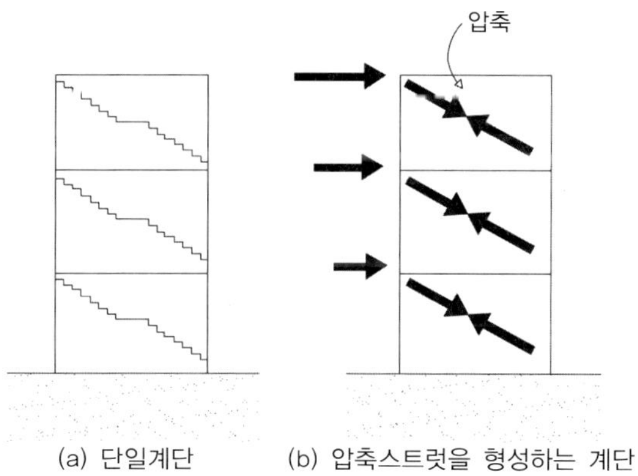

그림 5.3.35 **계단의 가새거동**

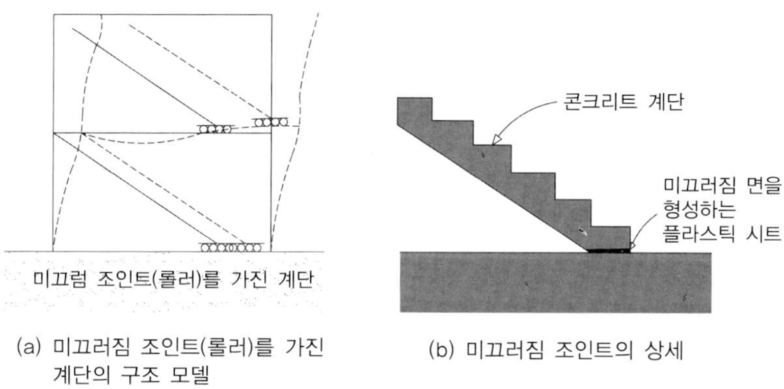

그림 5.3.36 **단일 계단 분리 구조의 모델과 상세**

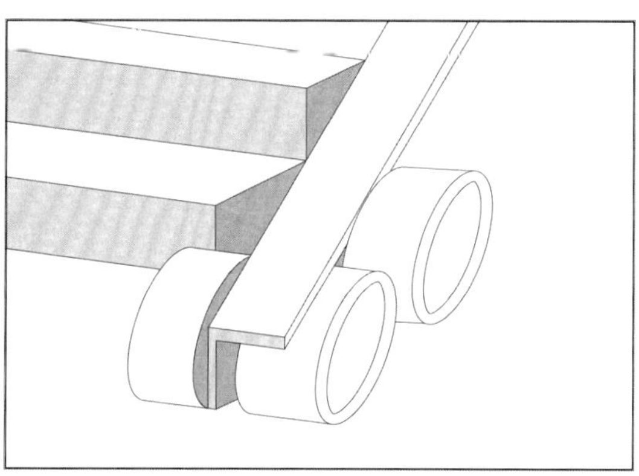

그림 5.3.37 **계단 밑면에 롤러 설치(층간변위 기준 만족)**

06 내진설계 흐름과 지진에 강한 건물

6-1 내진설계 흐름

1) 내진구조설계의 목표 및 기본이념

우리나라의 지진현상을 연구·분석한 지진발생 현황과 지진위험도에 의하면 40~120gal인 지진가속도 지역에 해당하며, 진도 5~7 이상에 적용할 수 있는 내진규정에 의한 설계를 요구하고 있다. 또한 풍하중에는 안전하더라도 지진하중은 구조물의 지진응답특성과 지반특성에 따라 구조물에 미치는 영향은 크므로 구조물에 큰 피해를 줄 수 있다. 그러므로 우리나라에서도 적절한 내진설계를 적용함으로써 예기치 못한 지진의 피해에 대한 대비책이 강구되어야 할 것이다. 내진설계의 기본 목표는 지진에 대한 인명의 안전 확보와 건물의 피해가 없도록 하는 데 있다. 따라서 건물의 용도와 중요성에 따라 구조물의 안전성을 우선으로 하고, 가상 최대지진에 대해 전혀 피해가 없도록 설계하는 경우도 있다.

2) 내진구조설계 절차

내진구조설계 해석의 경향은 정형(定型)구조물에 대해 등가정적(等價靜的) 횡력해석법이나 건물의 규모, 형태, 용모 등에 따라 구조물의 동적특성을 고려한 동적(動的)해석법을 선택적으로 사용하여 구조안전을 확인하고 있다.

내진구조설계법의 절차는 그림 6.1.1과 같다. 건물의 층수가 6층 미만이면서 지나친 비정형(非定型)구조가 아니면 특별히 내진설계법에 따르지 않더라도 종래의 구조설계법에 따라 내진구조적 요소를 적절히 고려함에 따라 구조안전성을 검토할 수도 있다.

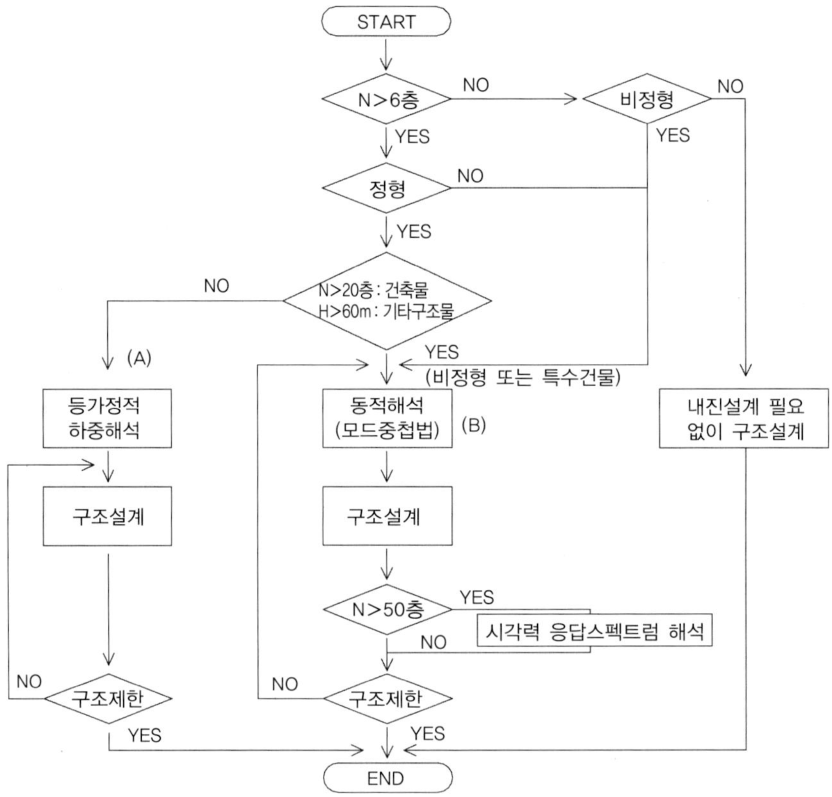

그림 6.1.1 **내진구조설계의 흐름도**

등가정적 횡력해석법의 적용한계는 세계 각국의 규준에 의하면 건물 높이 60m이고, 비정형구조이며 주기는 1.2~1.4초 이상인 경우를 대상으로 하고 있다. 이런 점을 고려해 볼 때 건축물이 정형이면서 건물이 6층~20층 이하이거나 높이가 60m 이하이면 등가정적 횡력해석법을 적용하여 구조설계를 하고, 건물층고 20층 이상 또는 높이 60m 이상이면 동적해석법으로 구조안전을 확인하는 것으로 한다.

정형구조물이란 질량, 강성, 횡력저항의 층간 전단력분포가 크게 변화하지 않으며, 횡력적용선과 강성 중심간 거리가 해석방향과 직각인 층치수의 8%를 넘지 않고, 건물의 수직방향으로 너무 급격히 변하지 않는 것을 말한다. 한편, 비정형구조물은 위의 항에 해당하지 않는 건물을 비정형이라 한다.

3) 지진력 산정-밑면 전단력(V)

지진이 일어났을 때 지진력이 건물의 밑면을 자른다는 개념으로서 구조물의 밑면에서 작용하는 총 수평전단력(V), 즉 지진력은 다음 식에 따라 산정한다.

$$V = \frac{AICS}{R} W$$

여기서, A, I, C, S, R은 밑면 전단력 계수로써 그 값은 다음과 같다.

① 지역계수(A)는 일반적으로 지진활동, 위험도, 재현기간, 광의의 지반특성 등의 영향을 고려하여 지역 최대지진가속도를 중력가속도의 비로써 표현한 것으로 우리나라는 3개의 지진가속도(0.04~0.22)지역으로 나누어 적용하고 있다

② 중요도계수(I)는 건물의 중요도(경제, 사회적 관점)에 따라 취해지는 계수로써 안전도를 일반 건물보다 크게 해야 하는 건물의 종류를 나타낸다. 용도지역과 도시계획지역 여부에 따라 0.2~1.5로 나누어 적용한다.

③ 지반종별 계수(S)는 지반의 동적특성을 고려한 것으로 가장 견고한 지반 S_c(경암지반)에서 가장 연약한 지반 S_e(연약한 토사지반)으로 나누어 적용하며, 건물을 지지하고 있는 지하기초 부분에서 주위 10m 전후의 지반이다. 따라서 세장한 말뚝지지인 경우는 말뚝선단의 지반종별이 아니고 건물 주변 직하의 지반종별이 대상이 되는 것이다.

④ 구조별 반응수정계수(R)는 건축물의 변형능력(연성(ductility), 인성)은 내진성을 확보하는 데 크게 기여하는 요소이며, 소성영역에서 큰 지진력에 대한 흡수능력을 발휘한다면 피해를 크게 감소할 수 있지만 지진동에 대해 탄성거동의 구조물로 설계한다면 비경제적이므로 R계수를 도입하여 안전한 범위에서의 소성거동이 되도록 평가하는 것이다. 이 값은 구조재료 및 구조시스템의 종류에 따라 다르며 구조물이 붕괴하지 않고 양호한 상태를 유지하게 하여 보수할 수 있는 피해까지의 여유를 확보하는 값이다. 예를 들어, RC조가 강구조보다 더 작게 설정한 이유는 동일 조건에서 그 만큼 RC조가 밑면 전단력(지진력)이

크다고 판단하여 설계에 반영한다. 같은 지진에 대해서 강구조건물이 반응수정계수(R)가 크므로 건물이 지진에 견뎌야 하는 힘이 작다.

⑤ 지진동역학계수(C)는 가속도 응답스펙트럼과 건물의 고유주기와의 관계를 이용하여 골조의 좌굴모드를 설정하는 경우에 사용한다.

⑥ 건물의 고유주기(T)는 동적해석에서 저항요소의 동적특성과 골조의 유연도 등에 따라 구해지는 값이다. 건물의 높이와 해석하고자 하는 방향의 건물 평면치수에 민감하다.

⑦ 전체 고정하중(W)은 창고 등의 용도이며 적재하중의 25%을 더한다.

4) 구조제한

(1) 수평비틀림

건물의 각 평면에서 기둥, 벽, 브레이스가 편재하게 되면 지진피해를 크게 받는데, 지진에 의한 건물의 비틀림을 극소화하기 위해 강심과 중심과의 편심을 가능한 적게 하려는 형태의 제한이다. 그러므로 각층 전단력의 편심을 지진력 작용방향과 직각인 평면 치수의 0.05 이하로 한다. 다만, 고층일수록 불확실성을 많이 내포하므로 우발편심을 5~10%로 한다. 지반진동, 강성, 강도, 자중의 오차로 인해 비틀림모멘트가 생길 수 있다.

(2) 전도(顚倒)

건축물은 수평전단력 영향으로 전도하는 경우가 있다. 어떤 층의 전도모멘트는 그 층의 내력벽이나 골조의 강성비율로 분배되는데, 여기에 저항할 수 있게 설계되어야 한다.

(3) 층간변위

건물의 비구조부재도 지진력에 대해 건전해야 한다. 그러나 구조체의 수평강성이 낮으면 중(中)지진에서도 큰 변형을 일으키고 비구조부재는 파괴, 박리하게 된다. 따라서 층간변위 h/200~h/120을 넘지 않도록 변형의 제한을 두고 있다. 이때는 급배수관 등의 설비관계 부위의 기능 유지도 검토할 수 있다.

(4) 건물분리

인접 또는 동일 건물 간의 익스팬션 조인트로 인해 지진시 건물이 서로 충돌하지 않도록 건물 상호 간의 간격을 유지해야 한다. 즉 강구조물 : h/50 정도, RC 또는 SRC구조물은 h/100로 제한한다. 다만, 인접된 양쪽 건물 변형량 합의 2배 이상 분리시켜야 한다.

(5) P-δ효과

P-δ효과는 상부층 연직하중의 편심으로 생기는데, 즉 층간변위가 δ만큼 생긴다면 연직하중에 δ를 곱한 휨모멘트가 추가로 작용한다. 층모멘트에 대한 P-δ모멘트와의 비가 0.1보다 적으면 P-δ효과는 무시할 수 있다.

5) 소규모 건축물의 내진구조지침

소규모 건축물은 자의적인 방법으로 구조설계되어 중력하중 및 지진하중에 대한 구조적 안정성 문제가 발생할 가능성이 큰 상태이고, 건축법시행령에도 구조안전 의무사항에서 제외되어 있으므로 지진하중에 대한 구조 검토 없이 관례적으로 설계·시공되어 왔다. 더구나 최근 들어 지진 발생이 빈번한데 건물 동수의 90%를 차지하는 소규모 건축물의 내진안전성이 우려된다. 여기서는 이와 관련하여 한국건축구조기술사회에서 주관하여 발행한 「소규모건축물 구조지침」에서 내진설계에 관련된 적용범위 및 구조지침(구조설계 없이 적용할 수 있는 소규모 건축물)에 대해 간략히 소개한다.

(1) 적용범위

① 일반사항

건축법 등에 따라 건축, 대수선 및 유지·관리하는 건축물 중 층수가 2층 이하이고 연면적이 500m² 미만인 소규모 건축물에 대해서만 이 지침을 적용한다. 단, 이 지침이 제한되는 경우의 구조설계는 국토교통부 고시 건축구조기준에 따른다.

② 건축물 용도에 따른 적용제한

위험물 저장 및 처리시설, 국가 또는 지방자치단체의 청사, 소방서, 방송국, 전신전화국, 병원, 공장 등 이 지침의 적용이 부적합한 건물은 제외한다.

③ 설계하중에 따른 적용제한

2층 바닥과 지하층이 있는 부분의 1층 바닥 고정하중은 주거용도 5.5kN/m²

이하, 기타 용도 4.5kN/m^2 이하이며, 지붕층 바닥의 고정하중은 6.5kN/m^2 이하인 건축물은 제외한다.

1층과 2층 바닥의 활하중이 5.0kN/m^2 이하인 건축물은 제외하며, 지붕의 활하중이 1.0kN/m^2 이하이고 적설하중이 이를 초과하지 않는 건축물도 제외한다.

④ 건축구조형상에 따른 적용제한

2층 건물의 경우 입면상 2층의 돌출 부분 치수는 1.5m 이하이어야 한다.

- 모든 기둥은 수직으로 연속되어야 하며, 기둥에 배치되는 철근과 강재도 연속되거나 긴결되어야 한다.
- 2층이 있는 경우 모든 기둥의 단면 크기는 1층의 크기가 2층의 크기보다 크거나 같아야 한다.
- 지하층이 있는 경우 지하층의 평면 크기는 지상 1층 평면과 같거나 작아야 하며, 층수는 1개 층이어야 한다.
- 모든 구조물의 벽체는 수직으로 연속되어야 하며, 벽체에 배치되는 철근도 연속되거나 긴결(緊結)되어야 한다.
- 모든 기둥, 보, 벽체, 슬래브, 계단실은 사용구조재료의 특성과 상세에 맞도록 적절한 방법으로 긴결되어야 한다.

(2) 구조지침

위에 언급한 적용범위 및 조건을 만족하는 경우는 정밀한 구조해석 없이 여기서 제시하는 설계과정을 따르면 구조안정 및 내진안전성을 확보할 수 있다.

① 콘크리트구조

- 건물 높이는 8m 이하, 한 개 층의 층고는 4m 이하이어야 한다.
- 연속한 2개의 기둥경간(스팬)은 평균 6m 이하, 최대 6.5m 이하이어야 한다.
- 슬래브를 지지하는 평행한 보 사이의 배치간격은 3.5m를 초과하지 않는다.
- 지반의 종류는 지반에서 상부 30m에 대한 평균특성이 매우 조밀한 토사지반 또는 연암지반(지반종별 S_c) 이상이어야 한다.

- 보-기둥 골조형식에 적용하며, 조적식 구조, 콘크리트와 혼합구조 및 기둥식 무량판구조에는 적용할 수 없다.
- 캔틸레버의 내민길이는 1.5m 이하이어야 하며, 기둥에서 돌출시켜야 한다.
- 보의 최소 폭은 300mm 이상, 단, 작은보를 지지하는 큰보는 350mm 이상이어야 하며, 슬래브 두께를 포함한 보의 최소깊이는 400mm 이상으로 한다.
- 기둥의 형태는 정사각형 또는 직사각형으로 하고, 기둥의 주철근은 각 면에 고르게 대칭으로 배치해야 한다.
- 콘크리트 벽체의 최소 두께는 층고의 1/25 이상, 150mm 이상이어야 하며, 벽체의 길이가 600mm 이하이고 기둥의 역할을 하는 경우는 기둥의 철근상세도를 따라야 한다.

② **강구조**

- 건물 높이는 10m 이하, 한 층의 층고는 5m 이하로 한다.
- 보와 기둥은 열간압연 H형강을 사용한다. 연속한 2개의 기둥경간(스팬)은 평균 6m 이하, 최대 8m 이하로 한다.
- 지반의 종류는 지표면 상부로부터 30m에 대한 평균 지반특성이 매우 조밀한 토사지반 또는 연암지반(지반종별 S_c) 이상이어야 한다. 이 조건을 만족 못할 경우는 기둥부재의 강종을 SM490A 또는 SHN490으로 적용한다.
- 주요 구조부재의 용접은 공장용접을 원칙으로 한다.
- 구조용 강재의 접합에 사용되는 모든 볼트는 F10T고력볼트를 사용하며 인장력을 확인할 수 있는 방법으로 체결되어야 한다.
- 용접봉의 항복강도는 용접하고자 하는 강재(모재)의 항복강도 이상이어야 한다.
- 맞댄용접은 접합되는 강판의 두께를 개선(開先)하여 완전 맞댄용접으로 하고 모살용접의 경우 용접사이즈(치수)는 용접되는 판두께 중 얇은 두께를 초과하지 않아야 한다.
- 두께 12mm 이하의 기타 플레이트는 모살용접을 해야 하며, 양면 모살용접을 원칙으로 한다.

- 강재보와 콘크리트 슬래브의 긴결에 사용되는 스터드(stud) 항복강도는 235MPa 이상이어야 하며, 스터드 간격은 300mm 이내, 직경은 16mm 이상, 콘크리트에 묻힘길이는 100mm 이상이어야 한다.
- 작은보를 지지하는 큰보의 길이(기둥경간)는 6m 이하, 작은보를 지지하지 않는 큰보는 8m 이하로 한다. 그리고 큰보의 최소 깊이는 350mm 이상, 작은보의 최소 깊이는 300mm 이상이어야 한다.
- 기둥에 H형강 사용을 원칙으로 하며, 중간이음이 없는 하나의 부재로 제작한다.
- 강재기둥과 기초를 연결하는 콘크리트 기둥 단면의 한 변 길이는 해당 강재기둥 단면보다 250mm 이상 커야 하며, 베이스 플레이트의 폭도 100mm 이상 커야 한다. 강재기둥과 기초를 연결하는 주각(柱脚)부는 고정주각으로 설계한다.

6-2 지진에 강한 건물

1) 내진설계 과제

고베지진에서는 (일본)신내진설계법(1981년 개정)으로 설계된 건물에서도 피해가 발생했다. 그 원인의 하나는 설계시점에서 다음과 같은 불확실한 요인이 있었기 때문이며, 건물의 내진안전성을 높이기 위해서는 이러한 요인에 대해 적절히 판단하고 설계법 자체를 개정해야 한다고 하고 있는 실정이다.

우리나라의 경우도 내진설계에 관한 건축구조설계기준(KBC)이 2005년에 처음 발행되어 2009년에 보완했고 곧 개정안이 발행될 것이다. 이렇게 해서 우리에게 가장 적당한 내진설계기준이 만들어져 갈 것이다. 단지 우리나라는 아직 지진국인 일본처럼 지진이 빈번하게 발생하지 않아 보유하고 있는 데이터도 적고, 지진파 관측시설, 인력도 부족하지만 계속 연구되고 보완되고 있다.

① 지진동 : 가속도의 크기뿐만 아니라 포함되어 있는 파(波)의 성질(주기 성분별로 강도의 분포상황), 시간적 변화(처음은 짧은 주기의 파가 오고, 후에 긴 주기의 파가 온다는 조합), 시간적 길이(지진이 계속되는 시간)의 변동

② 구조물 : 재료강도, 특히 일정치 않은 콘크리트강도, 철근의 위치, 본수 등이 설계도와 다르게 배치되었다든지, 강재의 치수, 용접 또는 볼트에 의한 이음매가 설계도대로 안 되어 있는 등에 의한 부재내력의 변화

③ 건물의 모델화 : 건물을 있는 그대로 엄밀하게 계산하는 것이 불가능하지만 근사적인 모델화 및 계산수법의 오차

④ 붕괴방법 : 부재 혹은 구조물의 붕괴기구(메커니즘)에 대해서도 충분히 해명되지 않았던 점

⑤ 경년(経年)변화 : 건물의 성능은 시간경과와 함께 열화(劣化)한다. 열화, 즉 내력의 저하를 센서(sensor)로 감지하여 자동적으로 경보하는 새로운 유지관리 시스템이 필요하다.

2) 지진에 강한 목조주택

주택은 어떤 원리로 지진에 저항하는 것일까?

지진력은 무게(중량)에 집중하고 있는 지붕과 바닥에 작용하고 힘은 지붕・바닥 구면(構面)에서 기둥이나 내력벽으로 흘러서 기초, 지반에 전달된다. 주택의 공법은 바뀌어도 지진이나 태풍에 의한 힘의 흐름은 바꾸지 못한다. 지진력을 전달하는 것은 기둥, 보, 내력벽 등의 부재이다.

주택구조에는 목조, 강구조, RC조가 주로 이용된다. 강구조나 RC조의 경우 기둥과 보의 접합부를 강(剛, fix)하게 일체화할 수 있으므로 기둥과 보로 지진에 저항하는 가구(架構, 라멘구조)가 가능하다.

목조(木造)의 경우 기둥 단면이 작기 때문에 보와의 접합부를 강접(剛接)으로 일체화하기 힘들므로 기둥과 보만으로 지진력에 저항하는 것은 불가능하다. 따라서 가새(brace)나 면재(面材)를 넣어 지진력에 저항한다. 재래구법은 내력벽에 가새를 이용한 공법이지만 가새 및 면재(구조용 합판, 석고보드 등)를 병용하는 경우도 있다. 내력벽의 수량(벽량)은 건축관련법의 최소값 이상으로 할 필요가 있다.

벽구조는 내력벽으로서 외벽, 내벽에 면재를 이용한 공법이다. 조립 2×4 공법과 폭 1m 정도의 패널을 공장에서 만들어 현장에서 조립하는 목조 공업화주택(prefab공법)이 있다. 이런 벽구조의 특징은 벽과 개구부 배치에 제한이 있지만 실내에는 기둥이나 보의 형틀이 돌출되지 않고 지진에 대해서도 피해가 적다는 것이다.

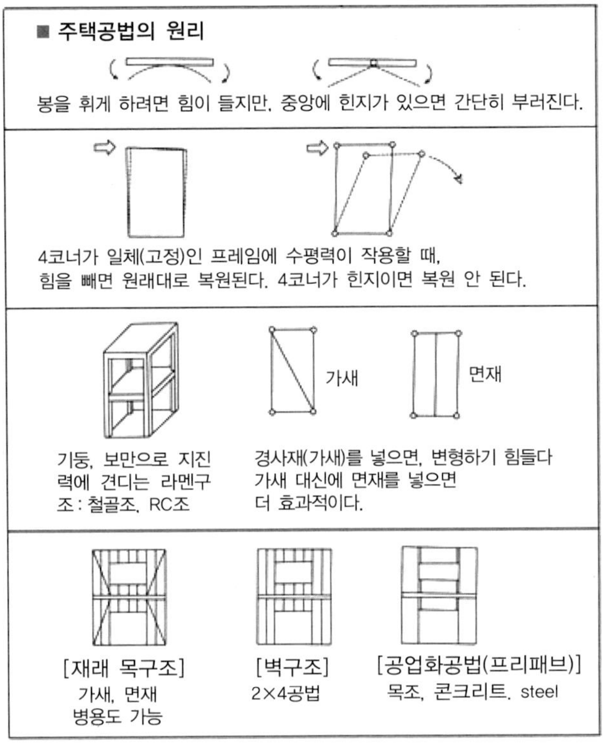

그림 6.2.1 **주택공법 원리**

(1) 재래공법과 2×4공법

재래구법은 방에서 기둥이 보이는 진벽(眞壁)구조(일본식 방)와 기둥이 보이지 않는 대벽(大壁)구조(서양식 방)로 나눌 수 있으며, 기둥, 보, 지붕을 지지하는 골조 등에 사용하는 목재는 미관과 강도로 수종(樹種)을 선택한다. 목재의 굵기나 형태는 부재에 따라 다르므로 50~60종류가 사용되고 있고, 현장에서 목수가 신중하게 선택한다. 2×4구법은 기둥의 양면을 석고보드를 붙인 대벽구조로서 기둥은 수종에 관계 없이 강도로 선택하고 목재의 형태는 몇 종류 밖에 없다. 재래공법에서는 이음부(목재의 부재와 부재의 접합부)에 전통적인 이음매(장부맞춤, 공포)로 가공하고 기둥이나 보를 조립한 후 철물로 긴결(緊結)시킨다. 2×4구법에서는 기둥이나 보에 특별한 가공은 하지 않고, 렌치(wrench, 볼트 타설용)로 벽패널, 바닥을 만든다. 렌치가 주로 쓰이며 보조적으로 철물을 사용한다.

내진공법의 차이는 재래구법은 뼈대의 기둥 사이에 필요에 따라 가새 등을 넣어 내진벽을 만든다. 바닥면은 마감재(下地材)에 불(火)을 사용하여 고정시킨다. 2×4공빕은 기둥의 양년에 붙이는 면재(面材) 모두가 내력벽이 되고 또 바닥에도 구조용 합판을 대기 때문에 각 방(室)별로 상자모양으로 된다. 건물을 횡방향으로 전도시켜도 붕괴되지 않는 것은 이러한 점 때문이다. 방(室)을 만드는 방법에도 차이가 있다. 재래구법은 기둥·보 등의 축조(軸組)를 조립하고 지붕·외벽의 마감재를 먼저 만든 후 바닥을 만든다. 반면에 2×4구법은 한 층씩 바닥과 벽을 쌓아올리고 마지막에 지붕을 만든다.

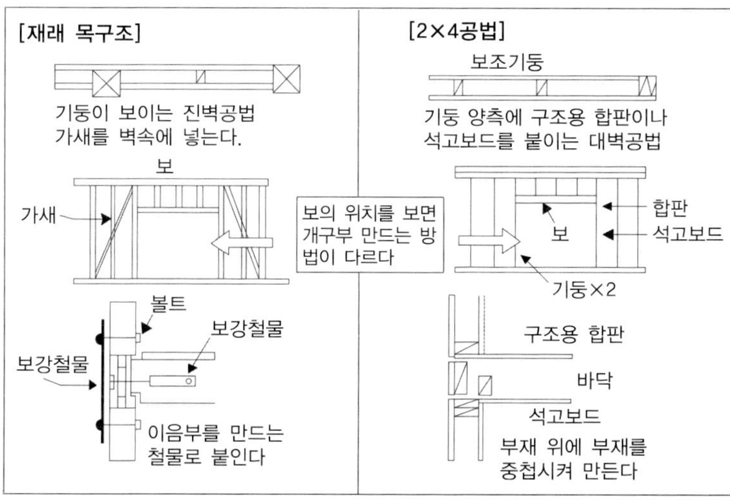

그림 6.2.2 **재래목조구법과 2×4구법의 차이**

(2) 1층 주택보다 2층 주택, 3층 주택이 지진에 약한가?

고베지진 시 전체 붕괴, 도괴한 목조주택을 조사해 보면 다음과 같은 경향을 알 수 있다.

① 축조한 지 오래된 기와지붕, 흙벽이고 가새가 없는 1층 주택, ② 2층 택으로 1층에 주차장과 같은 큰 개구부가 있는 내력벽의 균형이 나쁘고 구조계획에 문제가 있는 경우, ③ 가새나 이음부(목재간의 접합부)에 접합철물이 없는 경우, ④ 산사태 등에 의해 약간의 지반변동에도 무근콘크리트 기초가 피해를 입고 이것이 상부 건물에 영향을 미친다.

또 3층 주택에서는 ① 내력벽 부족, ② 가구(架構)를 일체화하는 접합철물을 사용하지 않는다. ③ 가새와 기둥, 기둥과 토대(기초)의 연결이 없어서 가새가 유효하게 작용하지 못했다. ④ 내력벽 배치가 균형적이지 않았다. ⑤ 1, 2층이 증축된 경우 증축 시 내력벽 배치가 적절하지 못해 내력이 부족하거나 균형적이지 못했다. ⑥ 개축 시 내력벽을 제거한 건물, ⑦ 흰개미나 목재를 부패시키는 균(菌)에 의해 접합부 및 부재의 내력이 부족한 것이 원인이었다.

지진피해를 보면 시공 불량에 의한 것도 많고 준공 시 검사를 제대로 받지않은 경우도 있었기 때문이라 생각된다. 결국 목조주택의 내진성은 건축관련법에 규정되어 있어서 벽량을 규정대로 배치하고 적절한 설계와 시공관리가 되면 층수에 관계 없이 지진에 안전한 건물을 만들 수 있다. 다만 3층 주택은 단층이나 2층 주택보다 큰 하중을 받으므로 양호한 지반 위에 세우는 것이 좋다.

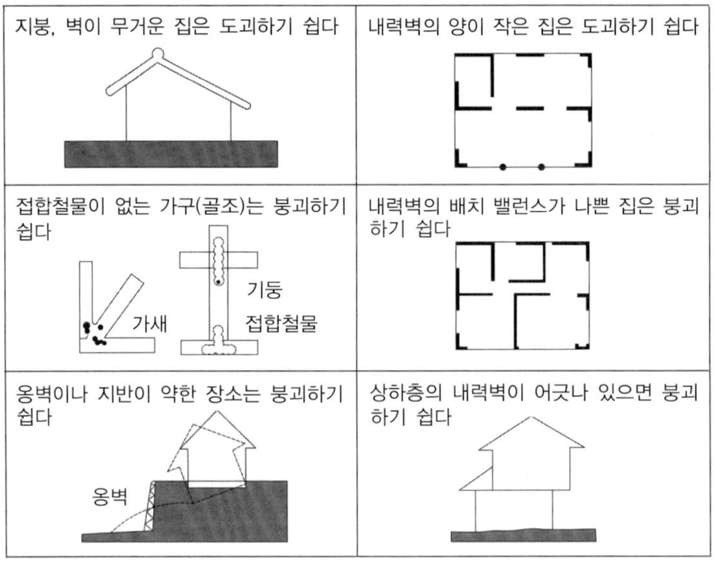

그림 6.2.3 **단층주택 지진피해 요인**

(3) 목조주택의 내진성

목조주택의 내진성은 가새나 면재(구조용 합판, 석고보드 등)를 건축 관련법의 규정 '벽량(벽 배율(倍率)×내력벽 길이 합계÷바닥면적)' 이상을 배치함으로써 얻어질 수 있다.

'벽량'의 규정은 일본의 경우 1948년 일본 후쿠이(福井)지진에서 피해 정도가 내력벽의 수량에 관련된 것을 처음 알게 된 후, 건축설계에 적용하고 있으며, 중량지붕(기와지붕), 경량지붕(금속판, 슬레이트판)과 층수에 따라 규정하고 있다. 고베지진에서도 주택의 피해상황과 벽량이 크게 관계하고 있는 것을 알게 되었다. 따라서 1990년 내력벽의 균형에 대한 검토와 접합부 시방서에 대한 규정이 추가되었다. 일본의 건축법에서는 진도 6~7 정도의 지진동에 대해 도괴하지 않고, 진도 5에서는 손상입지 않도록 규정되어 있다. 고베지진에서는 장소에 따라 이를 상회하는 지진동이 왔지만 거의 피해가 없었던 주택도 많이 보였다. 이는 내력벽 이외에 칸막이벽이 내진성능에 기여한 것으로 추정하고 있다. 보통의 경우 건물 중량의 0.2배 정도를 지진력으로 생각하므로 목조주택의 경우는 그 지진력의 1/3을 내력벽 이외의 칸막이벽이 부담하도록 생각하고 벽량을 규정하고 있다. 바닥면적이 작을수록 피해가 큰 경향이므로 최근에는 수납공간이 가구(家具)화되고 벽이 줄어드는 경향이므로 주택을 지을 경우 특히 주의가 필요하다.

(4) 2층 주택의 내력벽 배치

2층이 1층보다 0.9~1.0m 정도 셋백된 경우 내력벽선이 어긋나기 때문에 2층 보에 큰 힘이 작용하므로 상하층의 내력벽을 같은 단면상 같은 위치에 두는 것이 중요하다. 2층이 한쪽으로 치우친 경우 지진력은 1층 주변에 바로 전달되므로 1층 내력벽 배치와 벽량에 10~20%의 여유를 둔다. 건물에 입체효과를 내기 위해서는 2개의 벽이 만나는 코너에 L자형 내력벽을 배치 전달하기 위해 바닥면을 강하게 하고, 돌출된 바닥면과 1층의 내력벽선을 긴결시킬 필요가 있다. 지붕면은 구배가 있고 직접 내력벽에 접하지 않기

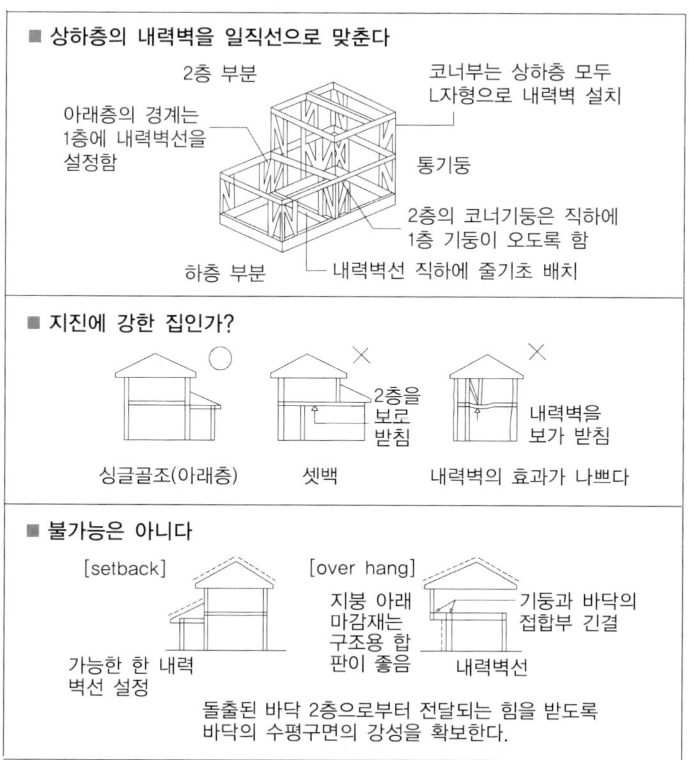

그림 6.2.4 **지진에 강한 가구(골조) 만들기**

하는 것이다. 2층이 1층 외벽보다 돌출된 경우는 지붕으로부터의 하중을 때문에 지붕틀을 통해 벽체와 접합한다. 복잡한 지붕형상의 경우 지붕면이 변형되지 않도록 강성을 높이기 위해 지붕면 마감재에는 구조용 합판을 사용한다(그림 6.2.4).

(5) 바닥면의 일체성을 높인다.

내력벽의 양과 배치방법이 목조주택의 내진성능에 큰 영향을 미치는 것을 앞에서 설명했지만, 내력벽이 그 성능을 발휘하기 위해서는 바닥면의 큰 강성이 중요하다.

지진력은 바닥면을 통해 내력벽이나 기둥에 전달된다. 바닥면에 큰 결함(개구부)이 있거나 바닥면의 강성이 부족하면 잘 배치된 내력벽에 힘이 전달되지 않고 설계 시 성능이 나오지 않아서 벽량을 전제로 한 설계가 성립되지 않는다.

바닥면의 사양은 내력벽선의 간격과 바닥의 길이로 정해진다. 따라서 내력벽선의 간격이 크면 그 사이에 있는 바닥면에는 보다 큰 강성의 바닥재료가 필요해진다. 계단 등과 같은 큰 개구부가 바닥면에 있으면 그 만큼의 강성을 나머지 바닥면이 보충해야 한다. 이러한 큰 결함(缺陷)부를 바닥면에 설치할 경우는 평면을 크게 2등분하거나 코너부에서는 피하고 어쩔 수 없는 경우는 큰 결함부를 내력벽선으로 둘러싸고, 벽량을 10~30% 증가시키는 것

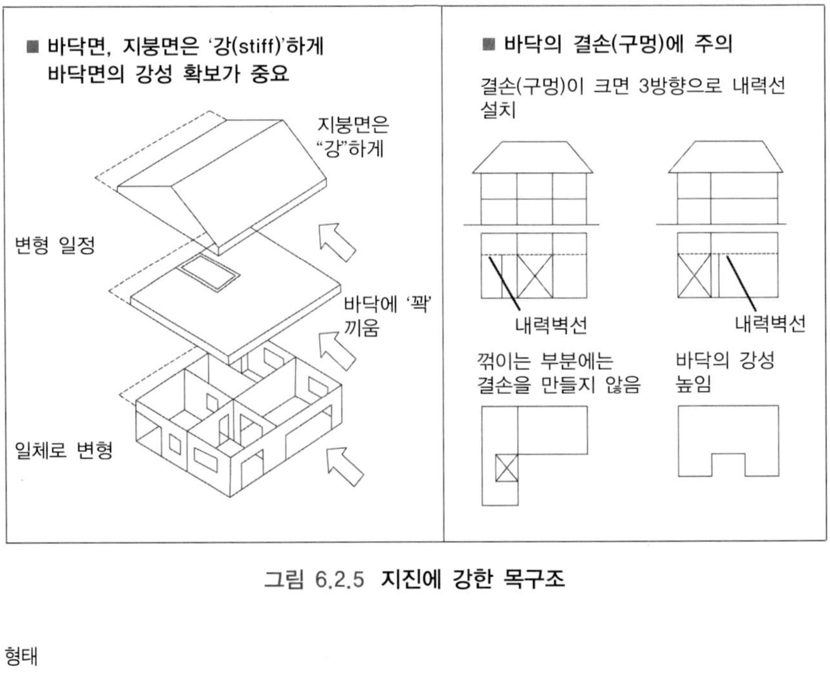

그림 6.2.5 지진에 강한 목구조

이다. 바닥면의 강도는 지붕을 받치는 부재(지붕맞이 부재)와 보의 이음부가 큰 영향을 미친다. 보 위에 이 부재를 두고 못으로 고정시킨다. 또 구조용 합판을 사용하면 보통의 판재(板材)를 사용한 경우보다 3~5배의 강성(剛性)을 얻을 수 있다(그림 6.2.5).

3) 지진에 강한 중·고층 공동주택(아파트)

(1) 중·고층 공동주택(맨션)의 기초

'기초'는 큰 중량의 건물을 지탱하고 지진이나 바람 같은 수평방향의 힘을 받아서 건물이 기울거나 움직이지 않도록 지반에 확실히 전달하는 역할을 한다. 기초의 종류에는 직접기초(독립기초, 줄기초, 온통기초 등)와 말뚝기초(지지말뚝과 마찰말뚝, 기성말뚝과 현장타설 말뚝)가 있으며, 이런 기초형식 선정은 건물의 중량과 지반의 상황에 크게 좌우되는데, 고층 아파트와 같은 무거운 중량의 건물을 지지하는 경우는 온통기초(mat)나 지지말뚝(현장타설 말뚝)을 채용하는 사례가 많다.

기초와 관련된 지반피해는 직접기초의 경우 지반의 지지력 부족이나 지반침하, 액상화를 동반하는 건물의 침하·기울어짐(경사)이 생기고, 말뚝기초의 경우에도 지반의 지지력 부족이나 말뚝 파손 등에 의한 건물 침하, 부분침하에 의한 건물의 기울어짐 혹은 전도가 있다. 어느 쪽이 내진성이 우수한 기초구조인지는 일반적으로 분산해서 힘을 전달할 수 있는 직접기초의 경우가 다소 유리하다. 다만, 기초구조는 지반조건에서 정해지므로 말뚝기초도 말뚝머리에 강관을 감아서 보강하는 등 설계상 적절한 대응을 하면 내진안전성에 우수한 성능을 확보할 수가 있다.

(2) 중·고층 공동주택의 내진구조

지진에 강한 중·고층 공동주택의 내진구조란 어떤 것일까?

건물에는 구조부재와 그 이외의 부재(칸막이벽, 천장, 바닥틀 등 2차부재)가 있다. 구조부재에는 기둥, 보(큰보(girder), 작은보(beam)), 바닥 등이 있지만 그 중에서 지진에 저항하는 것은 기둥, 큰보, 내진벽이다. 이러한 부재로 구성된 구조골조에는 지진 시 건물에 가해지는 큰 수평력을 '강도'로 저항하는 '강도저항형(예, 벽식구조나 내진벽이 있는 라멘구조)'과 점성(변형능력)으로 저항하는 '인성(靭性)저항형(기둥과 큰보로 된 라멘구조, 벽체·가새가 적게 들어 간 건물)'이 있다. 기둥, 큰보 등의 구조부재는 전단보강근의 배치

간격(피치)이 세밀하면 큰 변형에 점성이 강한 구조가 된다. 그 우수한 점성 강도를 이용하여 스스로 변형하면서 큰 힘에 저항하여 에너지를 흡수하는 구조이다. 최근 적용이 늘어나고 있는 제진(制震)건물은 이러한 점성을 더 적극적으로 이용하고, 내진벽 대신에 에너지흡수가 더 큰 제진부재를 포함하고 있다.

(3) 건물의 형상

시가지에 건립된 중·고층 아파트는 다양한 형상을 하고 있다. 평면형에는 장방형, L형, ㄷ형, ㅁ형 등, 입면형은 장방형, 필로티, 셋백 등이 있다. 이러한 형상의 대부분은 의장디자인뿐만 아니라 부지의 형상, 건물의 기능(동선), 법규(사선제한, 일조제한, 용도제한) 등의 제약을 만족하고 얻어진 것이다.

지진에 강한 건물형상이란 한마디로 하면 '균형이 좋은 것이다'. 즉 평면 및 입면 형상이 안정감이 있다. 대칭형에 가까운 형상의 건물이다. 그러면 왜 L형, ㄷ형이나 셋백이나 필로티는 문제가 있는 것일까? 예를 들면, 하부를 고정시킨 L형이나 ㄷ형의 박스(box)를 화살표 방향으로 밀면 비교적 쉽게 비틀어진다. 한편, 장방형이나 ㅁ형 박스를 밀어도 변형은 적다. 또 필로

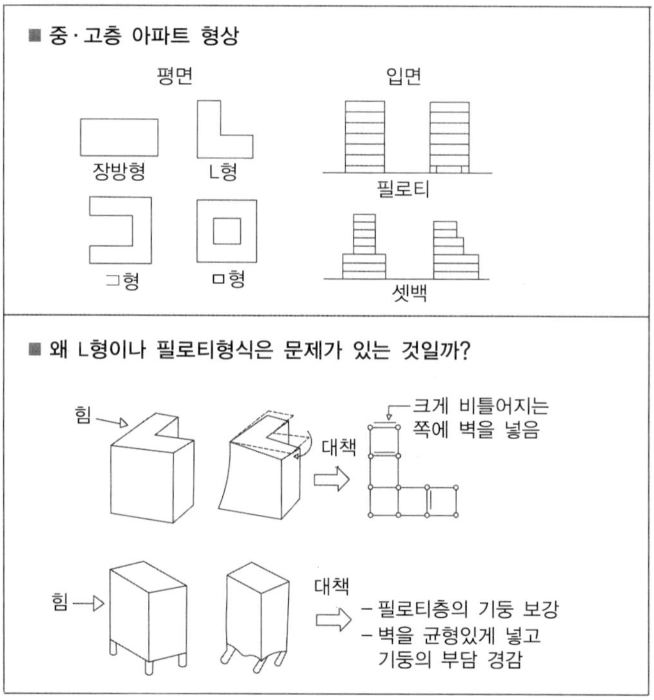

그림 6.2.6 **지진에 강한 중·고층 아파트 형상**

티형식의 건물을 옆으로 밀면 필로티 층(層)의 변형이 커져 결국은 무너지게 된다. 이는 입면적인 균형이 나쁜 예이다.

그렇다면 이미 세워진 다소 복잡한 형상의 중·고층 아파트는 지진에 약하다고 할 수 있는가? 구조적 약점을 적절히 보강하여 괜찮은 경우가 고베 지진에서 많았다. 예를 들어 평면적인 불균형이 있어도 벽이나 기둥 배치에 신중해서 비틀림이 적게 하든지, 필로티층의 큰 변형을 위층의 무거운 중량에 저항하도록 전단보강근을 넣어 강한 기둥으로 하는 등 설계단계에서의 대책에 따라 충분한 내진성능을 얻을 수 있다.

(4) 중·고층 공동주택의 구조형식

중층 아파트(공동주택), 고층 아파트 구분은 어떻게 하는 것일까? 엄밀히 정의는 없지만 대략 중층은 6~10층(높이 20~30m), 고층은 10~20층(30~60m), 그 이상 높은 것은 최근 도심지에 급격히 증가하고 있는 초고층 아파트이다. 이러한 중·고층 아파트는 어떤 구조로 되어 있는가? 일반적으로 건물을 구성하는 기둥-보와 같은 주요구조에는 철근콘크리트구조(RC), 강구조(S), 철골철근콘크리트구조(SRC), 충전 강관콘크리트구조(CFT)가 있다. RC조는 압축에 강한 콘크리트 속에 인장에 강한 철근을 넣어 복합화한 것으로 변형되기 어려운 성질을 갖고 있다. S조는 철판을 H형이나 O형, ㅁ형으로 가공해서 적은 강재량(鋼材量)으로 강도와 강성을 확보한 것이므로 인장 및 압축에 강하고 변형능력도 뛰어난 구조이다. SRC조는 RC와 강재를 조합한 것으로 양쪽의 장점, 약점을 보완한 구조로 건물이 고층이 되면 RC조에서는 기둥이나 보의 단면이 너무 크게 되어 SRC로 하는 사례가 많다. CFT구조는 기둥부재에 사용하고 O형이나 ㅁ형의 폐쇄형으로 가공한 강구조단면에 콘크리트를 주입하고, 강구조의 구속효과로 콘크리트의 압축강도를 높이므로 초고층건물에 채용된다.

아파트는 사람이 하루종일 거주하기 때문에 건물 주변이나 건물 내부(특히 위층)에서 발생하는 여러 가지 잡음이나 진동 등 일상생활에 크게 관련되어 있는 성능에 대한 대응이 필요하다. 이런 점들을 고려하여 중·고층 아파트는 차음성과 강성이 큰 RC조나 SRC조로 하는 경우가 많다.

중·고층 아파트를 지진에 강하게 하기 위한 구조형식에는 어떤 것이 좋을까? 주요 구조형식은 라멘구조, 벽식구조, 내진벽이 있는 라멘구조, 튜브구조 등이 있다. 구조형식 중에도 가장 간단한 것이 '라멘구조'이다. 바닥을 지지하는 기둥과 기둥끼리 연결하는 보로 구성되고, 큰 개구부를 확보할 수 있다. 친근한 예로는 식당에서 사용하는 의자나 책상이 라멘구조이다. '벽식(壁式)구조'는 벽이나 바닥을 상자모양으로 조합시킨 포장박스와 같은 구조로 실내에는 기둥이나 보의 형태는 돌출되지 않지만 큰 개구부를 만들기는 어렵다. '내진벽이 있는 라멘구조'는 라멘구조의 일부에 벽을 조립해 넣은 구조로 벽을 적절한 곳에 배치하여 기둥이나 보의 단면치수를 작게 할 수 있다. '튜브구조'는 라멘구조와 같이 기둥과 보로 구성되지만, 건물 외주(外周)면에 단면치수가 작은 기둥과 보를 가늘게 하여 새장처럼 짠 구조이다. 이러한 구조형식은 건물 높이에 의해 적절할 때와 부적절할 때가 있으며 내진안전성이나 경제성을 고려하여 선정한다.

중·고층 아파트의 경우 높이, 평면형상, 평면계획, 1세대당 넓이 등에 의해 적절한 구조형식이 다르다. 국내의 경우는 '판상형(版床形)'이라 불리는 벽식구조가 가장 많이 채용되고, 최근에는 '탑상(塔狀, tower)형'으로 4~6호

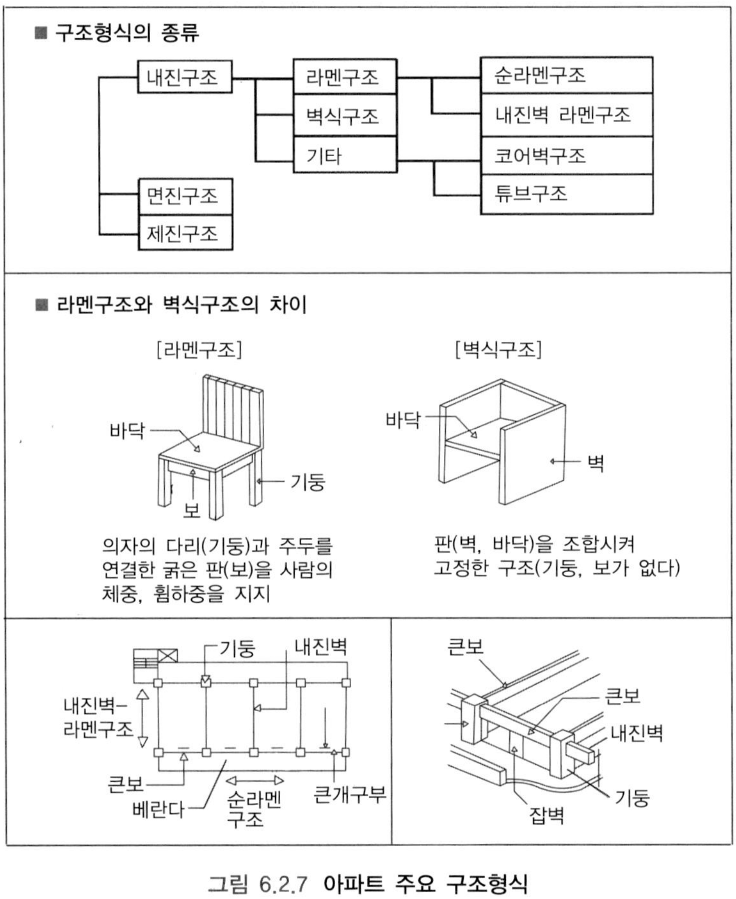

그림 6.2.7 **아파트 주요 구조형식**

세대의 형태로 하다 보니 건물 평면에 꺾인 부분이 발생하여 구조적으로 다소 불리한 구조형식이 많이 보급되고 있다. 그러나 내진설계면에서 보수적인 일본의 경우는 '판상형'을 채용하되 큰 개구부를 필요로 하는 발코니면은 라멘구조, 인접세대와의 경계벽이 필요한 직교면은 내진벽이 있는 라멘구조로 되어 있다.

지진에 의한 건물의 흔들림(振動)은 구체적으로 어떤 현상으로 나타나는 것일까? 큰 지진이 발생하면 진동은 지반→기초→건물(아래→위)로 전해진다. 그 때 건물에는 변형이 생기고 건물 속에 있는 사람이나 가구는 마치 자동차가 급(急) 발진하는 것처럼 느껴지는데, 큰 충격을 수평방향이나 상하방향으로 받는다. 이 충격의 크기를 가속도라 하며, 방안의 가구가 이동한다든지 전도하는 현상으로 나타난다. 중·고층 아파트는 일반적으로 위층일수록 이 가속도의 크기가 커지는 경향이 있다.

한편 건물의 변형에는 지반면에서의 어긋남을 표현하는 '전체수평변형'과 어떤 층의 바닥과 직상(直上)층의 바닥과의 어긋남을 나타내는 '층간변형'이 있다. 전체변형은 당연히 위층일수록 크지만 층간변형은 꼭 그렇지는 않고 오히려 중간층이 더 큰 경우도 있다. 건물피해면에서 보면, 이 층간변형이 클수록 문이 열리지 않게 되고 구조체에 균열이 발생하는 등 피해가 생길 가능성이 있다.

즉 건물의 진동은 층수, 구조형식, 지진의 종류에 따라 달라진다. 건물의 고유주기 T(sec)와 높이 H(m)의 관계는 개략적으로 T=0.02H(RC조)이다. 예를 들면, 14층에서는 약 0.9초, 7층에서는 0.4초가 된다. 지진파에는 0.7초보다 길면 건물에 가해지는 힘이 감소하기 때문에 같은 7층을 비교해도 진동의 크기는 7층 건물의 경우가 커진다.

(5) 지진시 구조체 이외의 2차 부재에 미치는 영향

건물에 배치되는 벽에는 내진벽, 칸막이벽, 비, 열, 음 등 외부환경으로부터의 차단 등 여러 가지 역할과 기능을 하는 종류가 있다. 그 중에 내진벽은 건물의 내진성능을 확보하는 중요한 역할을 한다. 지진시의 수평력에 대해 내진벽 1개로 기둥 2~3개 분의 성능을 갖고 있다. 이 '내진벽'과 구별하기 위해 그 이외의 벽을 '잡벽'이라 한다. 내진벽이란, 기둥과 큰보로 둘러싸인 벽, 벽두께는 15~20cm 이상을 말하며, 잡벽은 기둥, 큰보로 둘러싸이지 않은 벽, 둘러싸여도 개구부가 큰 벽을 말한다. 일반적으로 내진벽은 세대간

경계벽처럼 기둥과 보로 둘러싸인 곳에 배치한다. 이 내진벽이 지진으로 큰 손상을 받는 경우에는 건물의 내진성이 저하할 가능성이 있으므로 여진(餘震) 등에 대해 충분한 준비가 필요하다.

잡벽은 지진에 의한 건물의 변형에 저항하며 뒤틀어진다. 그 결과 기둥, 보의 변형을 구속하고, 전단파괴의 원인이 되거나 잡벽에 균열이 생긴다. 이런 경우, 잡벽의 3변에 구조슬릿을 넣어 기둥·보의 손상이나 잡벽의 균열을 방지할 수 있다.

잡벽이나 칸막이벽 등 구조체 이외의 벽에 균열이나 손상이 생긴 경우는 건물의 내진안전성은 큰 문제가 없지만 외부에 면한 벽일 경우는 빗물이 스며든다든지 차음성능이나 단열성능이 크게 저하하여 거주성이 떨어져 불편하게 되어 지장이 생긴다. 또한 이러한 벽에 조립된 문이나 새시(sash)도 개폐장애 및 유리파손에 의한 피난안전상 문제가 생길 가능성이 있다.

이처럼 똑같아 보이는 벽도 그 종류, 기능에 따라 지진 후의 내진안전성이나 손상개소의 보수방법 등 대응방법이 달라진다. 또한 이러한 불편함을 사전에 방지하기 위한 연구가 여러 가지 개발, 실용화되고 있다. 최근의 예로서는 기둥이나 보의 손상을 방지하는 구조 슬릿(slit), 큰 변형을 받아도 문(door)의 개폐에 지장이 없는 내진문(door), 귀중한 미술품이나 고가의 골동품 등을 지진으로부터 지키기 위한 면진테이블 등이 있다.

(6) 중고(中古) 공동주택의 내진성능

지금까지 설명한 것을 포함하여 오래된 공동주택(中古아파트)을 구입할 때 내진성능을 확인하는 중요한 점을 정리하면 다음과 같다.

① 건물의 건설 시기는 1988년 이후의 건물이 좋다. 국내는 1988년부터 6층 이상 아파트에 내진설계 의무화가 도입되었고, 그후 해마다 그 기준이 강화되고 있다.

② 건물의 형상, 평면, 지반(대지)은 균형잡힌 형상이 좋다. 한마디로 '좋은 지반', '대칭성이 좋은 평면형', '아래층에 필로티, 위층에 셋백이 안 된 균형잡힌 입면형' 등이지만, 이러한 조건에서 벗어나도 잘 대응된 설계로 하는 것이 중요하다. 도면이나 계산서에서 확인할 수 있으면 좋지만 그렇지 못할 경우는 전문가의 의견을 듣는 것이 좋다.

③ 건물 외관, 발코니 등의 열화는 녹슬거나 균열이 안 생기지만 건물의 주요 구조부재는 RC나 강구조 등 내구성이 뛰어난 재료를 사용해도

오랫동안 사용하면 조금씩 열화가 진행된다. 그 증상은 균열의 발생, 철근의 녹쓰는 현상으로 나타난다.

④ 지반, 형상 등 주어진 설계조건에 대응한 설계, 설계도면에 기초한 시공이 잘 되어야 하므로 신뢰할 수 있는 업자(설계, 시공)가 한 것인지 확인이 중요하다.

(7) 제진댐퍼를 사용하는 중·고층 공동주택

중·고층 공동주택의 제진구조는 어떤 구조이며, 어느 정도의 효과가 있는 것일까?

제진공동주택도 외견상의 내진구조와 거의 다르지 않다. 앞에서 설명했듯이 중·고층 아파트는 일반적으로 RC구조로 하는 경우가 많으므로 댐퍼라는 에너지 흡수에 뛰어난 제진부재를 샛기둥(間柱)이나 브레이스 형상으로 각 층에 분산시켜 균형있게 배치한다.

댐퍼를 크게 나누면 이력형(履歷形, time history)과 점성형(粘性形)이 있다. 그 중 이력형은 가공이 용이하고 코스트(cost)도 낮아서 특히 건물의 층간 변위를 제어하는 데 효과가 있다. 한편, 점성형 댐퍼는 코스트는 약간 높지만 변형뿐만 아니라 가속도 저감에도 효과가 있다. 댐퍼가 설치된 건물은 일반 건물과 마찬가지로 윗층일수록 흔들림이 크지만, 각층에 거의 일정하게 변형과 가속도가 저감되어 흔들림(sway)을 60~80% 정도 경감시킨다. 층간 변형도 재래식보다 적어지므로 구조부재나 2차 부재 등의 균열 발생도 줄여 준다.

제진구조는 중·대규모의 지진이나 바람에도 효과가 있는 것일까?

비교적 작은 변형에도 에너지를 흡수하는 점성형 댐퍼는 중·소지진이나 바람에도 효과가 있어서 댐퍼의 숫자에 따라 다르지만 응답(response)이 10~39% 정도 저감한다. 댐퍼의 유지관리는 그 종류에 따라 다르지만, 대부분 유지관리가 필요 없다. 또한 대지진 시에도 교체할 필요가 없고, 화재를 당하지 않으면 60년 이상의 내구성이 좋은 것도 있다.

제진댐퍼의 종류에는 댐퍼의 재료에 따라 분류하면 강재댐퍼, 마찰댐퍼, 납(鉛)댐퍼 등의 이력형 댐퍼와 오일댐퍼, 점성체 댐퍼, 점탄성체 댐퍼 등의 점성형 댐퍼로 나눈다.

국내의 경우 최근 들어, 높이가 60m를 초과하는 벽식구조 공동주택의 경우, 지반의 종별과 지진의 지역계수에 따라 달라지지만, 시공이 어려운 특수전단벽 대신에 제진댐퍼, 특히 강재 인방형 댐퍼를 주로 사용하고 있다. 그러나 아직 제진댐퍼의 적절한 설치 위치나 개수를 선정하기 위한 비선형 해석(time history)의 번거로움을 극복하지 못하는 경우가 많고, 전문업체도 그 수가 적은 편이어서 건축구조 심의과정에서 시간이 많이 걸리고 댐퍼의 효능을 검증하기 어려운 실정에 있다.

4) 지진에 강한 고층건물

(1) 초고층건물이 지진에 잘 저항하는 이유

경제 발전과 건설관련 기술 발달로 최근에는 50층이 넘는 초고층건물이 국내·외적으로 수없이 건축되고 있다. 많은 사람들을 수용하는 거대 초고층빌딩은 대지진에도 과연 안전한 것인가? 초고층빌딩은 왜 대지진에도 태연하게 저항하는가? 그 이유를 생각해 보자.

일반적으로 같은 형태, 크기의 건물일지라도 보다 큰 중량의 건물일수록 큰 지진력이 작용한다. 그러나 건물에 작용하는 지진력은 같은 중량이라도 건물 높이가 높은 것이 지진력은 작게 입력된다. 이는 지진에 의한 지면(地面)의 지진동(地震動) 성질에 의한 것으로, 10층 이하의 일반건물보다도 수십 층 높이의 고층, 초고층건물이 건물 중량당(當) 지진력이 훨씬 작기 때문이다. 즉 중·저층건물에서 진폭은 작지만 빠른 속도로 흔들리므로 큰 지진력이 작용하지만 초고층건물에서는 진폭이 크지만 천천히 조용히 흔들려서 지진력이 작게 건물에 입력되기 때문이다. 이러한 지진동의 성질은 고무(rubber) 같은 부드러운 재료를 기초 부분에 넣어서 건물의 주기(週期)를 길게 하면 지진력이 줄어드는 면진(免震)구조에도 이용되고 있다.

초고층건물은 목조탑(일본의 5중탑(重塔))과 유사한 점이 있다. 목조탑은 화재로 소실된 것이 많지만 대지진에 붕괴된 기록은 거의 없다. 목조탑은 주기 1~2초 정도 이상의 초고층빌딩과 비슷한 길이이고, 건물에 작용하는 지진력은 작다. 또 목조탑은 각층의 골조가 지진 시에는 서로 어긋남으로서 진동을 감쇠(減衰)시키는 작용을 한다. 이러한 성질은 초고층건물에서도 바람직한 것으로 최근의 초고층건물에서는 의도적으로 감쇠성능을 높이기 위한 제진댐퍼(damper)를 설치하는 것이 증가하고 있다.

(2) 초고층빌딩의 내진골조

초고층빌딩의 구조골조에는 큰 자중(빌딩 구조체+빌딩 내용물)이 연직방향으로 작용함과 동시에 지진이나 바람에 의한 수평력도 작용하고, 이것이 건물을 전도(顚倒)시키는 큰 힘이 되기도 한다.

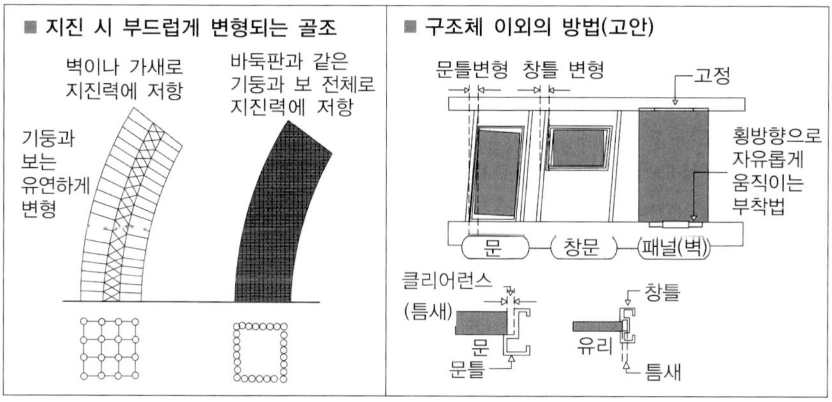

그림 6.2.8 **초고층건물의 골조**

초고층건물의 구조부재(기둥, 보 등)에는 큰 힘에 저항하도록 고강도재료가 사용되고 변형(變形) 능력도 커서 큰 힘에 견딜 수 있다. 보통은 기둥-보로 된 프레임구조와 수평방형의 저항력을 높이기 위한 가새(brace)나 벽을 조합시킨 구조로 되어 있는 경우가 많다. 초고층건물은 지진이나 강풍 등의 힘에 대해서는 골조 전체로 부드럽게 변형되면서 저항할 수 있도록 설계되어 있다.

구조체 중에서 건물의 중량을 지지하는 기둥은 안전상 가장 중요한 것이고, 지진이나 바람에 손상되면 건물의 붕괴에 연결되므로 보통은 기둥은 충분한 여유를 갖고 설계한다. 또 보나 벽은 대지진 시 에너지를 흡수함으로써 내진안전성을 높이는 역할을 담당하는 경우가 많다. 또 지진에너지를 효과적으로 흡수하기 위한 장치 '댐퍼'를 별도로 설치하는 경우도 늘고 있다. 이처럼 초고층건물의 구조체는 대지진시나 강풍시에 변형하여 저항할 수 있도록 되어 있지만, 구조골조 이외의 마감재, 벽에는 구조골조가 변형되어도 힘이 전달되지 않도록 접합부(연결 고정부)에 클리어런스(간격, 틈새)를 설치하는 경우가 많다. 또 문(door)의 기능을 유지하도록 구조체의 변형을 창틀 부분에서 흡수하는 기능의 내진(耐震)문(door)이라 하는 것도 이용되고 있다.

(3) 지진력과 풍압력은 어느 쪽이 초고층건물에 더 영향을 미치는가?

초고층건물은 건물의 규모와 중량이 크므로 지진 시에는 큰 지진하중이 작용한다. 또 중·저층건물에 비교하면 상공에서 보다 빠른 풍속의 바람의 영향을 받기 쉬워 풍하중도 크다. 그러면 풍하중과 지진하중은 어떤 관계에 있는 것일까?

지진하중은 지면이 흔들린 결과로 건물에 작용한다. '관성력(=건물 중량×지진에 의한 가속도)'은 시시각각 변화하는 '동적하중'이다. 즉 건물을 좌우로 천천히 조금씩 흔들리게 하는 힘이다. 구조물을 설계할 때에는 편의상 동적인 힘을 정적인 힘으로 치환하기도 한다. 이를 정적 지진력(혹은 간단히 지진력)이라 한다. 지진하중은 지반의 성질에 의해 달라지고 지반의 진동이 건물의 진동에 가까운 주기(周期)로 되는 경우에는 건물에 작용하는 힘이 커지게 된다. 일반적으로 연약지반이 경질지반보다 큰 지진하중이 되지만, 초고층건물처럼 주기가 긴 구조물에 작용하는 지진력을 결정할 때는 엄밀히는 표층(表層) 수십 m의 지반뿐만 아니고 깊이 수 km까지의 깊은 지반구조의 성질을 파악하는 것이 필요하다.

풍하중은 직접 풍하중으로서 건물에 작용하는 동적하중이다. 건물 주변에는 바람에 의해 공기의 와류가 생기고 바람부는 방향뿐만 아니라 바람부는 직각방향이나 비틀어진 방향으로 작용하는 하중도 발생한다. 풍하중은 건물 형상이나 주변의 건물에도 영향을 받는 경우도 있고 건물에 따라 일정하지도 않다. 건물의 단위면적당 지진하중은 통상 건물 높이와 함께 작아지지만 풍하중은 반대로 커진다. 내진설계 및 내풍설계에서 상정하는 하중으로 비교해보면 건물 높이가 200m 정도(약 50층)를 넘으면 풍하중이 지진하중보다 크게 되는 경향이다.

(4) 수평방향 진동과 상하방향 진동

지진에 의한 진동은 수평방향뿐 아니라 상하방향으로도 온다. 상하방향의 진동은 일반적으로 수평방향보다 작지만 초고층건물 내부의 상하방향 진동 크기는 어느 정도가 되는가?

지진시의 수평방향 가속도는 중·저층빌딩과 다르고 그다지 증폭하지 않지만 상하방향 가속도는 위층으로 갈수록 커지는 경향이다. 이는 초고층건물이 구조물 전체로서 신축(伸縮)하는 진동주기가 지진동의 상하방향 주기에 비교적 가까워지기 때문이다. 또 사무소건물에서 기둥과 기둥의 간격(스팬)이 긴 경우에는 바닥, 보의 스팬중앙일수록 단부보다도 진폭이 커진다. 이는 바닥이나 보가 기둥 부분을 지점으로 하여 상하로 진동하기 때문이다. 보통은 이 상하방향 진동의 영향을 고려해서 설계한다.

그런데 진원이 극히 가까운 경우를 제외하면 일반적으로 상하방향의 지진동이 수평동보다 건물 부지에 빨리 도착한다. 또 지면이 진동하고 나서

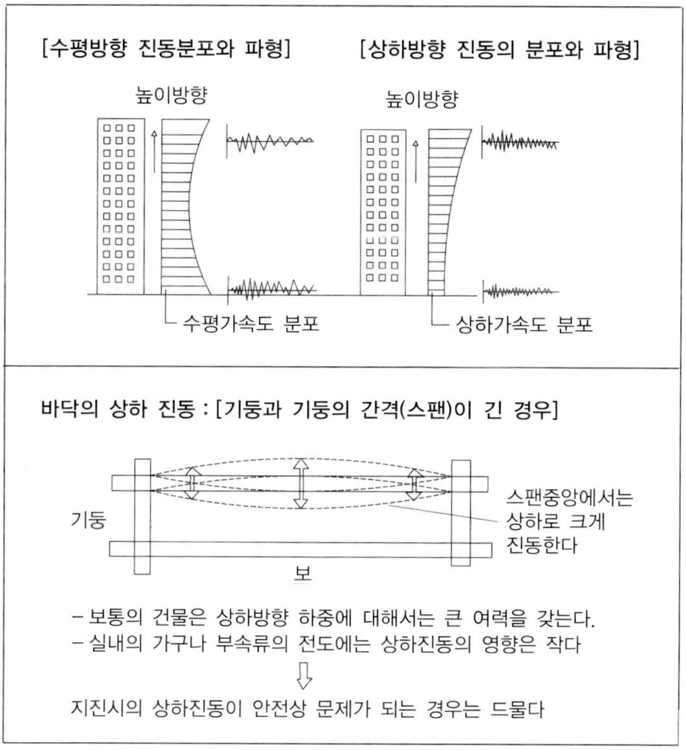

그림 6.2.9 **수평방향과 상하방향의 진동**

건물의 상부구조가 진동하기까지의 시간은 상하동(上下動)이 수평동(水平動)보다 짧다. 이는 상하동의 지진파가 수평동보다도 건물 내부에 빠르게 전달되기 때문이다. 따라서 우선 상하방향으로 흔들리고 나서 수평방향으로 크게 흔들리는 것이 보통이지만, 고베지진의 직하형 지진, 특히 진원이 가까운 경우는 수평방향과 상하방향의 지진이 거의 동시에 오는 경우도 있다. 이런 경우는 피해가 더 크다.

(5) 초고층빌딩의 평면계획과 골조형식

초고층빌딩은 평면형태나 건축계획이 구조체 방식과 밀접한 관계가 있다. 특히 엘리베이터나 계단, 설비배관용 공간 등을 모아둔 코어(core) 배치는 중요한 포인트이다. 고층건물을 코어(core)부의 배치 패턴에 따라 분류하면 크게 센터 코어방식과 양단 코어방식으로 나눈다. 센터 코어방식은 초기 초고층빌딩에서 자주 사용해온 방식으로 코어부에 가새를 넣어 지진력에 저항하도록 하는 경우가 많다. 코어부 이외는 기둥과 보로 구성되는 라멘구조 혹은 건물 외부 프레임 전체로 저항하는 튜브구조를 채용한다. 지진력에 저항하는 부분이 코어부분 등의 일부에 집중하면 1층 건물의 다리부분(脚部)에 압축력이나 인장력이 작용하므로 실현할 수 있는 건물 높이에 한계가 있다. 이런 경우는 건물의 꼭대기(頂部)나 중간층에 커다란 트러스(truss)보를 설치함으로써 이러한 힘을 완화시킬 수 있다. 건물 높이가 더 높아지면 튜브구조, 메가구조(mega structure)를 채택한다.

기둥, 보, 가새 등을 같은 평면 내에 조합시킨 내진용 골조는 지진력에 저항하는 방향으로 배치하는 것만이 효과를 발휘하지만 튜브구조는 지진력의 작용방향과 직각방향으로 배치된 골조도 지진력에 저항하도록 입체적인

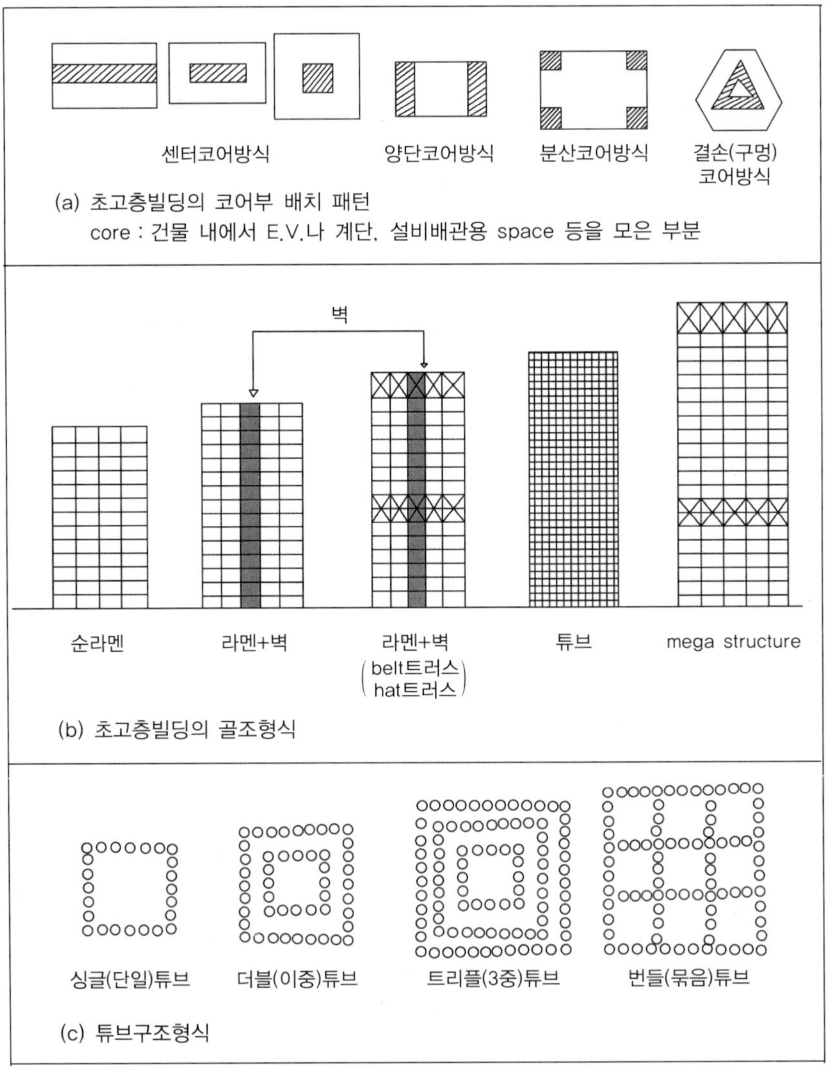

그림 6.2.10 **초고층건물의 평면형과 골조형식**

효과를 이용하는 것이므로 합리적이다. 튜브구조에는 단일튜브(single tube), 이중튜브(double tube), 삼중튜브(triple tube), 번들튜브(bundle tube) 등 여러 가지가 있지만 건물 높이 및 형상과 건축계획에 맞춰 선택해야 한다.

(6) 초고층빌딩의 내진설계

초고층빌딩의 안전은 어떻게 확인하는가? 초고층빌딩의 구조체는 골조를 구성하는 각 기둥, 보 등에 작용하는 힘을 컴퓨터로 계산하고 이에 대해 안전하도록 각 부재의 크기와 강도를 정한다. 각 부재에 작용하는 힘은 건물 전체의 골조모델 각층의 바닥 위치에 지진력을 작용시켜 계산한다. 이렇게 결정된 구조체가 지진 시 실제로 어떻게 거동하는가?는 건물의 진동모델을 작성하여 기초 부분에 지진력을 입력시키고 시뮬레이션(지진응답해석)을 통하여 확인한다.

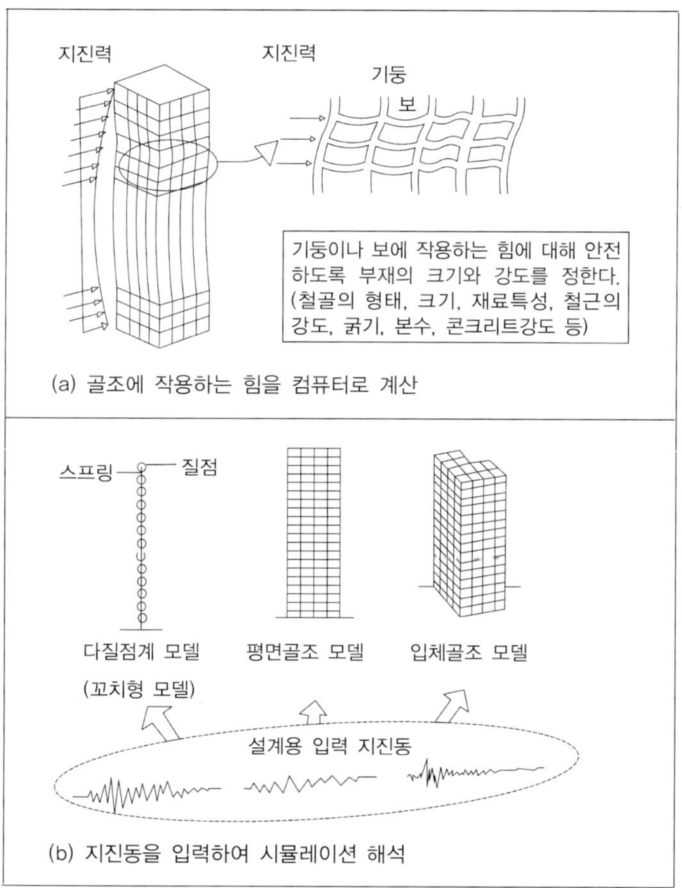

그림 6.2.11 **초고층건물의 안전성 확인**

설계 시 검토용으로 건물에 입력하는 지진동을 설계용 입력지진동이라 하며, 이는 부지 주변에서 발생 가능성이 높은 지진동을 과거에 발생한 지진이나 활단층 등의 정보를 참고하여 구하든지, 부지지반에 고유한 진동특성을 고려한 지진동을 작성하여 앞으로 발생할 지진동의 크기를 확률적으로 평가한다든지 해서 건물에 입력하는 지진동의 성질이나 크기를 설정한다.

건물 시뮬레이션 해석용 진동모델로는 건물의 각층을 각각 1개의 질점과 스프링으로 모델화하여 층수만큼 상하로 중첩시킨 모델(속칭, 꼬치 모델)을 이용하는 경우가 많지만 복잡한 모델의 경우 보다 상세한 해석이 필요한 경우는 각 부재단면을 결정하는 데 이용된다. 각의 기둥 · 보 등으로 구성되는 골조모델에 직접 지진동을 입력하는 경우도 있다.

(7) 초고층빌딩의 제진 ; 감쇠를 높인 제진 초고층빌딩

초고층빌딩은 힘의 흐름이 부드럽고 합리적인 구조로 되어 있다. 건물을 구성하고 있는 많은 구조부재 각각에 작용하는 힘을 컴퓨터로 계산하므로 이러한 지진의 거동이 명확히 되도록 구조부재 이외의 것도 구조부재에 부착하는 연구가 되고 있다. 예를 들면, 외벽의 커튼월은 골조에 부착되는 부분을 지진 시에는 미끄러지게 한다. 혹은 회전시키도록 하는 경우가 대부분이다. 이러한 경우 일반의 초고층빌딩은 지진 시 감쇠성이 작은 경우가 많다.

초고층빌딩에서는 큰 지진이 발생했을 때 진원에서의 거리가 떨어져 있어도 의외로 크고 오랜 시간동안 흔들리는 경우가 있다. 일본 북해도에서 발생한 큰 지진으로 동경의 일반빌딩은 진동을 못 느꼈는데, 초고층빌딩 내에서 진동을 느끼는 경우가 있다. 이는 지진동의 장주기 성분이 거리가 떨어져 있어도 그다지 작아지지 않기 때문이지만 초고층빌딩 자체의 감쇠가 작기 때문보다도 건물 내에서 크게 진동이 증폭하는 것에도 이유가 있다.

초고층빌딩에 진동에너지를 흡수하기 위해 댐퍼를 설치하면 진동은 작아진다. 이를 제진구조라 한다. 단, 중량이 큰 건물이므로 대지진 시 큰 진동을 억제하는 경우에는 그에 상응하는 큰 댐퍼가 많이 필요하다.

초고층빌딩에 이용되는 댐퍼에는 점성체(粘性體, 물마시는 수음(水飮)대 모양)나 점탄성체(비틀림이 있는 고무처럼 생긴 것)를 이용한 것과 강재를 이용한 것이 대표적이다. 또 대형 오일댐퍼가 이용된 경우도 있다. 이러한 댐퍼는 벽체나 브레이스 부분에 설치되고, 건물이 지진력을 받았을 때 상대적으로 변형이 생겨서 에너지 흡수가 이루어진다.

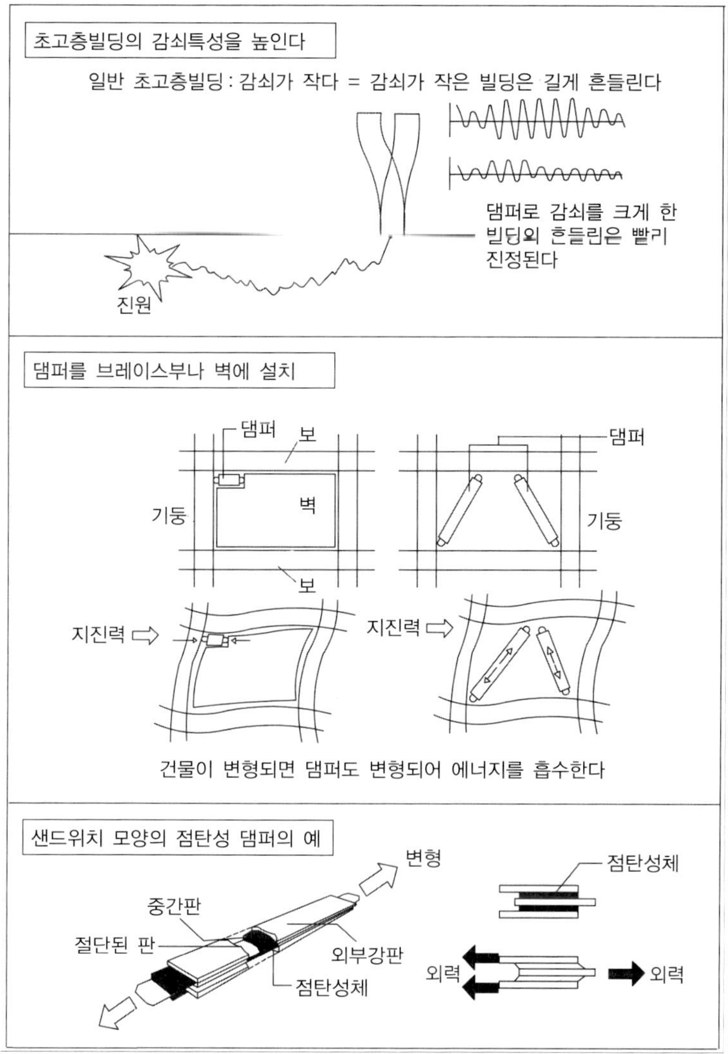

그림 6.2.12 **초고층빌딩의 제진구조**

(8) 초고층빌딩의 면진

초고층빌딩은 고유주기가 길어 버드나무에 바람이 불듯이 지진력을 받아 흘려보내는 구조이지만, 이 원리를 이용한 면진구조를 초고층빌딩에 채용하는 것은 가능한 것일까?

면진장치를 건물 하부에 설치한 초고층빌딩의 경우 수평방향으로 지진이 작용하면 건물 부분이 변형됨과 동시에 면진층(免震層)도 변형된다. 즉 건물부와 면진층이 합쳐져 변형량이 커지게 되고, 전체적으로 보다 더 빨리 변형된다. 이는 건물이 흔들리는 주기가 길게 되었음을 의미한다. 주기 3초의 초고층건물 기초부에 면진장치(isolator)를 넣어 주기 5초 이상으로 하면 지진력은 주기에 거의 반비례하므로 평균 3/5(=0.6배) 정도로 저감하게 된다. 주기 1초 정도의 보통 건물(10~15층 건물)을 면진화하여 주기 4초로 하면 지진력은 평균 1/4(=0.25배)로 되는 것과 비교하면 초고층빌딩의 면진화에 의한 효과는 보통건물보다 작아짐을 알 수 있다.

초고층빌딩의 면진장치(isolator)는 큰 건물 중량을 지지하고 수평방향으로 변형할 필요가 있다. 얇은 고무와 철판을 교대로 붙인 적층(積層)고무를 면진장치로 사용하는 경우에는 장치의 높이(춤)에 비례하여 직경이 큰 안정된 형상의 것이 사용된다. 또한 수평방향으로 변형되기 쉽기 때문에 마찰계수가 작은 미끄럼판을 병용하는 경우도 있다. 단, 초고층빌딩을 면진화하면 건물과 면진장치를 합친 전체로서는 매우 부드러워지므로 바람(風)에 대해서는 흔들리기 쉽다. 면진장치나 건물이 진동할 때의 시뮬레이션 등 충분한 사전검토가 필요하다.

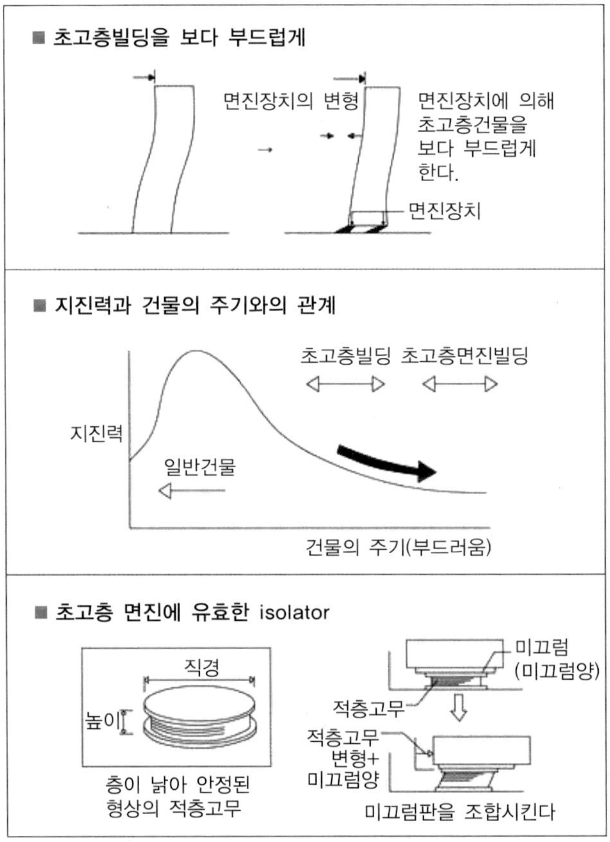

그림 6.2.13 **초고층빌딩의 면진구조**

07 내진보강설계와 개수공법

7-1 내진보강과 리모델링

최근 리모델링 시장이나 내진보수·보강에 대한 사회적 관심, 건축시장의 침체 및 다양화, 정부의 전향적인 관련 정책 등의 환경적인 이유에서 건설관련 업체들의 적극적인 관심을 나타내고 있는 실정이다. 주로 대형 건설업체 중심으로 국내 리모델링 시장이 주도되고 있는 현실에서 다양한 용어가 혼재되어 사용되고 있으므로 일반 소비자들의 혼란을 야기하고 있고 현재 주로 사용되고 있는 주요 용어와 개념을 정리할 필요가 있다.

- 리모델링(remodeling) ; 건축물 유지·관리단계에서 발생하는 다양한 활동과 시장을 나타내는 포괄적 용어로 미국에서 주로 사용되고, 일본에서는 리폼(reform), 유럽에서는 리노베이션(renovation)으로 사용된다.
- 보수(repair) ; 고장 또는 마모된 기능을 준공 시점의 수준까지 회복시키는 행위
- 보강(reinforcement) : 준공 당시의 강도회복을 목표로 하는 건축행위
- 개수(improvement) ; 준공 시점을 상회하는 수준까지 기능 및 성능을 높이거나 새로 부가하는 건축행위
- 개량(modernization) ; 건축물 및 그 부품, 시스템의 성능 또는 기능을 현재 요구되는 수준까지 개선 또는 변경하는 행위
- 유지관리(maintenance) ; 건물의 기능저하 속도를 늦추는 건축행위
- 내진구조(earthquake resistant structure) ; 기둥, 보, 내력요소 등의 구조

부재 자신의 내력(耐力)으로 건물의 안정성을 확보하는 설계

- 제진구조(seismic-response controlled structure) ; 건물의 진동을 제어하는 제진장치(damper)에 의해 지진에너지를 흡수하고 주골조를 탄성범위 내에 머물도록 하는 시스템으로서 어느 층의 강성을 부드럽게 만들어 거기에 지진력을 집중시키고 에너지도 흡수하는 메커니즘
- 면진설계(construction of base isolation) ; 면진장치(damper, isolator)에 의해 지면의 진동이 건물에 전달되기 어렵게 하는 메커니즘
- 내진보강(reinforcement for earthquake force) ; 기존 건축물의 내진성능 평가 결과 필요한 성능을 발휘하지 못할 경우 내진성능의 목표치까지 향상시키기 위한 보강설계 및 공사
- 내진보수·개수(earthquake resistant repair-improvement) ; 기존 건축물의 내진성능을 준공 시점까지 높이거나 준공 시점을 상회하는 수준까지 성능을 높이거나 부가하는 보수·개수설계 및 공사

국내에서는 보수·보강에 관한 명확한 용어정의 없이 사용되는 경우가 많으며 주로 리모델링, 내진설계로 광의의 의미로 사용되고 있으며 관련시장의 활성화를 위해 용어를 포함한 학문적 접근과 그 적용범위에 대한 산·학·연의 공동연구가 필요한 부분이다.

1) 리모델링 목적과 적용범위

건축물은 준공되어 시간이 어느 정도 경과하면 유지관리를 아무리 잘 하더라도 건축물의 내구성과 안정성이 저하하게 된다. 실제 건축물은 보수 관리를 통해 건물의 성능 회복과 저하(低下) 과정을 반복하면서 전체적으로 수명이 서서히 저하한다. 이렇게 저하된 건축물의 내구성과 기능성을 향상시켜 그 수명을 연장시키는 것이 리모델링의 목적이라 할 수 있다.

리모델링은 오래된 건물을 다시 사용할 수 있게 고치는 것이지만 현실적인 의미에서는 리모델링의 적용범위가 거주품질의 요구 향상, 건축물의 노후화에 따른 각종 설비류 마모 및 부식, 에너지 절감 요구, 유행의 변화 등의 원인에 의해 실시되기도 하므로 그 적용범위는 매우 광범위하다. 리모델링의 범위는 여러 유형에 따라 다양하게 분류된다. 즉 건축법에 따라 개·보수, 대수선, 증·개축으로 나눌 수 있고, 요구성능(要求性能)에 따라서는 유지, 보수, 개수, 목적에 따라서는 구조적 리모델링과 미관적 리모델링으로,

그리고 목적에 따라서는 환경적 리모델링, 에너지 성능 리모델링으로 나눌 수 있다.

리모델링의 진행절차는 기획 및 검토(현재상태의 조사, 리모델링을 통한 목표로 하는 기능 수준 설정, 리모델링 마스터플랜 마련), 구조물의 조사 및 평가(현장조사, 평가), 설계(구조, 디자인, 시공), 철거 및 보강공사(철거 및 보강계획, 시공), 유지관리 등의 진행과정으로 구성된다.

그림 7.1.1은 리모델링의 주기를 분석한 것이다. 건물의 전 생애동안 평균 주기를 15년으로 볼 때 4~5회의 리모델링 수요가 발생한다. 이는 물론 건축물의 사후관리에 얼마나 많은 노력과 보수비가 투입되었는가에 따라 건축물의 수명도 비례적으로 변한다. 보통의 경우 1차 리모델링은 준공 후 7년 이내의 시기로 훼손되거나 고장난 곳을 준공 시점의 수준으로 기능을 회복하기 위한 수준의 수선과 보수를 하는 시기이다. 2차 리모델링은 준공 후 15년 정도를 말하며, 건물의 주요 기능과 직접 관련이 되는 것의 교환, 개수, 개량, 표면교체 등의 행위를 하는 시기를 말한다.

예를 들면, 엘리베이터 교체, 건물입면 교체, 정보시스템 교체 등을 포함한다. 그리고 3차 리모델링(갱신)은 준공 후, 20년 이후의 시기를 말한다. 이 시기는 환경변화에 적응하기 위하여 적극적으로 건물 및 외부공간의 주요 기능과 성능 등을 전면적으로 개선하거나 증축하는 행위를 하는 시기를 말한다. 설비배관의 전면교체, 정보시스템 신설, 지하주차장 등 부대시설 증축, 세대별 발코니 증축 등을 들 수 있다.

3차의 리모델링공사가 끝나면 건물의 성능은 오히려 준공 시점보다 상승될 수도 있으며, 이후 일정한 시간이 지나면 리모델링 후의 성능이 다시

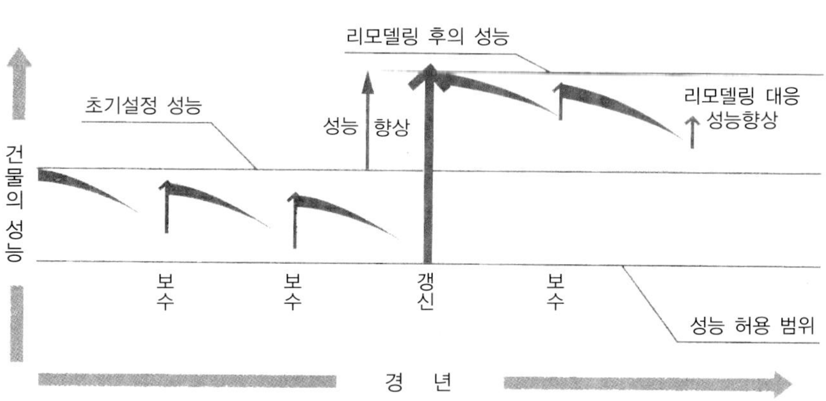

그림 7.1.1 **리모델링과 건물성능**

저하하므로 이때 다시 보수를 통해 성능을 향상시키고 건물의 수명을 연장할 수 있으나 그 시점에서 주위의 환경변화에 충분히 적응을 못하면 그 건물의 생애는 끝나는 것이다.

2) 구조물의 조사 · 진단

구조물의 조사 및 진단과정은 리모델링 대상 건축물에 대하여 주요 구조부재의 성능평가를 통하여 최소의 비용으로 최대의 효과를 얻을 수 있는 공사 범위와 내용을 판단하기 위하여 필요하다.

구조 리모델링의 경우 건축물 조사는 설계도서가 있는 경우 건축물의 개요 및 실측조사, 설계도서와 현황과의 비교, 균열조사, 신축이음조사, 부지 및 주변의 환경조사, 콘크리트강도 및 중성화조사, 철근의 크기 및 항복강도 조사 등을 내용으로 실시한다. 그리고 설계도서가 없는 경우에는 구조체 치수, 철근 치수, 배근상황, 재료 강도 등을 조사하여 설계도서를 작성한 후, 설계도서가 있는 경우의 각 항목에 대하여 조사한다.

진단은 위에서의 조사결과를 토대로 하여 열화(劣化)도 및 열화원인, 열화진행 정도 예측, 내력진단 여부, 보수 · 보강 여부를 판정하고 최적의 공법을 선정한다.

보수 및 보강계획에 있어 고려해야 할 사항은 다음과 같다.

① 유지관리 및 점검을 위하여 접근이 용이한 구조형상 선정

② 구조내력상 보강공사가 된 곳은 좀 더 관심있게 균열 추가 발생 여부와 열화상태 점검

③ 강재의 방청처리 및 열화한 콘크리트 제거가 확실한지 확인

④ 보강공사 완료 후에는 손상된 건축물의 저항능력 복원(균열 진행 여부, 게이지에 의한 철근 및 철근콘크리트 변형률, 진동특성, 휨강도 측정 등)에 대한 확인 필요

⑤ 에폭시 수지를 이용한 보강공법은 에폭시의 양생상태, 마무리상태, 재하시험 등을 통한 강도측정

3) 구조물의 상세조사

구조리모델링의 경우 구조물의 진단을 통해 잔존 수명과 성능을 정확히 평가할 필요가 있으며, 다음과 같은 내용의 조사를 실시한다.

① 균열조사 ; 건축물 내 · 외부의 균열을 육안이나 크랙 스케일(Crack Scale)

을 이용하여 균열폭, 길이 및 위치 등을 조사·기록하고 필요하면 사진촬영을 해둔다. 구조체를 직접 관찰하지 못하는 경우 천장 점검구, 파이프 덕트 등의 콘크리트면이나 마감재면에서 추정(推定)하는 것으로 한다. 콘크리트 균열은 구조균열(전단, 휨균열)인지 변형(부동침하 등) 및 노후화에 의한 것인지 판단해야 한다. 부동침하에 의한 균열은 침하가 적은 부분에서 큰 부분으로 올라가면서 균열이 발생하므로 벽면의 균열형상에 따라 어느 방향으로 큰 침하가 발생했는지 추정이 가능하다. 부동침하에 의한 상대 침하량이 1/200 정도가 되면 사용상 장애가 생긴다고 볼 수 있다.

② 팽창이음 조사 ; 신축이음(expansion joint)은 일반적으로 시공 정도가 불량하고 설계도서에 표시가 되어 있는 대로 시공하지 않은 경우가 많다. 따라서 설계도서에 기재되어 있어도 현장 확인을 반드시 하는 것이 좋다.

③ 콘크리트 재료의 조사 ; 콘크리트용 압축시험, 슈미트해머시험 등을 실시하여 콘크리트강도를 추정하여 그것이 설계기준강도(4주 압축강도)를 상회하는 경우는 설계기준강도를 사용하고, 부족한 경우는 현장시험에 의한 추정강도의 하한치를 사용하는 경우가 많다.

④ 철근 조사 ; 철근강도는 일반적으로 항복강도가 아닌 실제 강도의 평균치에 해당하는 강도를 사용한다. 그 이유는 재료강도의 하한치를 사용하면 안전측으로 되지만 파괴형상(휨, 전단파괴)의 평가에서는 위험측이 될 가능성이 있기 때문이다.

원칙적으로 사용 철근의 종별은 설계도서에 의하며 철근의 항복강도는 철근에서 인장시험편을 규정대로 채취하여 인장강도시험을 한 경우의 결과를 토대로 한다.

4) 보수·보강의 판단과 공법(工法) 선정

보수·보강설계는 리모델링 내용을 구체적으로 설계도서로 표현한 것으로 설계와 시공에 관련되는 제반 조건을 분석하여 실현 가능한 설계내용을 만드는 작업이다. 보수·보강공사는 열화된 기존 건축물을 복구하기 위한 건축행위로서 신규공사에 비해 공사현장 내의 가설계획에서부터 사용재료 선택에 이르기까지 제약이 신축공사보다 많다. 그러므로 사전조사 및 진단이 중요하고 선택한 공법이 적절한지 여부, 사용재료의 적절성 등에 따라서 리모델링공사의 정도는 많은 차이가 생긴다. 따라서 이러한 점들을 참고하여 시공계획서를 잘 작성하고 정성을 다하여 시공해야 한다.

① 보수 판정 ; 균열상황(패턴, 폭, 길이, 관통 유무 등), 균열경과 조사, 철근의 녹, 철근 성능저하도 조사, 중성화깊이 조사 등을 기초로 하여 철근부식이 진행될 것인지 또는 균열을 방치할 경우 구조물의 내구성 및 안전성에 영향을 미칠 것인지에 따라 보수 여부를 판단한다.
내구성이나 방수성 관점에서 행하는 보수의 판단은 균열폭이 0.4mm 이상이면, 보통의 경우 내구성 면에서는 보수해야 하며 균열폭이 0.2mm 이상이면 방수성 면에서 보수해야 한다.

② 보강 판정 ; 균열의 종류(휨, 전단, 팽창균열 등), 부재의 잔존내력, 하중이나 외력 예측 등의 구조내력에 관계하는 요인의 상태에 따라 보강 필요 여부를 판정한다.

③ 보수·보강공법 선정과 종류 ; 보수공법을 선정할 때는 균열상황이나 발생원인을 검토하여 선정해야 하며, 방수성과 내구성에 따라 달리 판단해야 하고, 균열폭이 0.3mm 이상의 균열은 일반적으로 구조적인 결함을 수반하는 경우가 많으므로 보수공법뿐만 아니라 구조내력 보강도 같이 실시하는 것이 좋다.

보수공법의 종류에는 표면처리공법, 주입공법, 충전공법 등이 있다. 표면처리공법은 도막탄성보수제, 폴리머 시멘트 페이스트 등을 사용하여 구조물 표면을 브러시로 문지르고 충분히 청소한 후, 보수재료로 균열 부분을 씌운다. 주입공법은 주입구멍에 파이프를 설치하여 밀봉 재료를 주입한다. 그리고 충전공법은 균열폭이 0.5mm 이상의 비교적 큰 폭의 균열보수에 이용하고 균열에 따라 콘크리트를 컷팅(cutting)하여 보수재료를 충전시키는 방법이다.

보강공법에는 탄소섬유시트보강공법, 강판보강공법이 주로 쓰이고, 다양한 보강재료 개발로 점점 그 기술이 발달하고 있다.

5) 내진진단과 보강

기존 건물의 내진진단은 골조의 내진능력과 지진입력을 비교함으로써 행해진다. 진단은 각 층별로 하고 어떤 층이 도괴할 때까지 골조 전체가 흡수할 수 있는 전체 변형에너지를 산정해서 이것과 설계에서 상정된 지진입력에너지를 비교함으로써 그 건물의 내진안전성을 판정한다.

내진진단의 결과 변형에너지가 지진입력에너지를 밑도는 것으로 판정된 경우 어느 부분을 어떻게 보강하는 것이 가장 효과적인지 검토할 필요가 있다. 계산상 가장 효과적인 부분과 보강방법이 있다 해도 그 보강공사가 가능하지 않으면 안 된다. 보강공사의 문제점은 다음과 같다.

① 보강공사 중, 건물을 사용할 수 있는가?

② 사용할 수 없다면 그 기간은 얼마나 되는가?

③ 보강공사 때문에 일부를 파괴하는 경우, 그것 때문에 건물이 붕괴되는 경우는 없는가?

④ 건물이용자, 공사작업자의 안전은 확보되는가?

⑤ 공사 소음, 진동에 의한 영향은 없는가?

⑥ 전기, 가스, 상하수도, 공조덕트 등의 설비기능에 지장은 없는가?

⑦ 보강자재, 가설자재의 반입이 가능한가?

⑧ 실내공간의 용도상 장해가 되지 않는가?

그 외에 '내진보강에 의한 경제성(공사비와 내진성능 향상 비용 대 효과)은 있는가?' 이것이 건물 소유주에게 가장 관심 있는 것일 것이다.

한편, 내진진단 결과 내진성능이 충분치 않다고 판단되는 건물에 대해서는 보강하여 내진성능을 향상시키는 것이 필요하다. 단, 내진성능이 극도로 낮은 경우는 보강을 하지 말고 부셔버리는 것도 고려해야 한다. 내진진단에는 여러 가지 보강방법이 설명되어 있지만 기본적으로는 지진에 의해 손상입지 않도록 건축물의 내진성을 향상시키는 방법이다.

일반적으로 RC조, 강구조, SRC조 건물의 내진성능을 향상시키는 방법으로는 대략 다음과 같은 방법이 있다.

① 내력을 향상시키는 방법

㉠ 내진벽 증설

㉡ 내진패널 증설 : 철판, PC패널 사용

㉢ 철골브레이스 증설 : RC, SRC, S조에 적용

㉣ 측벽 증설

㉤ 벽두께 증설, 개구부 폐쇄에 의한 내진벽 증설

㉥ 좌굴방지부재 설치 : 강구조

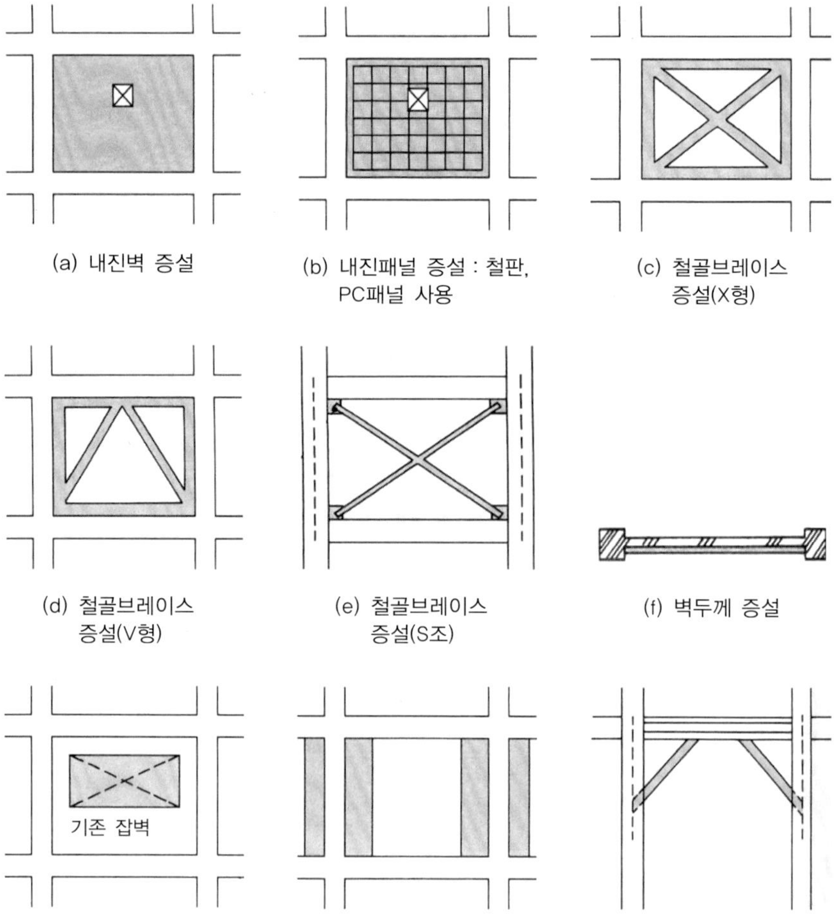

(a) 내진벽 증설
(b) 내진패널 증설 : 철판, PC패널 사용
(c) 철골브레이스 증설(X형)
(d) 철골브레이스 증설(V형)
(e) 철골브레이스 증설(S조)
(f) 벽두께 증설
(g) 개구부 폐쇄
(h) 측벽 증설
(i) 좌굴방지부재 설치 : 강구조

그림 7.1.2 **내력 향상 방법**

② 인성을 높이는 방법 : 기둥의 전단보강

㉠ 기둥 단면 증대 : 대근, 용접철망을 감은 위에 콘크리트 타설

㉡ 띠철근을 감는다.

㉢ 철판을 감는다.

㉣ 탄소섬유시트를 감는다.

㉤ 보에 커버 플레이트를 용접한다.

㉥ H형강 약축(弱軸)방향에 철판을 용접하여 일(日)자를 만듦 : 강구조

㉦ 철골주각을 RC로 감는다.

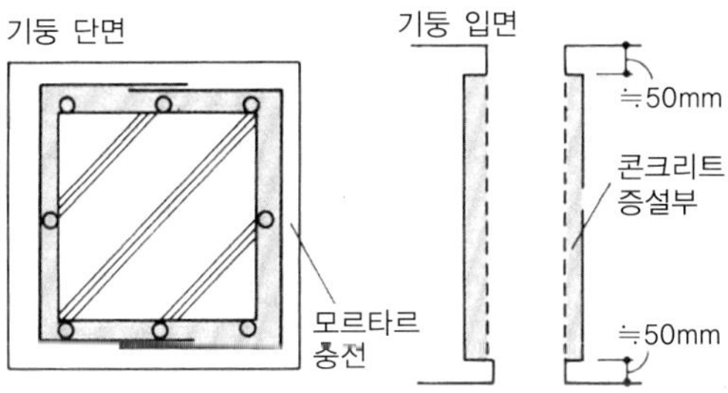

(a) RC기둥 대근에 용접철망을 감아서 콘크리트 증설

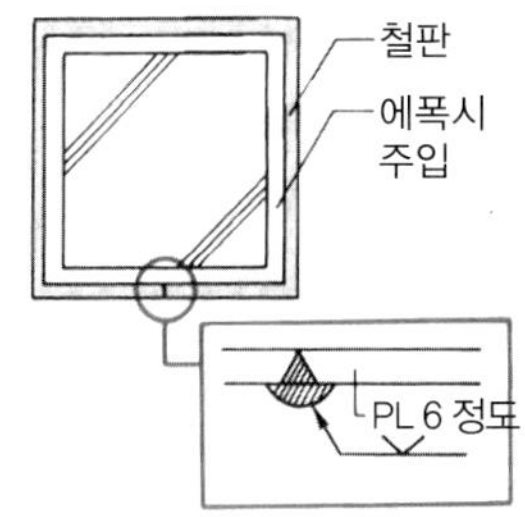

(b) 철판감기

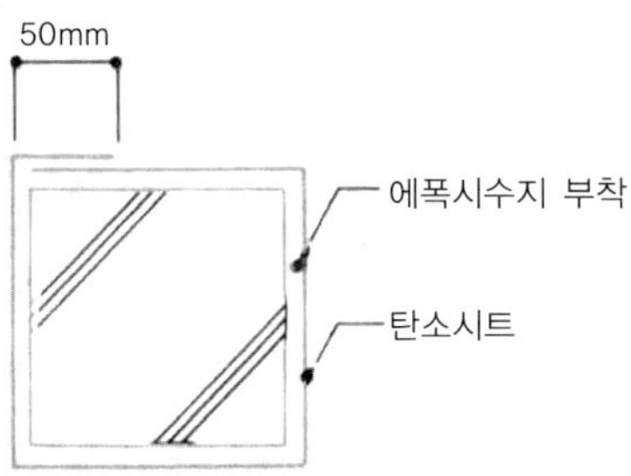

(c) 탄소섬유시트감기

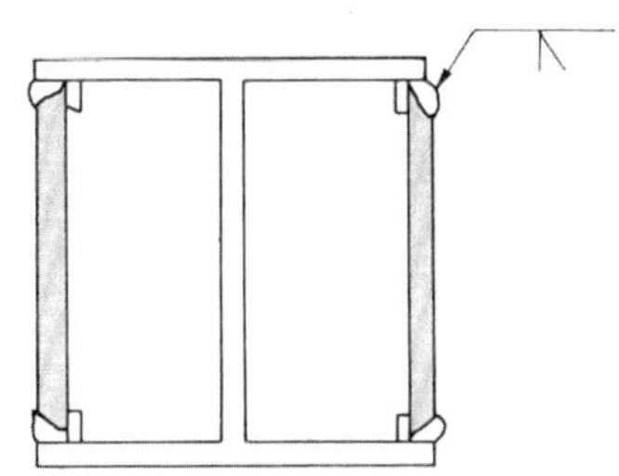

(d) 철골의 단면보강

그림 7.1.3 **인성을 높이는 방법**

③ 앞의 ①, ②의 병용 방법

④ 제진(制震) 또는 면진(免震)장치(damper) 설치

⑤ 편심률, 강성률을 개선하여 건물 전체의 균형 개선

⑥ 건물의 중량 경감

⑦ 보에 프리스트레스 도입(교량에 사용)

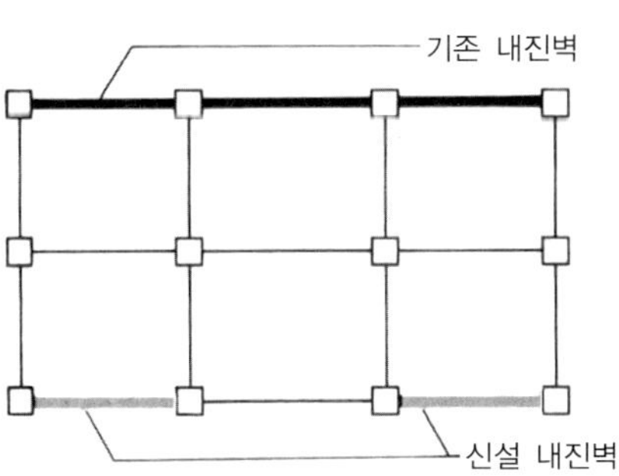

(a) 편심률 개선

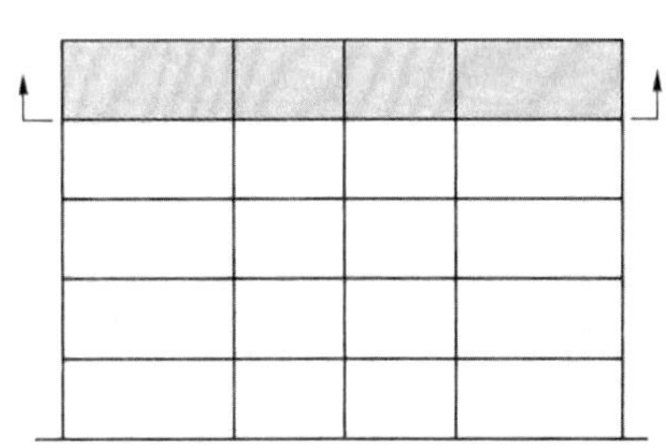

(b) 건물중량 경감

그림 7.1.4 **①+② 병용 방법**

7-2 내진보강(補强)설계 · 개수(改修)공법

1. 내진보강설계

1) 내진보강설계 개념

지진이 일어난 후 피해를 입은 건축물을 원래의 상태로 복구할 필요가 있지만, 복구 시 건물을 재사용하게 하는 '복구'와 재해 전 보다 강하게 하는 것을 '보강'이라 한다. 내진보강은 지진피해를 입은 건물의 보강뿐만 아니라 예상되는 지진에 대한 사전보강 및 내진성능 평가 결과에 의한 내진성능 향상도 포함한다.

건축물의 노후화 과정, 즉 시간경과에 따른 바람/지진의 외력 영향으로 파괴, 균열, 마모로 제 기능을 원활하지 못하게 하는 경우는 보수, 보강을 실시한다.

내진보강의 경우 건물의 보강 수준을 명확히 할 필요가 있다. ① 강도능력 향상의 보강 또는 ② 변형능력 향상, 그리고 ③ 강도 및 변형능력 향상 둘 다를 고려한 보강 등의 보강 목적을 확실히 해야 한다. 이는 관련기준에 의한 내진안전성 확보가 가능하도록 하는 것이 바람직하다. 강도면에서도 강도를 최소한 확보해야 하는데, 이는 지진 시 건축물 자체가 너무 큰 변형까지 도달하지 않도록 하기 위함이다. 즉 건물에 큰 변형이 발생(허용)할 경우 구조체뿐만 아니라 비구조부재인 칸막이벽이나 천장, 마감재 등의 2차 부재에도 무리한 변형이 일어나고, 이들 부재가 파손되어 인명피해까지 유발할 수 있기 때문이다.

내진보강설계의 기술적 측면은 건축물의 사전평가 후, 결핍요소를 구조시스템 변화, 첨가 또는 보수를 통해 궁극적으로 요구하는 성능 수준의 횡하중에 대한 저항을 향상시키는 것이다. 구조시스템 강도와 강성 증가는 건물의 가장 일반적인 내진성능향상법 중 하나이며, 건물에 강도를 증가시키는 효과는 건물에서 발생할 수 있는 초기 피해에 요구되는 총 횡방향 하중의 양을 증가시킨다. 그리고 강성 증가는 건물의 초기 탄성주기(周期)를 키워주는 효과를 기대할 수 있다.

2) 내진보강설계 절차

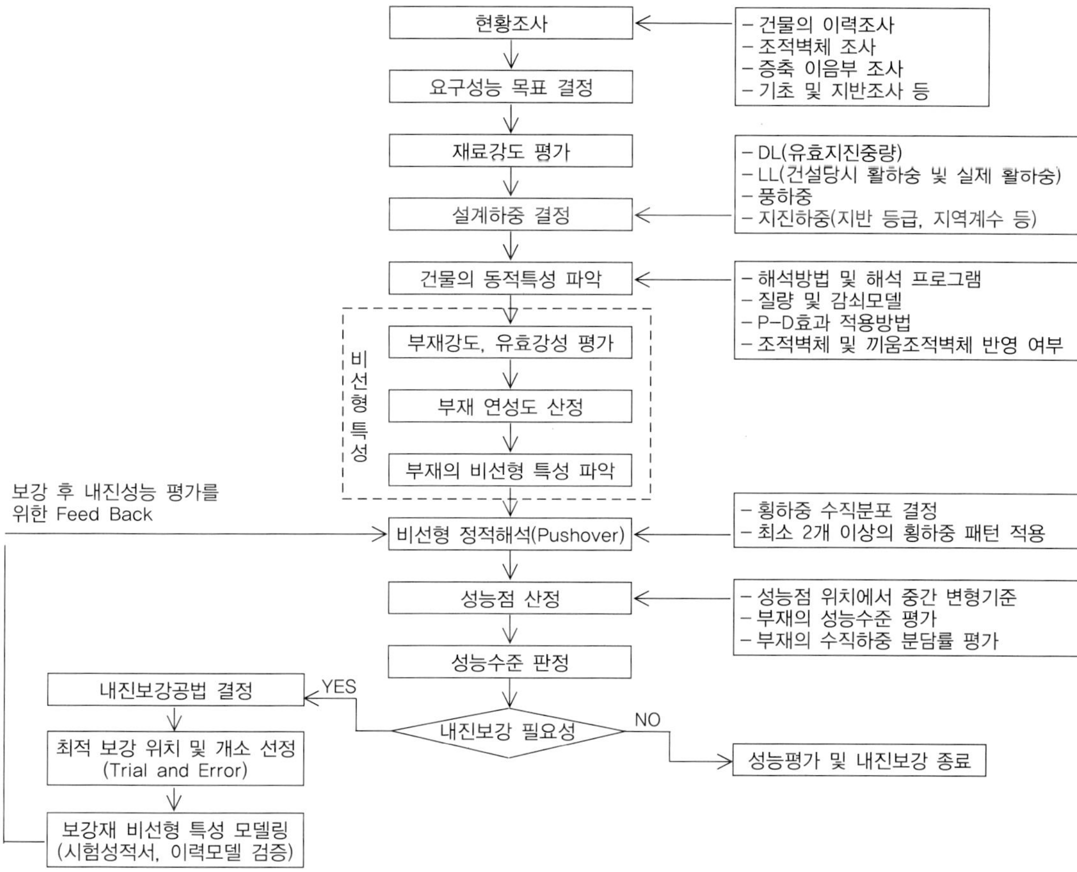

그림 7.2.1 **내진성능 평가 흐름도**

3) 건축물의 내진성능 평가와 성능점 산정

건축물의 내진성능(耐震性能)을 평가하는 데 있어 가장 근본적인 개념이 바로 건축물이 보유하고 있는 내진역량(능력, 용량)(seismic capacity)과 지진하중에 대한 내진요구량(seismic demand)을 비교함으로써 건축물의 응답을 분석하고 정확한 성능을 파악하는 것이라고 할 수 있다. 내진요구량에 저항하는 건축물의 능력지표 중 하나가 바로 연성(ductility)이다. 연성이란 건축물이 초기항복 발생 후 갑자기 파괴됨이 없이 변형하는 능력을 말한다. 지진력과 건축물의 강도를 비교하는 대신에 성능에 기초한 내진공학에서는 비선형 정적해석을 이용하여 내진요구량과 건축물의 내진역량을 비교하기 위하여 변위가 사용되고 있다. 이 방법은 건축물의 연성을 개별 부재의 연성에 근거하여 고려하고 있으며, 건축물의 비탄성능력은 지진에 의한 에너지를 소산시키는 연성능력 척도가 된다.

(1) 성능점 산정

비선형 정적해석 결과물로 건축물의 내진요구량에 대한 내진역량을 나타내기 위한 척도가 성능점이며, 응답스펙트럼법에서 감쇠가 증가된 비탄성 응답스펙트럼과 역량스펙트럼이 일치하는 교차점이 성능점이다. 성능점에서 건축물의 내진역량과 내진요구량은 같으며, 성능점 위치에서 최대 비탄성변위는 지진하중에 대한 건축물의 변형 및 손상을 나타낸다. 비선형 정적해석 결과를 이용하여 건축물의 성능목표 만족 여부를 평가하는 설계법에서 사용하는 성능점 산정방법으로는 역량 스펙트럼법(capacity spectrum method)과 변위계수법(displacement coefficient method)이 대표적이고, 소방방재청과 한국시설안전공단에서 채택하고 있는 미국의 ATC 40, FEMA 273, FEMA 356, FEMA 440 등의 기준에서 건축물의 내진성능을 평가하는 과정에서 성능점 산정방법을 제시하고 있다.

(2) 성능점 형성 위치에 따른 평가

내진역량곡선(seismic capacity curve)의 최대 연성도(ductility)를 기준으로 성능점이 형성된 위치에 따라 건축물의 전체적인 성능을 평가할 수 있으며, 그림 7.2.2는 역량곡선의 IO(즉시거주), LS(인명안전), CP(붕괴방지) 및 C(붕괴)의 각 단계별 연성도에 따른 건축물 손상 상태를 개념적으로 나타내고 있다. 여기에서 IO, LS 및 CP의 각 단계별 연성도 한계에 대한 기준을 FEMA 356 기준에서는 각 구조형식별로 제시하고 있으나 국내 학교시설물과 같이 내진상세가 미비한 건축물의 경우 각 단계별 연성도 기준을 절대값으로 제한하기는 어렵다. 따라서 역량곡선상에서 강도가 저하되는 시점을 종국점 CP로 정의하고, CP 연성도의 약 50~75% 정도를 LS 기준으로 결정할 수 있다. IO 기준은 역량곡선상 항복점 강도 또는 연성도의 1.1~1.5배 정도를 IO 기준으로 정할 수 있다. 국내 학교시설물의 연성도가 매우 작은 점을 감안하여 상기 각 단계별 연성도의 기준은 보수적인 측면에서 결정하는 것이 바람직하며, 각 단계별 연성도 기준과 성능점 위치를 비교함으로써 건축물의 손상 정도 및 전반적인 내진성능을 평가할 수 있다.

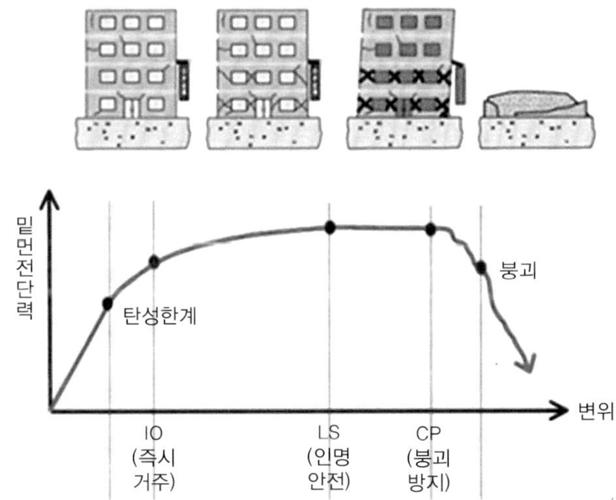

그림 7.2.2 **성능점 위치에 따른 건축물 손상**

2. 내진개수공법

1) RC건물의 내진개수

건축물의 내진진단 결과 '내진 부족'으로 판명되면 건축물의 개수를 실시할 필요성이 생긴다. 이 내진 부족의 건축물에 대한 내진개수에 관해서는 일본의 경우 고베지진 이후인 1995년 12월에 「건축물의 내진개수 촉진에 관한 법률」을 공포하고, 다수의 사람이 이용하는 특정 건축물(예 : 학교, 체육관, 병원, 집합소, 백화점, 사무소, 호텔, 점포 등)에 대해서 의무화하고 있지만, 건물 소유자의 인식 부족으로부터 인명과 재산을 지키기 위해 시행된 활성화되고 있지 않은 실정이다.

기존 건축물의 내진진단에 따라 내진개수 판정까지는 내진개수의 필요성을 살려 개수설계에서 시공에 이르기까지는 다음의 절차를 밟는다.

현지조사의 보충 — 내진개수공법 선정 — 내진개수설계 —(공공건물, 민간건물)
— 내진판정위원회 — 시공

2) 내진개수(改修)에 대한 요구성능

기존 건물의 내진개수에서 가장 중요한 것은 건물을 사용하거나 거주하고 있는 사람들에 대해 현재의 환경을 가능한 한 바꾸지 않는 것과 공사 중에 부담을 최소한으로 하는 점이다.

건물 사용자나 거주자가 내진개수에 요구하는 항목을 설계면, 시공면으로 나누어 정리한다. 다음의 방법은 15층 이하 고층건물에 대한 내진화(耐震化)를 대상으로 한다.

(1) 설계면

① 외관이 내진보강 후에도 거의 변하지 않는다.

② 벽이나 가새 등의 강도보강에 의해 사용공간이 길쭉해지지 않는다.

③ 기둥이나 벽의 보강에 의해 방의 사용 면적이 감소하지 않는다.

④ 벽이나 가새의 보강에 의해 채광에 방해가 되지 않는다.

⑤ 가능한 보강량을 줄여서 보강효과를 향상시킨다.

종합적으로 보면 건물의 사용성능에 지장이 없고 내진성능 향상을 도모할 수 있는 내진개수공법이 바람직하다.

(2) 시공면

① 건물을 계속 사용하면서 개수공사를 진행한다.

② 개수공사를 위해 일시적으로 별도의 방이나 시설을 준비할 필요가 없다.

③ 작업자가 실내에 들어가서 개수공사를 하지 않는다.

④ 가능한 한 소음을 줄인다.

⑤ 대형 중장비를 사용하지 않는다.

⑥ 건강에 장애를 일으킬 건축재료를 사용하지 않는다.

⑦ 배관이나 배선 등의 설비기기는 이설하지 않는다.

⑧ 개수공사기간을 가능한 한 단축한다.

⑨ 경제성에 우선한다.

방학기간에 개수공사가 가능한 학교시설을 제외하면 건물의 기능을 유지하고 공사를 위한 기능을 이설한다든지, 거주자의 생활리듬이 깨지지 않는 내진개수공법을 요구하는 경향이 보인다.

(3) 내진개수공법 분류

내진성이 부족한 건물을 보강하는 공법으로는 기본적으로 기존의 구조물(기둥이나 벽)을 강화하는 방법이 시공상 취급하기 쉬운 점과 함께 경제성이 있어 적용되는 경우가 많았다. 그러나 최근 집합주택이나 병원건축에 대한 내진화가 증가되어 건물을 사용하면서 건물 내부에는 들어가지 않고 공사가 가능한 외부 부착타입(기존 건물 외부에 보강재를 붙임)의 보강공법 적용이 증가하고 있는 경향이다.

기존 건물의 내진보강기법은 크게 구조시스템 강도와 강성을 보강하는 방법, 부재의 연성을 보강하는 방법, 구조시스템에 작용하는 지진의 진동특성을 개선하는 방법, 건물의 중량 감소와 구조시스템 감쇠 증가 등을 통한 지진력(하중)을 저감시키는 방법 등이 있다. 대표적인 내진보강공법에는 구조부재(기둥, 보) 보강, 내진벽 보강, 버트레스보강, 제진 브레이스보강 등이 주로 채택된다(그림 7.2.3).

그리고 이처럼 내진진단 결과 내진 부족으로 판명된 RC건물에 주요 내진 개수공법은 구조면에서 크게 나누면 다음의 6가지로 분류된다.

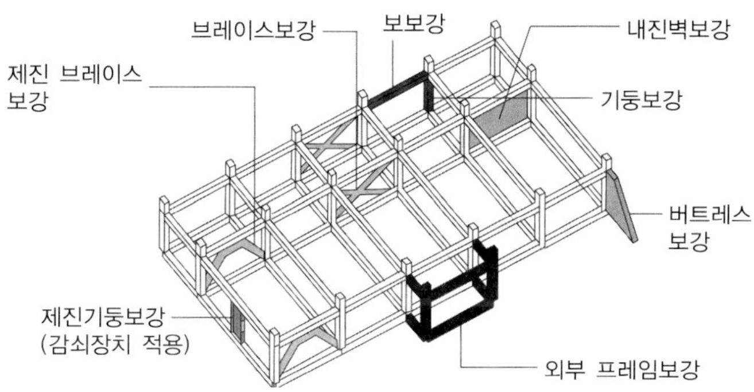

그림 7.2.3 **내진보강공법의 종류**

① 강도(强度)형 보강

강도 및 강성보강공법에는 내력벽(전단벽)보강, 가새(브레이스)골조보강, 버트레스(부축벽)보강 및 모멘트저항골조의 추가보강 등을 이용하여 구조물의 수평내력을 크게 향상시키는 보강법으로 적용된다. 인성을 크게 향상시키는 것은 기대하지 못하므로 강도 증대에 의해 내진성능을 향상시키는 것을 보강목표로 한다. 이 경우 건축물에 작용하는 횡력 대부분은 보강된 내력벽(전단벽) 혹은 브레이스 등이 저항하게 된다. 내력벽, 브레이스의 거동특성에 따라 건축물의 연성능력은 향상되지 않으나 강도 및 강성은 급격히 향상된다. 특히 학교건물과 같이 4층 이하로 보강된 내력벽, 브레이스는 대부분 탄성영역에 머물게 되어 요구스펙트럼 감쇠비가 5% 이하로 유지되므로 형성된 성능점이 목표 범위 내에 있는지 판단해야 한다. 그러나 이러한 보강기법은 건물의 주기가 짧아져 성능점 이하에서 응답지진력이 크게 작용하게 되고, 기초보강을 수반하지 않을 경우 건축물의 안전이 급격히 불안정해지는 취성적인 거동을 할 수 있음에 유의해야 한다.

㉠ 전단벽 보강

기존 콘크리트 건물 내에 전단벽을 설치하는 것은 가장 일반적인 내진성능 향상 방법으로 전통적인 재래공법이다. 공사비면에서 경제적이고 기존 콘크리트 건물에 쉽게 적용될 수 있으나 기존 칸막이벽이나 창호 및 인방, 외부 벽체를 철거한 후 시공해야 하므로 주의깊은 선택이 필요하다.

전단벽 보강을 하면 지진력 대부분이 보강된 전단벽에 집중하게 된다. 이때 전단벽 주위의 기둥이나 기초에도 추가응력이 발생하기 때문에 전단벽의 수를 증가시켜 지진력을 분산시키거나 그렇지 못한 경우는 기초에 대한 면밀한 검토가 필요하다. 또한 지진력이 전단벽으로 전달될 수 있도록 기초의 앵커(anchor)설계는 정밀시공이 되도록 철저한 감리가 필요하다. 특히 기초에 인발(인장력)이 발생되는 경우 기초의 주근 위치를 확인하여 상부 근(鐵根)이 없는 경우에는 상부근을 대신할 수 있는 보강공법을 선정하여 기초의 인발에 대한 안전성을 확보해야 한다.

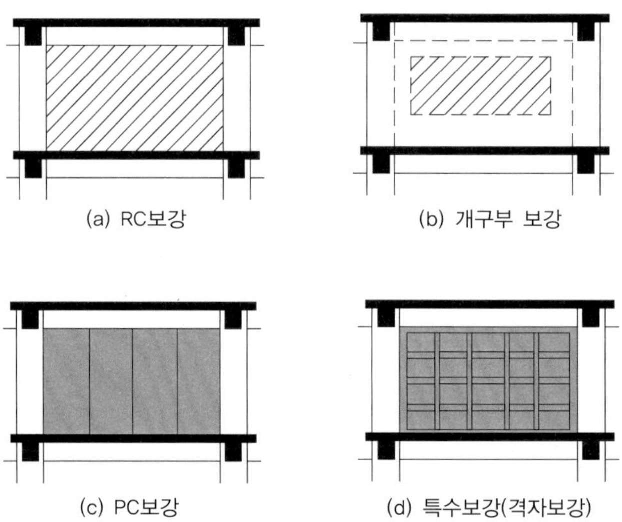

(a) RC보강 (b) 개구부 보강

(c) PC보강 (d) 특수보강(격자보강)

그림 7.2.4 **기존 건축물의 전단벽보강법 종류**

㉡ 가새골조 보강

철골(강재)가새 보강공법은 일반적으로 전단벽보강보다 강도와 강성은 작고, 보강량도 적게 소요되므로 건축물 붕괴가 방지되도록 적절히 배치하면 채광손실도 줄일 수 있으며 동선(動線)방해에 적은 영향을 미친다. 단, 학교 시설물 대부분은 RC조이므로 철골가새로 보강할 경우 접합부에 큰 응력이 발생하므로 특히 인장력에 대한 앵커설계가 시공이 가능하도록 주의해야 하며, 전단벽 보강과 같이 기초에 대한 검토를 통해 충분한 안전성을 확인해야 하고, 필요하면 기초보강도 실시한다.

그림 7.2.5 **철골가새 보강 예**

㉢ 모멘트저항골조 추가보강

내진보강이 필요한 저층건물과 학교건물은 대부분 모멘트저항골조로 되어 있어 외부에 모멘트저항골조를 보강한다면 지진에 동일한 거동을 하게 할 수 있는 장점이 있다. 모멘트저항골조 추가보강공법은 보강공사가 외부에 실시되므로 건물을 사용하면서 공사를 진행할 수 있다. 또한 보와 기둥의 골조형태로 보강되므로 창문을 가리지 않아서 채광과 시야 확보가 유리하고 건축 바닥면적이 축소되거나 건축마감을 건드리지 않고 시공할 수 있다. 단지 보강된 모멘트골조가 능력을 발휘하기 위해서는 많은 변형이 발생해야 하지만 변형능력이 크지 않는 RC골조 학교건물에는 부적합할 수도 있으나 건물 외부에 골조를 추가로 설치하므로(그림 7.2.3) 강성과 강도를 동시에 보강하는 효과가 있어 내진성능을 향상시킬 수 있다.

㉣ 버트레스(buttress, 부축벽) 보강

버트레스는 추가 강성과 강도를 부여하기 위해 기존 건눌의 외벽에 직각으로 설치하는 가새골조 또는 전단벽을 말한다. 이 보강공법은 외벽에 붙이거나 약간 공간을 두어 설치하기도 하며, 보강된 구조물과 기존 구조물과의 힘의 전달을 위한 건축상세가 중요하다. 이 공법은 건물 사용자의 불편을 최소화하기 위해 건물 외부에서 공사를 진행하므로 건물을 사용하면서 보강공사를 할 수 있다.

㉤ 기타 방법

철판, PC패널을 이용한 내진패널 증설, 측벽 증설, 벽두께 증설, 개구부 폐쇄에 의한 내진벽 증설, 좌굴방지재 설치, 철골가재 증설(S조, RC조, SRC조에 적용) 및 내진벽 증설 등이 있다.

② 강도 · 인성형 보강

기둥의 측면에 짧은 소매벽이 붙어 있는 구조는 인성이 큰 기둥과 큰 강도 증가는 기대하지 못하는 소매벽으로 구성되어 있다. 얇은 소매벽에 대해서 RC벽을 증설하면 벽이나 기둥의 구조특성을 활성화시켜 강도와 인성을 함께 갖춘 내진성능 향상이 가능해진다.

또한 기둥 주변을 강판(철판)이나 섬유시트로 감고, 기둥과 강판 사이에 고강도철근을 배근하고 무수축성 그라우팅 모르타르를 충전하는 보강을 하면 강도와 인성 두 가지 특성이 눈에 띄게 향상되는 보강효과를 얻을 수 있다.

③ 인성(靭性)형 보강

인성 혹은 연성(延性)보강은 변형능력을 향상시켜 내진성능을 향상시키는 방법이다. 변형능력을 개선시키는 방법은 기존 부재를 감싼 보강 또는 강성을 국부적으로 감소시키거나 기둥을 수정하여 메커니즘을 변경시키거나 변형으로 파괴되는 부분에 충분한 지지(支持)를 하는 방법이 있다. 이러한 방법은 강도나 강성을 보강하는 것보다 건축적 영향을 적게 주지만 보-기둥 접합부의 건축상세가 지진에 충분히 견딘다는 확신을 객관적인 자료로 얻을 수 없는 경우에 연성보강의 효과가 크게 감소할 수 있다는 것을 염두에 두어야 한다.

연성보강공법에는 대표적으로 강판보강공법이나 탄소섬유공법이 있다. 이 경우 구조재의 횡구속효과로 강도는 일부 증가되며 연성능력이 크게 향상된다. 또한 지진하중 작용시 구조부재의 소성화에 따른 감쇠 증가로 요구(要求, 필요) 스펙트럼 감쇠비가 5%에서 추가로 증가하여 요구스펙트럼이 축소되어 지진응답력의 크기는 크게 증가하지 않는다. 이러한 보강기법은 보강개소가 많아짐에 따라 공기(工期) 증가와 건축마감 등의 복구비용을 고려해야 한다.

기둥 주변을 강판(鋼板)이나 내진섬유시트로 감아서 보강하면 기둥 주위가 수평 구속되어 인성이 크게 향상된다.

㉠ 구속보강

연성이 작은 콘크리트 기둥의 변형능력은 외부 구속보강을 함으로써 개선할 수 있다. 구속보강방법으로는 기존 부재를 감싸는 연속된 철판, RC환(環)고리 보강, 섬유보강 등이 있다. 이러한 보강법은 연성보강뿐 아니라 강도보강효과도 있어서 부재의 변형능력에 대한 기술적 자료를 근거로 내진성능을 평가해야 한다.

㉡ 부분 상성감소 보강

이 방법은 건물 전체 성능에 필수적이지 않는 부재의 손상을 최소화할 뿐 아니라 원하지 않는 파괴모드로 붕괴되는 것을 방지하는 데 효과적이다. 특히 콘크리트 구조물의 경우 기둥 주변의 벽체나 춤이 큰 인방(lintel) 보에 의한 단주파괴가 발생하는 경우도 있다. 건축계획적인 이유로 벽체를 설치하는 경우 벽체는 강성이 매우 커서 그 자체가 저항할 수 있는 것보다 더 큰 횡력을 받거나 구조물에 비틀림 응력이나 불연속적인 경로를 만들 수 있다. 이러한 부재를 국부적으로 파괴하거나 강성을 감소시키면 비용을 크게 안 들이고 내진성능을 개선할 수 있다. 학교건물의 경우 외부로 돌출된 창문 아래의 조적벽체가 단주(短柱)로 거동하도록 함으로써 강성이 증가하고 전단력이 커져 변형능력을 충분히 발휘하지 못하고 파괴되는 경우도 있다. 이 경우 기둥과 벽체의 조인트를 기둥의 변형이 가능하도록 건축상세를 개선시켜 연성능력을 향상시킬 수 있다.

㉢ 추가 지지(支持)

이 방법은 건물의 큰 수평변형 시, 중력저항 부재의 위험 전단거동 예방에 효과적이다. 건물의 수평방향 변위 때문에 뚫림전단파괴(punching shear)가 발생할 수 있는 플랫슬래브(flat slab)는 기둥에 보강재를 추가 설치할 수 있다. 또한 받침길이가 부족한 PC보는 받침대를 추가 설치할 수도 있다.

㉣ 기타 방법

기둥의 단면 증대(띠철근, 용접철망을 감은 위에 콘크리트 타설), 띠철근, 철판 및 탄소섬유시트를 감는다. 보에 커버플레이트를 용접한다. H형강 약축 방향에 철판을 용접하여 '日'자로 만들고, 철골주각을 RC로 감는 방법 등이 있다.

④ 기둥의 취성파괴 방지

기둥 측면에 허리벽이나 개구부와 윗인방보(beam) 사이 작은벽(垂壁)을 붙여두면 양자의 중간 부분 기둥이 직접 지진력에 저항하게 된다. 따라서 허리벽이나 개구부와 인방보 사이 벽에 의해 단주가 되어 지진력을 받으면 전단파괴에 의해 기둥에 취성파괴가 발생하므로 내진성능이 크게 떨어진다. 이 파괴를 막기 위해서는 허리벽이나 개수부와 보 사이 벽에 기둥 근방에 세로방향으로 내진슬릿을 설치하면 기둥은 장주로 개선되어 인성이 증가하고 내진성능 향상을 꾀할 수 있다.

이 개수(改修)공법은 적용 여하에 따라 큰 효과가 얻어지고 이 방법만으로 내진성능이 기준치를 만족시킬 수 있다.

⑤ 지진력 저감

이 방법은 지진력과 변형에 저항하는 건물의 내진성능 향상 측면보다도 구조물에 대한 요구스펙트럼을 변경시켜 건축물에 입력되는 지진력을 저감시키는 공법으로서 궁극에는 내진성능을 향상시키는 방법이다. 이 보강법에는 감쇠장치이나 면진장치를 설치하는 것으로 기존 방법보다는 일반적으로 비용이 훨씬 많이 든다. 그러나 감쇠장치를 이용하는 방법은 광범위한 공사를 하지 않고도 구조물보강이 가능하므로 구조보강비용 외에 건축마감공사 또는 기초보강 유무까지 고려하면 전체 공사비가 반드시 높은 것은 아니다. 따라서 이 방법은 지진발생 후 빠른 기능수행을 필요로 하는 구조물이나 중요기능을 수행하는 건축물에 적합하다.

이 공법은 기둥과 기초 사이에 면진장치를 넣는다든지, 기둥이나 보에 제진장치를 붙임에 따라 건축물에 생기는 진동을 줄이는(지진력 저감) 방법으로 적용된다. 그 중에서도 제진장치는 많은 방법이 고안되어 있고, 앞으로 초고층건축물의 내진개수방법으로도 발전할 가능성이 있다.

㉠ 감쇠장치 보강

에너지 소산(消散)형 시스템은 점성감쇠나 이력(履歷)감쇠를 통해 지진응답을 저감시켜 건물의 내진성능을 향상시키는 것으로 횡력저항 구조시스템 내에 감쇠장치를 설치하여 건물에 유입되는 지진에너지를 소산(消散)시켜 건물의 변위응답을 저감시키는 방법이다. 감쇠장치를 설치할 때는 장치가 제 성능을 발휘하도록 가새와 같은 큰 연결재가 필요할 때도 있다. 이런 경우 감쇠장치 설치로 건물의 소산능력은 물론 강성도 동시에 증가시킬 수 있다. 즉 감쇠장치에 의한 보강법은 강도와 강성을 동시에 향상시킬 수 있다.

이 보강공법은 건축물의 추가감쇠를 통해 감쇠장치의 소성변형에 의해 구현하는 방식이다. 감쇠장치는 브레이스, 샛기둥(間柱), 강판벽 등과 조합하여 설치되는 것이 대부분으로 강도와 강성이 일부 증가되며 감쇠장치의 소성화와 경우에 따라서는 일부 구조물의 소성화에 따른 감쇠 증가로 요구 스펙트럼의 감쇠비가 5%에서 추가로 증가하여 요구스펙트럼이 감소되어 응답지진력의 크기는 연성보강의 경우처럼 크게 증가하지 않는다. 감쇠장치의 종류에 따라서는 응답지진력과 감쇠비가 동시에 증가할 수 있으며 감소비만 증가할 수도 있다.

㉡ 면진장치 보강

이 방법은 건물의 연직하중 지지시스템 1층 부분에 면진장치를 삽입하여 내진성능을 향상시키는 것이다. 면진장치는 일반 부재와 달리 낮은 강성과 큰 수평방향 변형성능 및 우수한 에너지 소산능력을 갖고 있어 면진층을 설치함으로써 건물의 고유주기와 유효감쇠를 상당히 증가시킬 수 있다. 또한 큰 수평방향 변위를 면진층에 집중하게 해준다. 이런 효과로 면진장치 상부 건축물에 작용하는 지진력을 크게 저감시킬 수 있다.

면진장치 보강의 경우, 면진층에 변위를 집중시키고 건물을 장주기화시켜 건축물 자체의 연성능력이 향상되는 것은 아니지만 면진장치의 연성능력으로 건물의 연성능력을 크게 증가시킨다. 또한 면진층에 감쇠장치를 설치하여 요구스펙트럼을 원하는 만큼 축소시킬 수 있다. 이때 형성된 성능점에서의 응답지진력은 크게 감소하게 되고 면진층의 변위는 크게 증가한다. 이러한 공법은 면진층 상부 구조물의 응답가속도를 제어할 수 있고 건축물의 손상을 최소화하여 지진발생 이후에도 건물고유의 기능을 수행할 수 있지만 시공시 가설계획과 면진층 거동에 따른 건축상세와 설비에 대한 배려 등으로 비용이 과도해질 수 있다.

(a) (b)

그림 7.2.6 **기존 건물 면진장치 보강공사 예**

㉢ 자중 감소

일부 건축물은 건물자중을 줄임으로써 내진성능을 개선할 수 있다. 건물 질량의 저감으로 건물의 고유주기, 지진시 관성력과 구조물 전체 변위요구량을 줄일 수 있다. 질량은 부착물, 물탱크, 공기조화용 팬, 창고 등과 같은 무거운 비구조요소 제거를 통해 줄이거나 극단적으로는 건물의 한 개 층 또는 여러 층을 제거하여 건물의 질량을 감소시킬 수 있다. 건물 내부의 칸막이를 구조부재로 사용하지 않을 경우, 조적조에서 경량칸막이벽으로 변경한다면 전체적으로 건물에 입력되는 상당한 지진력 감소를 가져온다.

㉣ 보에 프리스트레스 도입

⑥ 구조물의 일체성 고려

대부분 콘크리트 건물은 충분한 다이어프램 능력을 갖고 있으나 큰 개구부나 국부적으로 높은 성능을 요구하는 구조시스템의 수직부재가 있는 경우(계단실, 엘리베이터실, pipe shaft 등 코어)에는 충분하지 않을 수도 있다. 다이어프램 성능을 향상시키는 방법에는 슬래브의 단면두께 증대, 슬래브 상부면에 금속판 적층, 슬래브에 구조슬릿을 넣거나 슬래브 하부에 수평브레이스를 넣는 방법 등이 있다. 증축이 반복되면서 증축 부위의 접합부가 정밀한 구조해석 없이 시공하여 다이어프램으로서의 연속성을 보장하기 어려운 실정이다. 따라서 내진성능을 향상시키기 위해서는 팽창이음(expansion joint)이 되도록 접합상태를 개선하거나 연속성 확보를 위해 위에서 제시한 다이어프램 보강공법이 필요하다.

한편 내진개수공법을 시공면에서 분류하면 다음의 3가지로 대별된다.

RC건물에 대한 내진개수공법(시공면에서 분류)

㉠ 내부 부착 및 주변 전체 보강

벽이나 브레이스구조를 이용하여 보강하는 경우 브레이스를 구성하는 기둥이나 보의 안쪽면에 접합시켜 보강한다. 또 기둥보강에 대해서 기둥 단면의 주변 전체를 감아서 보강한다.

㉡ 외부 부착보강

기존의 벽이나 기둥, 보의 외측(外側)면에 RC를 증타하든지, 브레이스구조를 붙이는 보강을 한다. 거실 내부에 들어가지 않고 시공할 수 있다.

㉢ 분리형 보강

캔틸레버 슬래브가 있어서 기존 건축물에 직접 보강을 할 수 없으므로 구조물에서 떨어진 장소에 브레이스나 브레이스구조를 신설하여 본체와 신설 슬래브나 보를 접합함으로써 일체구조를 만든다.

3) 내진개수공법 특징

(1) 강도형 보강

① 내력벽의 내진개수

내력벽에 대한 내진개수공법에는 보통 다음의 3가지가 적용되고 있다. 이 공법의 개요는 그림 7.2.7에 나타나 있다.

이 3가지 타입의 내력벽 내진개수공법은 수평내력을 향상시키는 데 매우 유효하지만 공통적인 문제는 사용성능에 대해 거주자에게 큰 부담을 강요하는 것이므로 설계자는 이 점을 충분히 고려해야 한다.

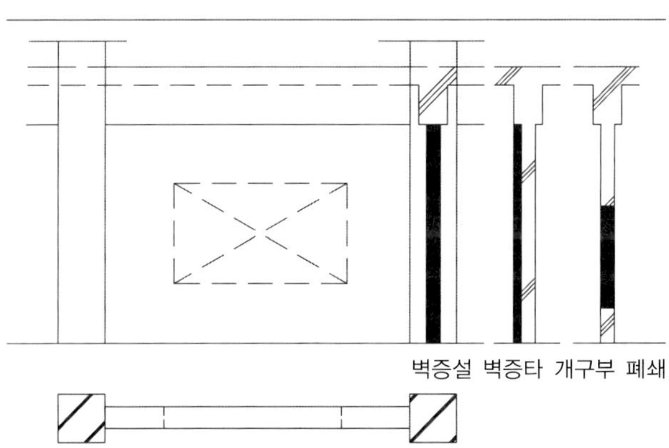

그림 7.2.7 **내진벽의 각종 내진보강공법**

㉠ 내진벽 증설 : 내진벽 증설에 의한 내진개수공법은 큰 수평내력 향상이 가능한 RC조 벽을 새롭게 설치하는 방법이다. 벽의 배치에 따라 제약조건에 묶일 가능성이 많다. 또한 창이나 입구를 증설하는 경우도 많아서 이 방법은 개구부를 벽에 허용하는 경우에 적용될 수 있다.

㉡ 내진벽 증타 : 내진벽 증타에 의한 내진개수공법은 기존 벽의 측면에 콘크리트를 증타함으로써 벽두께를 증가시켜 RC조 벽의 수평내력 향상을 꾀할 수 있다. 벽의 실내측에 콘크리트를 증타하면, 실(室) 면적이 좁아져서 기능성을 손실할 가능성이 있음을 배려하는 것이 중요하다.

㉢ 내력벽 개구부 폐쇄 : 내력벽의 개구부 폐쇄에 의한 내진개수공법은 기존 벽에 설치된 창문이나 입구에 의한 개구부 때문에 수평내력이 저감하므로 개구부를 콘크리트로 막음으로써 개구부가 있는 벽을 개구부가 없는 벽으로 대신함으로써 수평내력을 증가시킬 수 있다. 한편, 개구부를 막음에 따라 채광 및 사용성능에 악영향을 미치므로 제약받는 경우가 많다.

② 브레이스구조를 이용한 내진개수

브레이스를 이용한 내측(內側) 부착공법, 외측 부착공법 및 분리형 개수공법에 대한 개요는 그림 7.2.8에서 볼 수 있다.

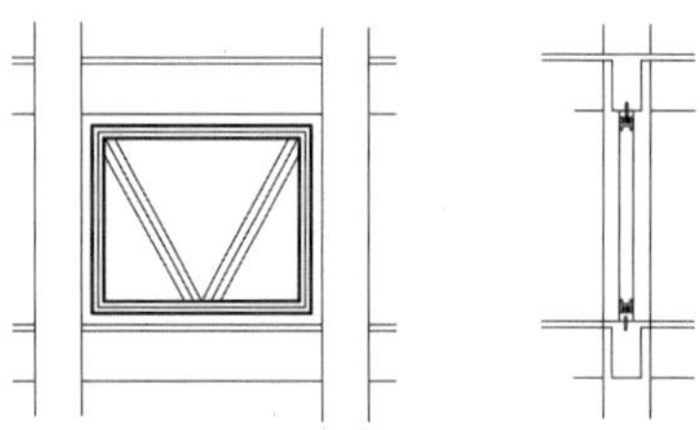

(a) 내측 타입의 철골브레이스 보강

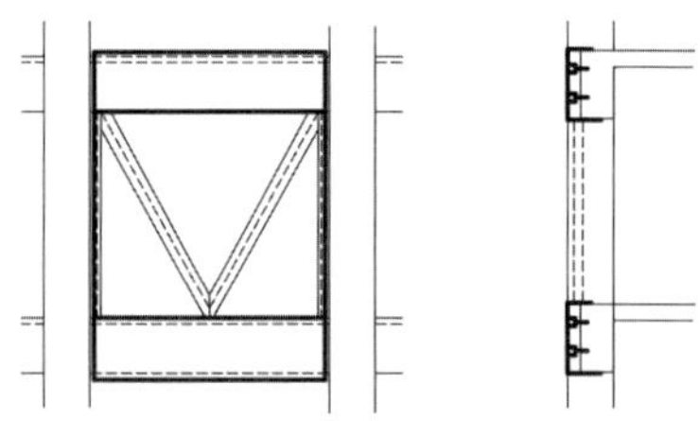

(b) 외측 타입의 철골브레이스 보강

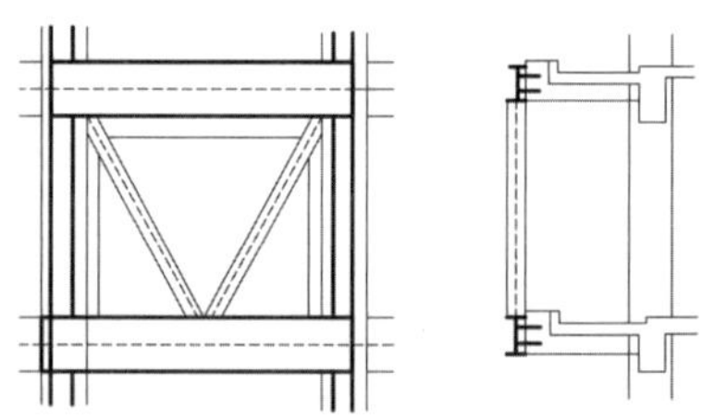

(c) 분리타입의 철골조브레이스 보강

그림 7.2.8 **각종 철골브레이스를 이용한 내진개수공법**

㉠ 브레이스구조를 이용한 내측 부착공법

기존의 RC조 기둥과 보로 구성된 프레임구조의 내측에 철골조 틀(테두리)을 묻고, 앵커와 그라우트 · 모르타르에 의한 간접접합에 의해 양자를 일체화시켜 두고 그 틀 속에 철골조 가재를 조립한 브레이스구조에 의해 큰 수평내력을 발휘하도록 보강방법이 내진개수의 주류를 차지하고 있다. 이 공법은 RC조 내진벽에 필적(匹敵)하는 큰 강도를 얻을 수 있을 뿐만 아니라 특별한 기공기술이 필요하지 않기 때문에 다른 공법에 비해 비교적 값싼 비용으로 시공할 수 있다. 따라서 일반적인 내진개수공법으로서 널리 보급되어 있고 특히 학교시설의 내진화 촉진에 큰 공헌을 하고 있다.

㉡ 브레이스구조를 이용한 외측 부착공법

철골브레이스가 조립된 틀(테두리)을 RC프레임에 묻는 경우 브레이스구조의 내측에 설치하면(내측 부착공법) 창틀이나 유리를 부서지게 하므로 최근에는 외측에 부착하는 공법(외측 개수공법)이 많이 적용되는 경향이다. 이 방법을 이용하면 실내에 들어가지 않고 외측에서 보강공사를 할 수 있다. 따라서 건물을 사용하면서 시공할 수 있어서 공사기간 중에 별도의 실이나 시설을 준비할 필요가 없으므로 개수(改修) 비용 절약에 기여하는 점에서 학교를 비롯하여 집합주택이나 병원건축의 내진화(耐震化)에 적용되는 경우가 늘어나고 있다.

㉢ 분리형 개수공법(외측 부착타입)

외측 부착공법을 다시 발전시킨 것으로 발코니나 바깥쪽 복도 외측에 브레이스구조를 신설하고, 기존 구조물과 기존의 발코니 및 바깥쪽 복도를 구성하는 캔틸레버 슬래브 하단에 증설된 콘크리트 슬래브에 의해 양자의 일체화를 도모하는 외측 부착타입의 분리형 내진개수공법이 있다. 이 공법도 외측 부착공법과 같은 특징을 갖고 있고, 발코니나 바깥쪽 복도가 있는 집합주택의 내진화에 앞으로 기여할 것으로 예상되지만 콘크리트 슬래브나 기초를 신설해야 하므로 개수비용이 증가하는 단점이 있다.

③ 부축벽(buttress)에 의한 내진개수

건물의 내부 및 외부구면에 유효한 내진보강이 가능한 경우 그림 7.2.9에서처럼, 건물 외부에 대해 직교방향으로 간판모양의 RC벽이나 철골트러스구조에 의한 보강을 하는 방법이 있다. 이 방법을 적용할 때는 부축벽에 의한 보강재를 설치할 충분한 부지가 확보되어 있어야 한다. 부축벽 구조는 중세 교회건축에 이용된 보울트(vault) 지붕에 생기는 수평추력(thrust)에 대해 저항하는 외부 보강재로서 조형적으로 이용되었다.

이 공법을 이용하여 지진력에 저항시킬 때는 건물 양측에 설치하거나 한쪽에만 설치하는 경우가 있을 수 있다. 부축벽 구조는 캔틸레버 부재이므로 자유단 측(건물에 접하지 않는 측)이 압축력을 받을 경우 지진력에 저항하는 큰 효과가 얻어지지만 자유단 측에 인장력이 작용하는 경우는 기초가 부상(浮上)하지 않도록 말뚝기초를 설치하는 것이 중요하다.

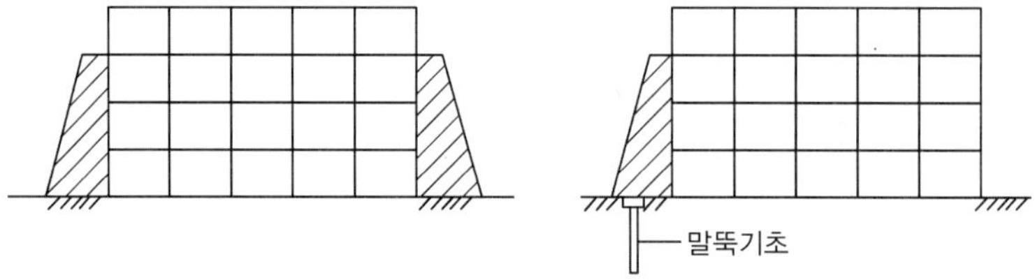

(a) 양쪽 버트레스(부축벽) (b) 한쪽 버트레스

그림 7.2.9 **부축벽 보강**

(2) 강도 · 인성형 보강

① 브레이스를 이용한 내진개수공법

보강 전의 RC조 프레임 구면(構面)의 내진성이 부족할 때 외측에서 RC조 또는 PC조 프레임 구조를 새롭게 보강함으로써 내진성능 부족을 보충할 수 있다. 이 보강공법은 보강용 프레임구조를 직접 부착하는 방법(직접 부착공법)과 그림 7.2.10처럼 외측에 부착된 발코니나 외측 복도를 구성하는 캔틸레버 슬래브에 직접 부착하는 방법(분리형 공법)의 두 번째 타입 공법이다. 또한 이 공법을 적용하면 실내에 들어가서 보강공사를 하지 않으므로 건물 사용성에 지장이 없다는 장점이 있다. 후자의 공법은 특히 집합주택 보강에 적합하고, 적용 사례가 늘어나고 있다.

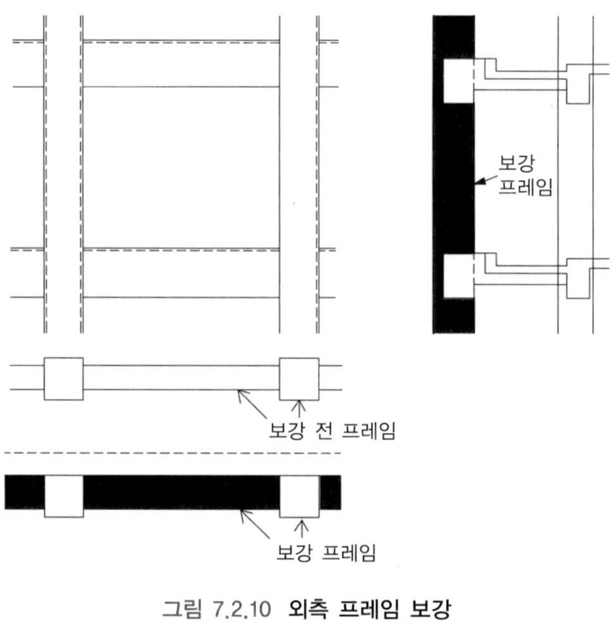

그림 7.2.10 **외측 프레임 보강**

② **소매벽 증타에 의한 내진개수**

보통의 경우 기둥의 한쪽 또는 양쪽에 개구부가 있으면 소매벽을 설치하는 경우가 많다. 이 소매벽이 있는 기둥의 구조성능은 단주 또는 취성파괴 위험이 큰 기둥이 되고, 내진성능이 크게 떨어진다. 따라서 그림 7.2.11에서처럼 소매벽 외측에 RC벽을 증설하고, 휨성능을 높임에 따라 인성도 향상되므로 내진성능을 개선할 수 있다.

이 공법은 일반적으로 외측에서 보강이 시행되는 경우가 많으므로 외측 부착공법의 장점을 갖고 있다. 건물의 내진성능이 목표치에 대해서 작은보강량으로 해결될 경우 강도형의 개수공법을 적용하지 않아도 이 공법만 적용함으로써 내진성능 및 경제성이 유리하다고 생각되는 건축물이 많다.

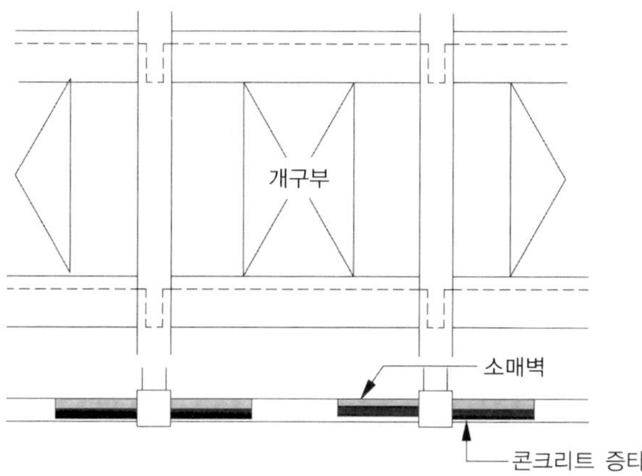

그림 7.2.11 **소매벽 증타 보강**

③ **기둥 하이브리드 내진개수공법**

기둥의 전체 둘레 또는 외측 한 면에 철판을 깔고 연속 섬유시트(폴리에틸렌, 아라미드, 탄소섬유 등)를 붙이고, 기둥과 철판 사이(코너부)에 고강도 철근을 삽입하여 이 틈새에 무수축 그라우트 모르타르를 충전함에 따라 하이브리드 타입의 내진보강을 할 수 있다.

이 공법은 철판·섬유시트 병용공법이라 하고, 종래의 철판 또는 섬유시트만에 의한 인성형 보강에 비해 휨 및 전단성능이 크게 향상됨과 동시에 인성도 향상되므로 강도형 보강에 가까운 내진성능이 얻어진다. 건물을 사용하면서 내진보강공사를 실시할 수 있다(그림 7.2.12). 특히 외측 부착타입 보강은 면내(보강면)뿐만 아니라 면외(보강면과 직교방향)의 양방향에 대해서도 충분한 내진성능을 얻을 수 있으므로 면외방향에 내진벽의 배치가 적은 건축물에도 유효하다.

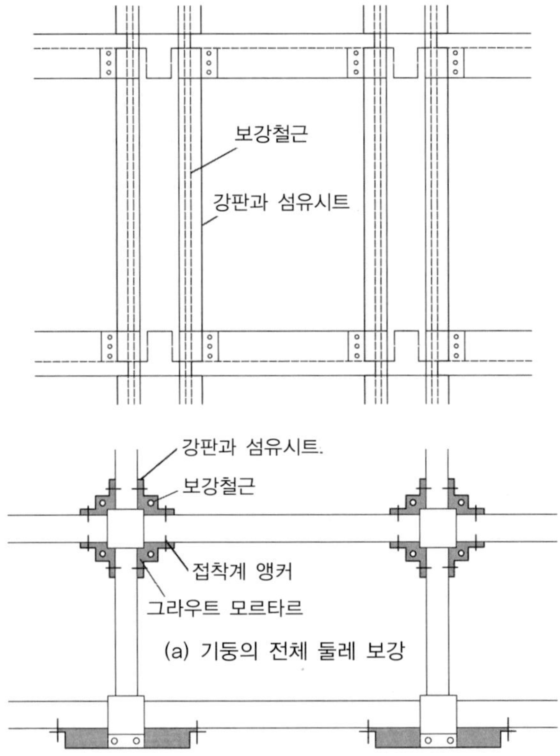

그림 7.2.12 **기둥의 하이브리드 보강**

(3) 인성형 보강 : 기둥 감기 내진개수공법

내진성이 작은 기둥 주변에 그림 7.2.13처럼, RC증설이나 철판과 충전 그라우트 모르타르에 의한 감기, 연속 섬유시트를 접착제(에폭시 수지)에 의한 붙이기 등의 기둥감기보강을 실시하면 기둥의 전단 및 축저항(軸抵抗)을 포함하여 인성 향상에 의해 기둥의 내진성을 향상시킬 수 있다.

이 개수공법은 시공성 및 경제성이 뛰어나므로 간단한 내진보강을 할 때 유효한 방법이다. 크게 내진성이 부족한 건축물 보강에 적용하는 경우는 단독 사용으로는 충분한 내진성능을 얻을 수 없으므로 강도형 보강과 병용하여 적용하는 것이 바람직하다. 또한 저강도콘크리트로 된 건물에서 기둥 주위를 철판과 연속 섬유시트의 병용 감기보강(그림 7.2.13(c))을 함으로써 내진성능 향상을 도모할 수 있고 그 적용 사례도 있다.

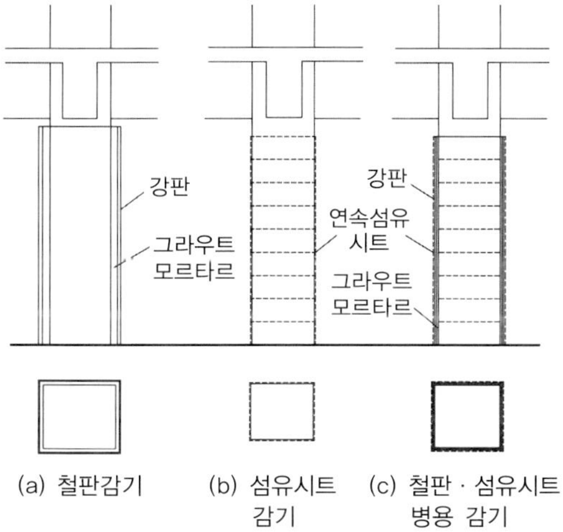

그림 7.2.13 **강판, 연속섬유시트감기 보강**

(4) 기둥의 취성파괴 방지 : 내진 슬릿에 의한 내진개수공법

건축물의 구조를 형성하는 기둥 및 보의 프레임 내에 벽이 배치되고 창이나 입구를 위해 반드시 벽체에는 개구부가 설치된다. 이 개구부가 기둥근방이나 측면까지 설치되면 기둥은 단주(기둥 안쪽높이가 기둥 춤의 2배보다 큰 기둥 : $h > 2D$) 또는 극(極) 취성기둥(기둥 안쪽높이가 기둥 춤의 2배 이하인 기둥 : $h \leq 2D$)이 되고, 기둥은 취성파괴가 되므로 내진성능이 저하된다.

이 취성파괴를 방지하기 위해서는 그림 7.2.14에서처럼 기둥에 붙은 허리벽에 기둥 근방에서 수직방향으로 내진슬릿(slit)을 파고 허리벽과 분리시키는 방법이 채택된다. 이 내진슬릿 설치방법에는 도랑을 관통시키는 공법과 우수의 침투를 방지하기 위해 도랑을 관통시키지 않는 방법이 있다. 전자는 완전 내진슬릿이라 하고, 후자는 부분 내진슬릿이라 한다.

이 내진슬릿을 설치하면 기둥이 단주 또는 극(極) 취성기둥에서 장주로 개선되어 기둥이 전단파괴에서 휨파괴로 변하므로 기둥의 내진성능이 향상된다. 따라서 내진슬릿을 유효하게 적용하면 집합주택의 경우 단독으로 내진성능이 목표치를 만족하는 사례를 볼 수 있다.

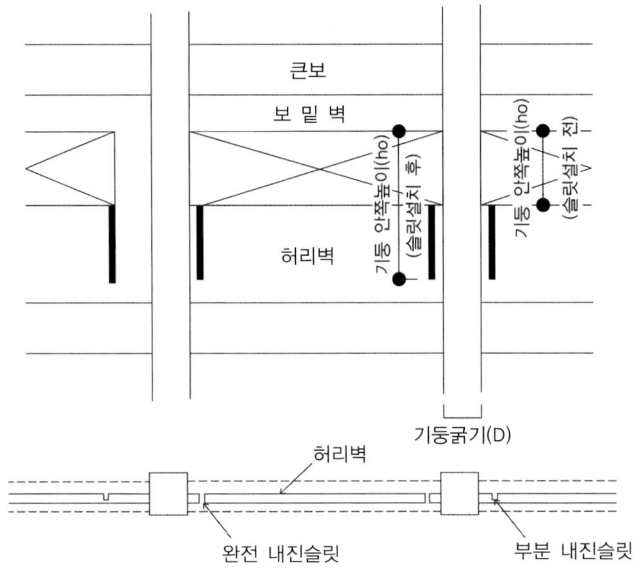

그림 7.2.14 **허리벽에 내진슬릿 설치**

(5) 지진력 저감

① 제진개수공법

제진(制震)의 원리를 이용해서 건축물을 지진에서 지키는 방법은 19세기 초에 제안되어 초고층이나 탑(塔)모양의 신축 건물에 적용되어 왔지만 지진보다도 바람하중에 대한 진동을 저감시키는 방안으로 이용되어온 경향이 있다. 이러한 방법을 기존 건축물에 대해 지진력을 저감시키기 위한 제진기구(制震機構, 메커니즘)로서 개발되어 제진개수공법으로 적극 적용되어 왔다. 앞에서도 언급했지만 초고층건축물이 장주기 지진동을 받으면 진동이 증폭되는 것이 판명되고, 제진기구를 채택한 내진개수공법이 급속히 주목을 받아 앞으로 이 분야의 기술혁신이 촉진되리라 믿는다.

현재 제진개수공법으로 적용되는 방법은 오일댐퍼, 마찰댐퍼, 점성댐퍼 등의 isolator를 조립한 제진 브레이스나 기계적 디바이스가 조립된 제진 브레이스가 있다(그림 7.2.15).

이러한 공법은 내진개수공법과 달리 건축구조물이 지진력에 의해 생기는 비교적 작은 변형에도 큰 에너지흡수를 가능하게 하는 효율적인 개수공법이라 할 수 있다. 그러나 기존 건축물의 내진성능이 극히 부족한 경우 단독으로 사용하기에는 보강량이 가대하게 되어 비경제적인 설계가 된다. 따라서 다른 유효한 내진개수공법과 병용하는 것이 바람직하다.

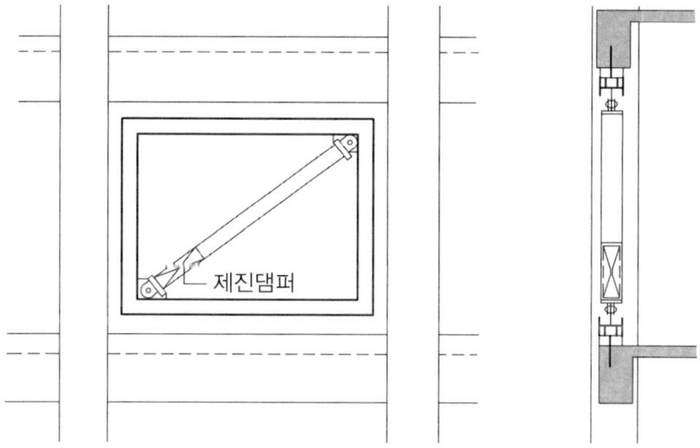

그림 7.2.15 **제진 브레이스의 예**

② 면진개수공법

건축물을 지진으로부터 지키는 방법에는 내진구조 및 제진구조 외에 면진구조를 들 수 있다. 면진(免震)의 방법은 원자력발전소 등의 중요시설을 지진으로부터 지키기 위해 외국에서도 재빨리 도입되었지만, 건축물의 중량에 의해 층상(層狀)고무가 외측으로 튀어나오는 결함이 발견되었다. 그후 얇은 층상고무와 철판을 중첩시킨 적층(積層)고무로 개선되어 급격히 구조물의 면진화가 촉진되었다. 그림 7.2.16에서처럼, 이 면진장치를 구조물의 기초(基礎)부 또는 중간층(아래층의 기둥에서, 보(beam)와 바닥 슬래브 사이 공간)에 설치되지만 일반적으로는 전자가 많다.

이 면진장치를 기존 건축물에 적용하는 이점은 건물을 사용하면서 공사할 수 있는 점이 크지만 기초면진으로 하는 경우는 공사를 하기 위해 건물 주변에 큰 공간이 필요하게 되거나 지하공사를 해야 하므로 공기(工期)가 길어질 수 있고, 개수비용도 증가하는 단점이 있다.

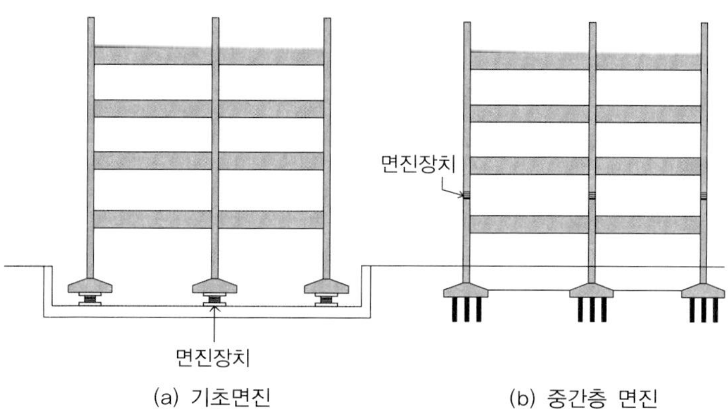

그림 7.2.16 **구조물의 면진화**

(6) 기초보강 : 기초의 내진개수공법

상부구조물이 브레이스나 벽의 증설에 의해 수평력이 증가하면 수평저항요소에 붙이는 측주(側柱)에서 큰 축방향력(축력)이 작용한다. 이 축력이 기초에 전달되면 기초의 단면 또는 지지력(支持力) 부족이 생길 수 있다. 또한 윗층 보강에 의한 수평저항요소에 작용하는 수평력이 증가하므로 기존 기둥의 수평저항력이 부족하게 된다.

이 상태를 개선하기 위해서는 기초 증설이나 말뚝을 증설하는 것이 중요하다. 기존 기초말뚝의 수평저항력이 부족하므로 현장타설 콘크리트 말뚝을 새롭게 증설한 사례가 그림 7.2.17이다.

기초콘크리트 또는 말뚝에 관한 증설공사는 주변에 부속시설이 있다든지, 공사를 위한 필요한 부지가 없는 경우나 지중에 매설물이 있는 등의 이유로 공사하기 곤란한 경우가 많다. 따라서 내진개수공사에 착수할 때는 충분한 사전조사를 실시하고 신중한 개수설계와 시공계획을 세워야 한다.

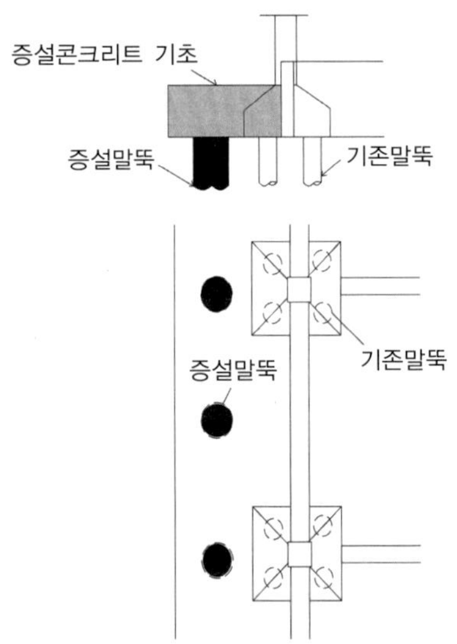

그림 7.2.17 **증설콘크리트 기초 및 기둥**

(7) 내진개수공법의 특징

표 7.1은 각종 내진개수공법이 갖는 특징에 대해 의장성, 구조보강 및 시공, 경제성의 3가지 측면에서 정리한 것이다.

이 표에서는 각 분야에서 각종 내진개수공법의 평가항목에 대해 좋다(○), 보통(△), 좋지 않다(×)로 표시되어 있다. 각종 내진개수공법에는 여러 공법이 포함되어 있고, 각각의 공법이 평가항목에 대해 동일 평가라 볼 수 없는 경우는 (△)으로 표시했다.

이 세 분야에서 강도·인성개수공법이 대부분 "좋다" 평가가 얻어졌다. 또한 강도형 개수공법, 지진력 저감, 제진 및 면진개수공법은 구조보강효과에

표 7.1 **각종 내진개수공법의 특징**

분야	평가항목	강도형	강도·인성형	인성형	내진 슬릿	제진, 면진
의장성	건물의 미관	×	○	○	△	△
	건물의 기능성	×	○	○	○	○
	채광면적이 감소 않는다	×	○	○	○	△
	보강 위치에 제한이 없다	×	△	△	×	×
구조보강 효과	강도의 향상	○	○	○	○	△
	인성의 향상	×	○	○	○	○
	기둥, 보 접합부의 보강	×	○	×	–	×
	저강도콘크리트 보강	△	○	○	○	△
	보강 대상					
	RC조	○	○	○	○	○
	SRC조	△	○	○	○	○
	S조	○	○	○		○
	보강요소의 방향성					
	1방향	○	○	○	○	○
	2방향	×	△	○	×	△
	보강방법					
	내측 부착보강	○	○	○	○	○
	외측 부착보강	△		×	○	○
시공, 경제성	사용하면서 공사 가능	△	△	△	△	–
	발코니를 철거하지 않음	×	○	○	–	○
	중장비를 사용않는다	×	○		○	×
	큰 소음, 먼지발생이 없다	×	△		×	×
	보강 후에, 후속조치가 필요하지 않다	△	○	○	○	×
	공기단축이 가능	×	○	○	○	×
	경제성	△	△	○	○	×
	지역에 환원하는 경제효과	△	○	○	○	×

기호설명 : ○ ; 좋다 △ ; 보통 × ; 좋지 않다 – ; 해당 없다

대한 평가는 높지만 시공, 경제성 면에서 "좋지 않다" 평가를 받고 있는 것이 눈에 띈다. 인성형 내진개수공법은 각 분야에서 대략 "좋다" 평가를 받고 있지만, 특별한 특징은 보이지 않는다.

3) 내진개수시 유의점

건물의 내진성에 관계되는 결점, 약점을 찾아내어 기술적으로 보강하는 것이지만 그 외 다음과 같은 여러 요인이 있을 수 있다.

(1) 내진 Level 설정

보강하는 건물이 목표로 하는 내진 Level을 어디에 맞추어 설정할까가 중요하고, 인명보존, 건물의 용도, 중요도에 따라 검토해야 된다. 즉 건물, 건물 내부의 물품이나 설비 등의 재산보존도 고려한다.

(2) 건물기능의 현상 유지

내진보강을 함에 따라 건물의 기능 일부에 지장을 주는 예가 있다. 내진벽, 브레이스 신설에 의해 통행이 불가능해지는 경우 채광, 통풍, 피난통로 방해 및 설비계통의 문제를 유발한다. 따라서 내진보강계획을 세울 때 보강 후 건물의 기능 저하 등에 대해 건물주와 상의해야 한다.

(3) 시공 가능한 보강방법

내진보강계획을 세울 때 시공자와 함께 현지조사를 충분히 검토해야 된다. 따라서 주변 건물과 근접 문제, 공사용 기기, 자재 반입문제, 기타 문제를 모두 검토한 후 시공착수가 가능하다.

(4) 시공상 문제

보강공사는 건물 사용 중에 시공되므로 건물 사용자, 거주자의 안전, 공사 중의 소음, 진동에 대해 충분히 고려하여 시공계획을 세워야 하며, 또 공사 기간을 가능한 단축해야 한다.

7-3 기존 학교건물의 내진보강 사례

1. 기존 학교시설물 내진성능 평가의 필요성

최근 우리나라뿐만 아니라 주변 국가의 지진발생률이 증가하는 상황에서 정부차원에서는 모든 시설물의 지진에 대한 성능검토를 위한 방안을 제시하여 지진발생 시 국민의 안전을 확보하고 경제적 손실을 저감할 필요가 있다. 특히 어린이들의 교육장소인 학교건축물 지진에 대한 안전성 확보는 필수적인데 비하여 2005년 4월 이전의 5층 이하 학교건축물들은 내진설계가 수행되지 않아서 지진에 대한 안전성 평가가 필수적이다. 이러한 맥락에서 교육부에서 "지진재해대책법" 제14조의 규정에 따라 학교시설물의 내진보강을 위해 "학교시설 내진설계기준(2009년 4월 30일)"을 제정 · 고시하고 "학교시설 내진보강사업 기본계획(2009년 12월 21일)"을 발표하여 지진발생시 대규모 피해 가능성이 있는 8,500여 동 시설에 대한 내진보강 사업을 추진 중에 있다.

표 7.2 **내진설계 대상 건축물의 변천**

적용일자	법조항	건축물 규모	담당기관
1988년 02월 24일	건축법 시행령 제16조	6층 이상 또는 연면적 100,000m^2 이상	국토교통부
1995년 12월 30일	건축법 시행령 제32조	6층 이상 또는 연면적 10,000m^2 이상	국토교통부
2005년 04월 06일	건축물의 구조기준 등에 관한 규칙 제7조	3층 이상 학교시설물	국토교통부
2005년 07월 18일 (KBC 2005)	건축법 시행령 제32조	3층 이상 또는 연면적 1,000m^2 이상	국토교통부
2009년 04월 30일	학교시설 내진설계기준	모든 초 · 중 · 고등학교 시설물	교육부
2009년 12월 31일 (KBC 2009)	건축물의 구조기준 등에 관한 규칙 제56조	지진구역 I 지역의 모든 학교시설물	국토교통부
향후 법개정 예정	-	신축되는 모든 건축물	-

2. 기존 학교시설물 내진성능 평가방법

1) 학교시설 내진성능 평가 및 내진보강 가이드라인

학교시설 내진성능 평가 및 내진보강 가이드라인(한국교육개발원)에 의한 성능평가방법은 예비평가와 상세평가로 구분하여 수행되며, 구조물의 장변방향 및 단변방향에 대해 각각 독립적으로 수행하는 것을 원칙으로 한다. 또한 이 평가방법은 6층 이하의 정형구조물을 평가 대상으로 하고 있으며, 7층 이상이나 비정형성 건물은 별도로 내진성능을 검토하여야 한다.

(1) 내진성능 예비평가

내진성능 예비평가는 평가용 지진가속도 수준에 대해서 수직부재(기둥, 벽체 및 조적 채움벽)의 재료강도와 단면치수에 의해서 약산적으로 구조물의 극한강도를 평가하는 것을 원칙으로 한다. 다만, 편의상 평가대상 학교 시설물의 1층의 장변방향 및 단변방향에 대해서 각각 평가하는 것을 원칙으로 한다.

(2) 내진성능 상세평가

내진성능 상세평가는 원칙적으로 수평부재는 매우 강하다고 가정하고(전단빌딩 모델) 건축물이 갖고 있는 보유성능을 극한강도와 극한변형을 이용하여 간략하게 계산하여 비선형 요구내력 스펙트럼을 평가용 최대지진가속도 수준까지 순차적으로 지진손상도를 추정(잔존 내진성능)하여 내진성능을 평가한다.

2) 기존 시설물 내진성능 평가 및 향상 요령(한국시설안전공단)

(1) 내진성능 예비평가

평가대상 건축물에 대한 내진성능 상세평가의 필요성을 판단하기 위한 목적으로 실시한다. 예비평가에서는 약산식을 사용하여 정형건축물의 강도를 산정하여 내진성능을 보수적으로 평가한다. 다만, 구조물의 장변방향 및 단변방향에 대해서 각각 독립적으로 수행하는 것을 원칙으로 한다.

(2) 1단계 내진성능 상세평가(선형 정적해석 및 선형 동적해석)

고려대상 지진력에 대한 인공 지진력이나 반응스펙트럼(R=1)을 적용하여 탄성해석을 수행하고, 해석결과를 토대로 부재의 연성능력을 고려(M factor)하여 강도 측면에서 내진성능을 평가한다. 1단계 내진성능 상세평가를 생략하고 2단계 내진성능 평가를 수행할 수도 있다. 1단계 내진성능 상세평가는 비정형성이 높은 건축물에 대해서도 적용 가능하다.

(3) 2단계 내진성능 상세평가(비선형 정적해석 혹은 비선형 동적해석)

비선형 정적해석을 통해 성능점을 구하고 성능점에서 발생한 부재의 응력 및 변형을 개별 부재의 연성도 및 변형능력과 비교하여 검토한다. 비선형 정적해석은 구조물의 장변방향 및 단변방향에 대해 각각 독립적으로 수행하는 것을 원칙으로 하며, 각 방향 1차 고유주기의 질량참여율이 75% 이상인 경우에 평가 결과를 신뢰할 수 있으며, 질량 참여율이 75% 미만인 경우에는 비선형 동적해석을 수행하여 내진성능을 평가한다.

3) 기존 학교시설물 내진성능 평가에 있어서 중요 고려사항

구조물의 내진성능에 영향을 미치는 요인은 다음과 같다.

① 평가 대상 구조물의 정형, 비정형성, 규모 및 동적 특성 등을 고려하여 적용 가능한 성능평가방법으로 내진성능을 평가하여야 한다.

② 구조물의 동적 특성을 반영하도록 기둥, 보 및 전단벽들만 고려하여 구조해석을 하지 말고, 구조물의 동적 특성에 영향을 주는 요소(비구조요소)들을 최대한 모델링에 반영하여 구조물의 고유주기가 실제 구조물과 근사하게 평가되어야 지진력에 저항하는 힘의 크기를 정확하게 평가할 수 있다.

③ 평가대상 구조물의 창문 하부 허리벽이나 인방보 위의 작은 벽(垂壁) 등에 의한 기둥의 단주효과를 고려하여 구조해석을 수행하여야 한다.

그림 7.3.1 **기둥의 단주효과로 인한 전단파괴 양상**

④ 평가대상 구조물의 채움 조적벽이 전체 구조물의 내진성능에 영향을 미치므로 채움 조적벽을 고려하여 구조해석을 수행하여야 한다. 다만,

채움 조적벽의 위치이동이 가능하면 조적벽 철거 후 방음처리된 경량 벽체의 설치가 대안이 될 수도 있다.

3. 기존 학교시설물에 대한 내진성능 평가 사례

1) 구조물의 개요

표 7.3 **대상 건축물의 개요**

<table>
<tr><td>대상 건축물</td><td colspan="4">OO유치원</td><td>주 용 도</td><td colspan="2">교육시설</td></tr>
<tr><td>건축 연면적</td><td colspan="4">2,420.661m^2 (증축 면적 포함)</td><td>시설물 규모</td><td colspan="2">지상 3층</td></tr>
<tr><td>건축물 높이</td><td colspan="4">10.7m (지붕바닥 기준)</td><td>구조형식</td><td colspan="2">철근콘크리트 모멘트골조</td></tr>
<tr><td>기 준 스 팬</td><td colspan="4">4.5×7.5m, 4.5×12.0m</td><td>기초형식</td><td colspan="2">독립기초</td></tr>
<tr><td rowspan="5">재 료 강 도</td><td rowspan="2">콘크리트</td><td>기존부</td><td colspan="2">21MPa</td><td rowspan="5">층 고</td><td>3층</td><td>3.8m</td></tr>
<tr><td>증축부</td><td colspan="2">24MPa</td><td rowspan="2">2층</td><td rowspan="2">3.5m</td></tr>
<tr><td rowspan="3">철근</td><td rowspan="2">기존부</td><td>D16이상</td><td>400MPa</td></tr>
<tr><td>D13이하</td><td>300MPa</td><td rowspan="2">1층</td><td rowspan="2">3.4m</td></tr>
<tr><td>증축부</td><td colspan="2">400MPa</td></tr>
</table>

(1) 내진성능 평가를 위한 일반사항

① 유효지반가속도(S) : 0.22g

② 지반의 종류 : S_B

③ 중요도계수(I) : 1.3

④ 단주기 설계스펙트럼(S_{DS}) : 0.367g

⑤ 최대 입력가속도($\alpha = S_{DS}/2.5$) : 0.147g

⑥ 단주기 지반증폭계수(F_a) : 1.0

⑦ 1초 주기 지반증폭계수(F_v) : 1.0

⑧ 목표 내진성능 : 2400년 재현주기 지진의 2/3 수준에서 인명안전(LS) 수준 확보

⑨ 내진성능 평가를 위한 요구스펙트럼

⑩ 평가대상 구조물의 형상

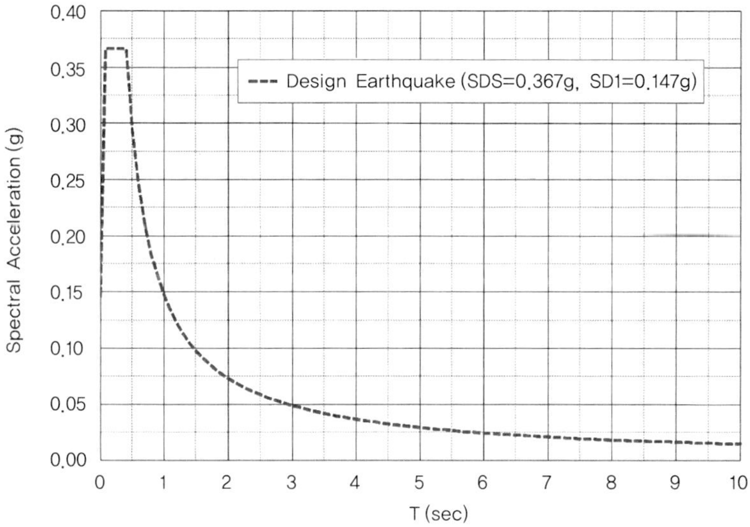

그림 7.3.2 **성능평가를 위한 요구스펙트럼**

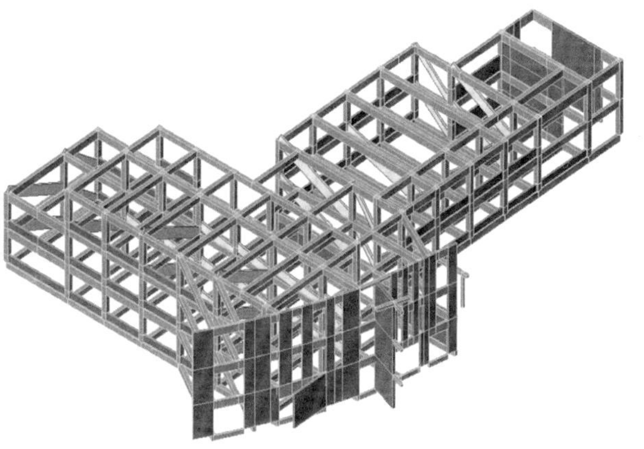

그림 7.3.3 **평가대상 구조물 형상**

(2) 내진성능 평가방법 결정

평가대상 건축물의 형태가 비정형이므로 학교시설 내진성능 평가 및 내진보강 가이드라인(한국교육개발원)의 평가법에 의한 예비평가는 신뢰도가 낮아서 적용하지 않으며, 상세평가는 각 부재의 파괴모드는 간략한 평가로 예측할 수 있으므로 학교시설 내진성능 평가 및 내진보강 가이드라인에 의한 상세평가를 수행하였다.

기존 시설물 내진성능 평가 및 향상 요령에 의한 내진성능 평가방법(한국시설안전공단)은 비선형 정적해석에서는 1차 고유주기의 질량참여율이 75%에 미치지 못하여 보조적으로 수행하여 목표성능수준을 만족하는지 검토하였다.

2) 한국교육개발원 가이드라인에 의한 내진 상세평가

본 평가방법에 의한 대상 건축물의 잔존 내진성능(RSC)을 정리하면 다음과 같다.

표 7.4 X방향 잔존 내진성능(RSC) 산정

층	특정 연성률	연성률별 지진가속도	보유 성능	부재의 손상도		내진성능 저감계수(η)		지진피해 후의 보유성능	잔존 내진성능
	μ_f	$\alpha(g)$	E_o	전단파괴	휨파괴	전단파괴	휨파괴	${}_DE_o$	RSC(%)
3	0.06	0.500	0.970	I	0	0.95	1.00	0.936	96.5
	0.168	0.500		II	I	0.60	0.95	0.683	70.4
	0.3	0.500		III	I	0.30	0.95	0.479	49.4
	0.6	0.500		IV	I	0.00	0.95	0.427	44.0
	1	0.500		IV	II	0.00	0.75	0.337	34.7
2	0.06	0.288	0.763	I	0	0.95	1.00	0.728	95.4
	0.168	0.307		II	I	0.60	0.95	0.485	63.6
	0.3	0.330		III	I	0.30	0.95	0.280	36.7
	0.6	0.383		IV	I	0.00	0.95	0.129	16.9
	1	0.429		IV	II	0.00	0.75	0.101	13.2
1	0.06	0.124	0.500	I	0	0.95	1.00	0.476	95.2
	0.168	0.128		II	I	0.60	0.95	0.310	62.0
	0.3	0.132		III	I	0.30	0.95	0.169	33.8
	0.6	0.143		IV	I	0.00	0.95	0.051	10.2
	1	0.165		IV	II	0.00	0.75	0.040	8.0

표 7.5 Y방향 잔존 내진성능(RSC) 산정

층	특정 연성률	연성률별 지진가속도	보유 성능	부재의 손상도		내진성능 저감계수(η)		지진피해 후의 보유성능	잔존 내진성능
	μ_f	$\alpha(g)$	E_o	전단파괴	휨파괴	전단파괴	휨파괴	${}_DE_o$	RSC(%)
3	0.06	0.234	0.609	I	0	0.95	1.00	0.598	98.2
	0.168	0.273		II	I	0.60	0.95	0.542	89.0
	0.3	0.321		III	I	0.30	0.95	0.526	86.4
	0.6	0.430		IV	I	0.00	0.95	0.521	85.6
	1	0.500		IV	II	0.00	0.75	0.411	67.5
2	0.06	0.209	0.627	I	0	0.95	1.00	0.603	96.2
	0.168	0.229		II	I	0.60	0.95	0.427	68.1
	0.3	0.254		III	I	0.30	0.95	0.283	45.1
	0.6	0.309		IV	I	0.00	0.95	0.214	34.1
	1	0.375		IV	II	0.00	0.75	0.169	27.0
1	0.06	0.143	0.576	I	0	0.95	1.00	0.551	95.7
	0.168	0.153		II	I	0.60	0.95	0.373	64.8
	0.3	0.165		III	I	0.30	0.95	0.223	38.7
	0.6	0.191		IV	I	0.00	0.95	0.133	23.1
	1	0.220		IV	II	0.00	0.75	0.105	18.2

대상 건축물의 최대 입력가속도는 0.147g이므로 위 표의 $\alpha(g)$값이 0.147 정도에 해당하는 잔존 내진성능(%)을 직선보간하면 그 값이 해당 층의 잔존 내진성능으로 결정된다. 이러한 값을 정리하여 대상 건축물의 내진성능을 판별한 결과는 표 7.6~표 7.7과 같다.

표 7.6 **X방향 내진성능등급 및 최종판정**

층	2400년 재현주기 지진의 2/3					
	RSC(%)	피해 구분	성능수준	내진성능 등급	내진성능 판정	예측보강량 (kN)
3	96.4%	경미한 피해	OP	A	O.K.	-
2	95.4%	경미한 피해	OP	A	O.K.	-
1	9.8%	붕 괴 위 험	Collapse	E	보강/철거판단	951.4

표 7.7 **Y방향 내진성능등급 및 최종판정**

층	2400년 재현주기 지진의 2/3					
	RSC(%)	피해 구분	성능수준	내진성능 등급	내진성능 판정	예측보강량 (kN)
3	98.1%	경미한 피해	OP	A	O.K.	-
2	96.1%	경미한 피해	OP	A	O.K.	-
1	83.5%	소규모 피해	IO	A	O.K.	-

본 평가법에 의한 대상 건축물의 내진성능은 X방향의 경우 1층에서 E등급으로 붕괴위험(Collapse) 수준으로 평가되었으며, Y방향의 경우 A등급으로 즉시거주(IO) 수준으로 평가되었다.

어떤 내진보강량이 예측되면 보강 후의 내진성능을 다시 평가하여 목표 내신성능이 만족될 때까지 반복적으로 성능평가를 수행하여야 한다. 이와 같이 내진보강량을 예측해 보면 X방향의 경우 1층에서 약 952kN의 내진보강량이 필요한 것으로 예측되었다.

3) 보강 전 대상 구조물의 내진성능 평가

(1) 기존 시설물 내진성능 평가 및 향상 요령의 1단계 내진성능 평가

본 평가방법에 의해 보강 전 대상 건축물의 각 부재별 성능수준을 정리하면 그림 7.3.4와 같다.

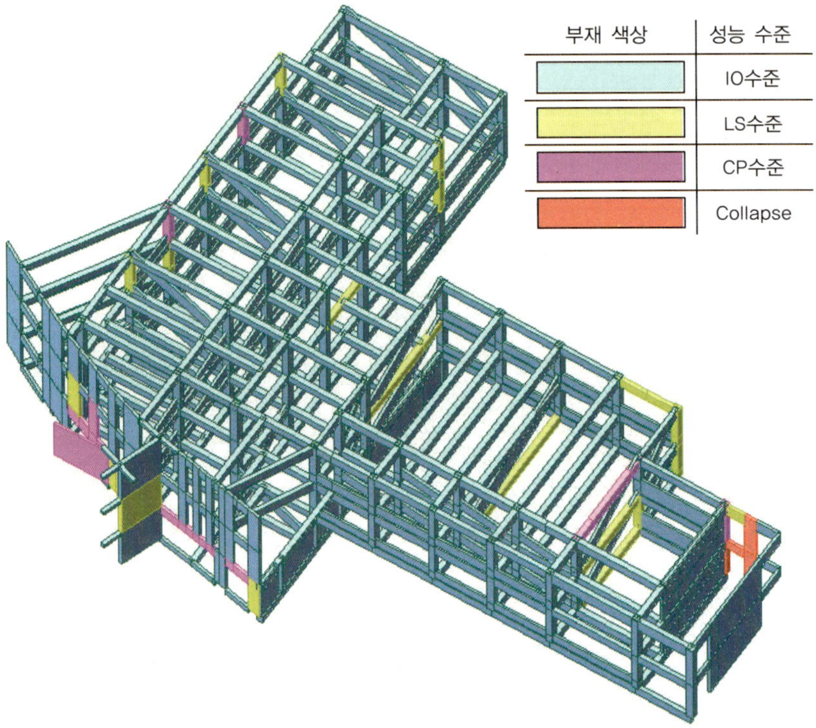

그림 7.3.4 **대상 건축물의 선형 동적해석(LDP)에 의한 각 부재별 성능수준**

표 7.8 **보강 전 구조물의 각 성능 수준을 만족하는 연직하중 분담비율(%)**

층	수평부재				수직부재				내진 성능수준
	IO수준	LS수준	CP수준	붕괴위험	IO수준	LS수준	CP수준	붕괴위험	
RF	90.9	93.2	100.0	0.0	–	–	–	–	IO
3F	90.9	99.6	99.6	0.4	92.8	96.6	99.2	0.8	IO
2F	84.3	93.1	100.0	0.0	87.7	97.5	98.1	1.9	IO
1F	100.0	100.0	100.0	0.0	95.8	99.0	100.0	0.0	IO
1단계 성능평가에 의한 보강 전 전체 구조물의 내진성능 수준									IO

보강 전 대상 건축물은 내진성능수준이 즉시거주(IO)로 평가되었지만, 국부적인 붕괴위험 부재가 존재하므로 이러한 붕괴위험을 제거하기 위한 내진보강이 수행되어야 할 것으로 판단된다.

(2) 기존 시설물 내진성능 평가 및 향상 요령의 2단계 내진성능 평가

본 평가방법에 의해 보강 전 대상 건축물의 성능점을 산정하면 그림 7.3.5와 같다.

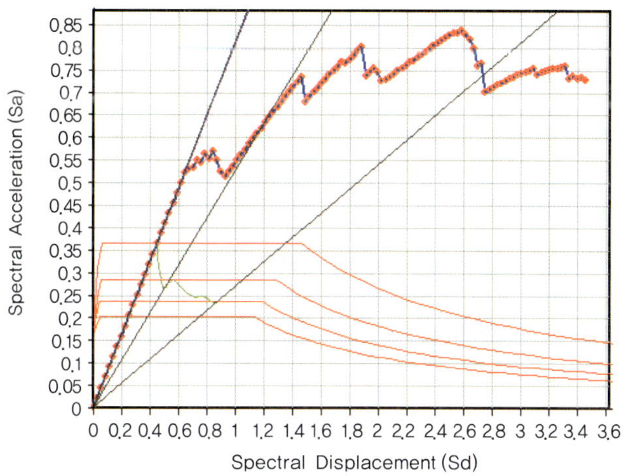

(a) X방향 성능점 산정

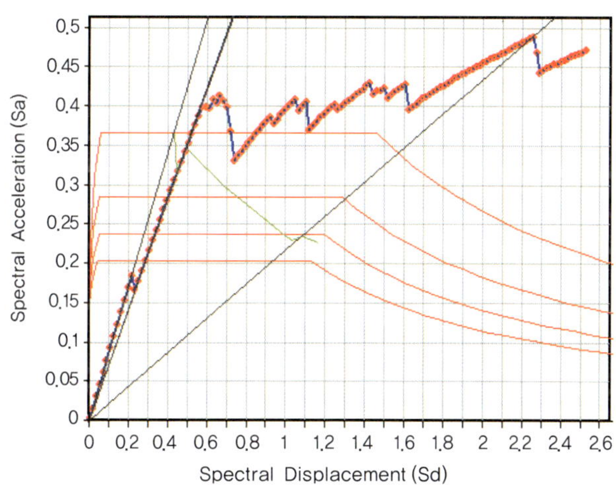

(b) Y방향 성능점 산정

그림 7.3.5 **보강 전 구조물의 성능점 산정**

X방향 성능점에서의 밑면 전단력과 변위는 6,048kN과 0.39cm로 평가되었으며, 1차 파괴시의 밑면 전단력이 약 8,500kN이므로 성능점의 밑면 전단력에 비하여 1.4배 정도의 여유가 있는 것으로 평가된다. Y방향 성능점에서의 밑면 전단력과 변위는 6,451kN과 0.582cm로 평가되었으며, 성능점 형성 이전에 1차 파괴가 발생함을 알 수 있다.

또한 보강 전 대상 건축물의 성능점에서 소성힌지 분포를 보면 그림 7.3.6 ~그림 7.3.7과 같다.

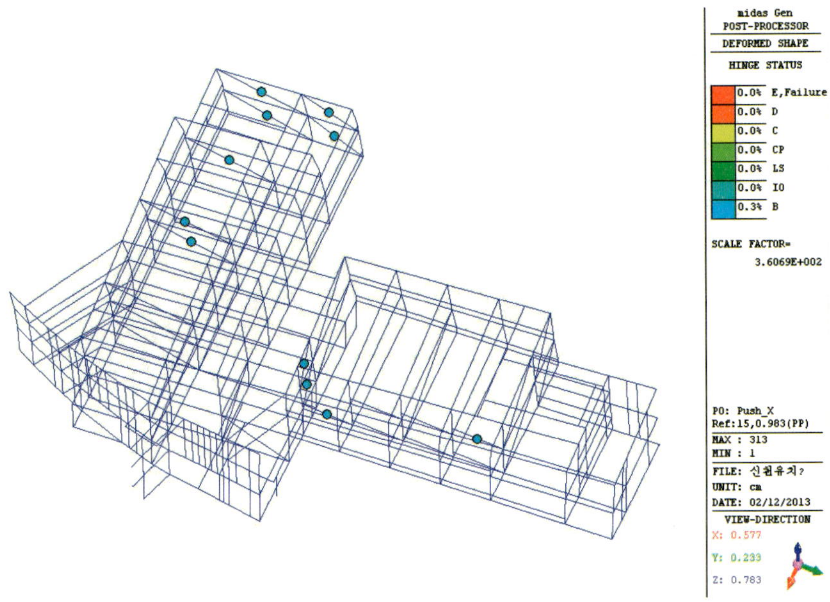

그림 7.3.6 **보강 전 구조물의 X방향 소성힌지 분포 및 상태**

X방향 지진력에 의한 성능점에서의 소성힌지 분포를 살펴보면 전체 부재가 즉시거주(IO) 수준을 충분히 만족하고 있는 것으로 평가되었다.

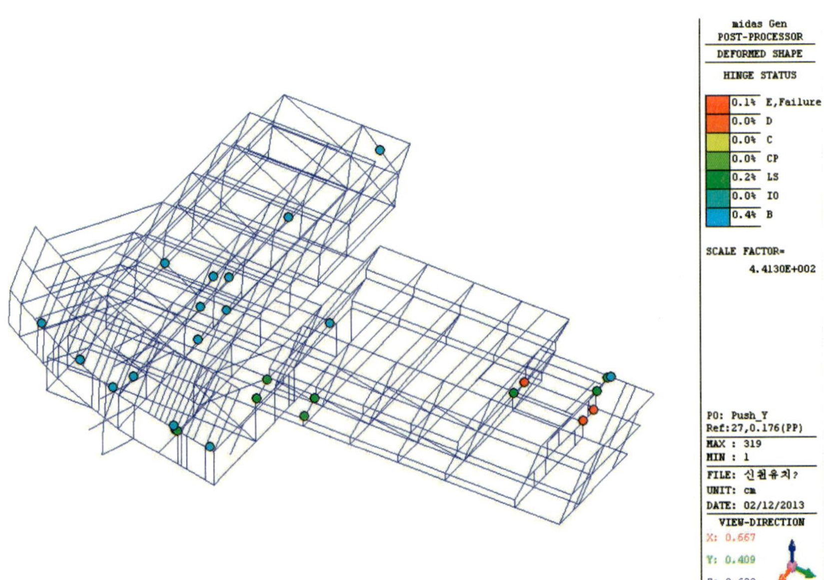

그림 7.3.7 **보강 전 구조물의 Y방향 소성힌지 분포 및 상태**

Y방향 지진력에 의한 성능점에서 소성힌지 상태를 살펴보면, 2층 부분에서 일부의 기둥이 붕괴위험(Collapse) 수준으로 나타났다. 따라서 붕괴위험(Collapse) 수준의 부재에 대하여 내진성능을 만족할 수 있도록 내진보강을 수행한다면 전체 구조물은 목표내진성능을 충분히 만족하는 것으로 판단된다. 그러나 붕괴위험(Collapse) 수준이 아닐지라도 불확실성을 고려하여 전단력에 대한 내진보강을 수행하는 것이 타당하다고 판단된다.

(3) 보강 전 구조물의 내진성능 평가 결과

대상 구조물에 대하여 2400년 재현주기 지진의 2/3 수준을 기준으로 한국교육개발원 가이드라인과 한국시설안전공단의 내진성능 평가를 수행하였으며, 목표내진성능은 인명안전(LS) 수준을 기준으로 평가하였다. 내진성능 평가 결과를 정리하면 다음과 같다.

① 한국교육개발원의 평가방법에 의한 평가결과 X방향의 경우 약 1,000kN 이하의 보강량이 산정되었으며, Y방향에서는 보강이 불필요한 것으로 평가되었다.

② 한국시설안전공단 방법에 의한 1단계 내진성능 평가 결과 구조물 전체의 성능은 목표내진성능인 인명안전(LS) 수준을 충분히 만족하지만, 국부적인 부재에서 붕괴위험이 발생되는 것으로 평가되었다. 따라서 붕괴위험(Collapse) 수준이 아니더라도 지진에 대한 불확실성을 내포하는 부재에 대해서는 내진보강이 필요한 것으로 판단된다.

③ 한국시설안전공단 방법에 의한 2단계 내진성능 평가 결과 X방향의 경우 구조물 전체의 내진성능은 목표내진성능인 인명안전(LS) 수준을 충분히 만족하는 것으로 나타났다. 또한 Y방향도 목표내진성능인 인명안전(LS) 수준으로 만족되었지만 1단계 평가에서와 마찬가지로 불확실성을 내포하는 부재에 대해서는 내진보강이 필요한 것으로 판단된다.

(4) 보강 후 대상 구조물의 내진성능 평가

① 한국시설안전공단의 1단계 내진성능 평가

본 평가방법에 의해 보강 후 대상 건축물의 각 부재별 성능 수준을 정리하면 그림 7.3.8과 같다.

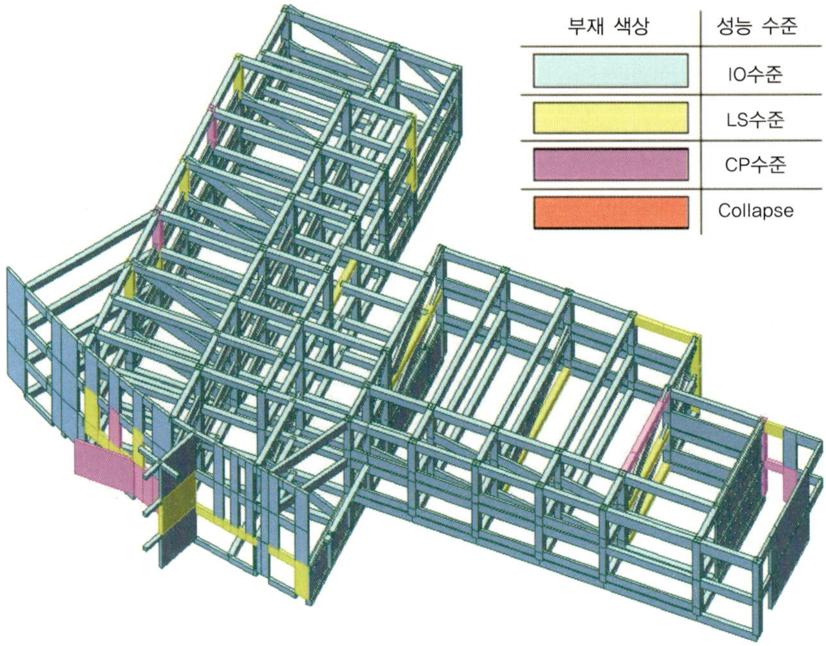

그림 7.3.8 **보강 후 구조물의 선형 동적해석(LDP)에 의한 각 부재별 성능수준**

표 7.9 **보강 후 구조물의 각 성능 수준을 만족하는 연직하중 분담비율(%)**

층	수평부재				수직부재				내진 성능수준
	IO수준	LS수준	CP수준	붕괴위험	IO수준	LS수준	CP수준	붕괴위험	
RF	90.9	93.2	100.0	0.0	–	–	–	–	IO
3F	90.9	99.6	100.0	0.0	93.7	97.4	100.0	0.0	IO
2F	87.0	100.0	100.0	0.0	92.2	97.5	100.0	0.0	IO
1F	100.0	100.0	100.0	0.0	95.8	96.2	100.0	0.0	IO
1단계 성능평가에 의한 전체 구조물의 내진성능 수준									IO

보강 전에는 붕괴위험(Collapse) 수준으로 평가된 부재가 보강 후에는 붕괴방지(CP) 수준으로 향상되었고, 부분적으로 부재의 성능 수준이 향상되었으며, 보강 이후 모든 부재에서 붕괴위험(Collapse) 수준의 부재는 존재하지 않았다. 따라서 보강 후의 대상 건축물은 내진성능 수준은 즉시거주(IO) 수준으로 평가할 수 있다.

② 한국시설안전공단의 2단계 내진성능 평가

본 평가방법에 의해 보강 후 대상 건축물의 성능점을 산정하면 그림 7.3.9와 같다.

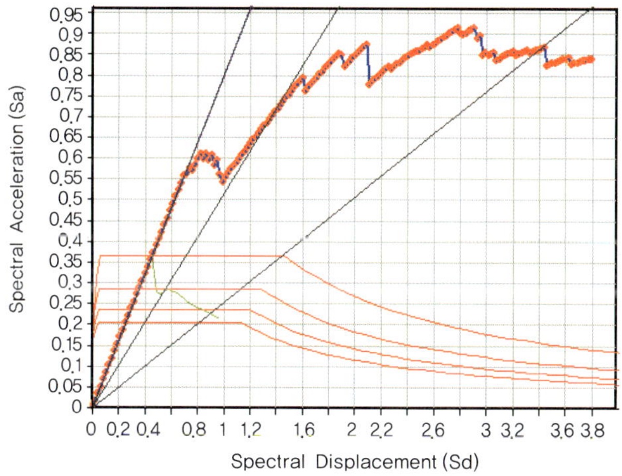

(a) X방향 성능점 산정

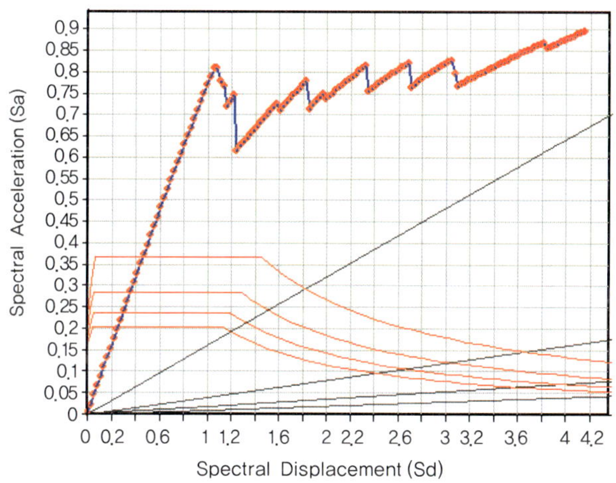

(b) Y방향 성능점 산정

그림 7.3.9 **보강 후 구조물의 성능점 산정**

보강 후 X방향 성능점에서의 밑면 전단력과 변위는 5,538kN과 0.359cm로 평가되었으며, 1차 파괴시의 밑면 전단력이 약 8,500kN이므로 성능점의 밑면 전단력에 비하여 1.5배 정도의 여유가 있는 것으로 평가된다. 이러한 보강 후의 X방향 성능점에서 밑면 전단력과 변위는 보강 전에 비하여 다소 낮게 평가되었다. 그 이유는 보강으로 인한 질량참여율 변화가 원인으로 그 차이는 미미한 것으로 판단된다.

보강 후 Y방향 성능점은 탄성상태(Elastic)로 판정되어 성능점이 나타나지 않았다. 따라서 댐핑(damping)비가 5%인 탄성스펙트럼에 의해 성능점을 유추하면 약 17step에서 형성되며, 밑면 전단력과 변위는 4,085.6kN과 0.34cm로 평가되었다. 이러한 성능점에서 밑면 전단력은 1차 파괴시의 밑면 전단력이 약 8,800kN이므로, 1차 파괴시까지 약 2.1배 정도의 여유가 있는 것으로 평가된다.

또한 보강 후 대상 건축물의 성능점에서 소성힌지 분포를 보면 그림 7.3.10 ~그림 7.3.11과 같다.

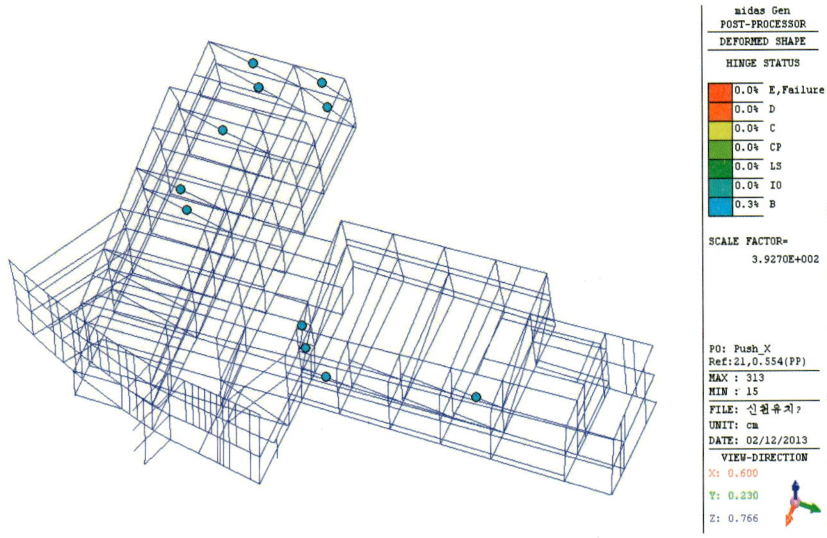

그림 7.3.10 **보강 후 구조물의 X방향 소성힌지 분포 및 상태**

X방향 지진력에 의한 성능점에서 소성힌지 상태를 살펴보면 보강 전의 소성힌지 상태와 거의 동일한 양상을 나타내고 있어 전체 부재에 대한 내진성능은 목표성능인 인명안전(LS) 수준을 충분히 만족시키는 것으로 판단된다.

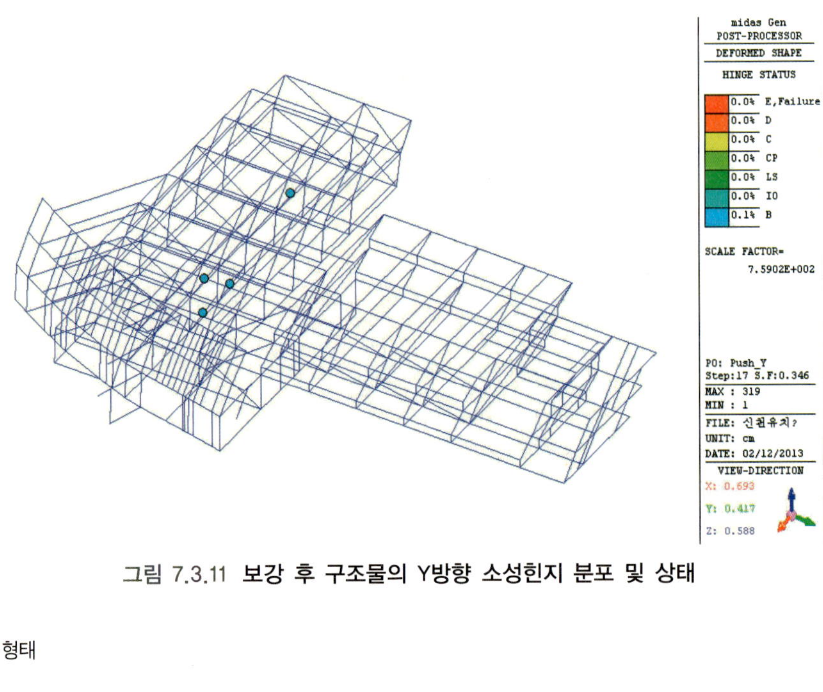

그림 7.3.11 **보강 후 구조물의 Y방향 소성힌지 분포 및 상태**

Y방향 지진력에 의한 성능점에서 소성힌지 상태를 살펴보면 보강 전 구조물에서 발생했던 붕괴위험(Collapse) 수준과 붕괴방지(CP) 수준의 부재가 모두 목표내진성능인 인명안전(LS) 수준을 만족하는 것으로 나타났다.

③ 보강 후 구조물의 내진성능 평가 결과

2400년 재현주기 지진의 2/3 수준으로 지진력 작용시 내진보강 후의 구조물에 대한 내진성능을 평가한 결과는 다음과 같다.

㉠ 한국시설안전공단의 내진성능 향상 요령에 의한 1단계 내진성능 평가 결과 구조물 전체의 성능은 목표성능인 인명안전(LS) 수준을 만족하고, 국부적인 부재의 붕괴위험(Collapse)은 발생되지 않았다. 따라서 2400년 재현주기 지진의 2/3 수준 지진에 대한 구조적 안전성 및 사용성을 충분히 만족하는 것으로 판단된다.

㉡ 한국시설안전공단의 2단계 내진성능 평가 결과 1단계 성능평가 결과와 마찬가지로 2400년 재현주기 지진의 2/3 수준 지진에 대한 구조적 안전성 및 사용성을 충분히 만족하는 것으로 판단된다.

부록 벽식아파트 실무설계이야기

1) 벽식 고층 아파트 설계시 주요 검토사항

• 일반사항

① 타워형 슬래브 절곡부 ; 절곡부를 지점으로 하는 좌 · 우 세대 간의 층전단력이 절곡부 부분의 벽체와 슬래브가 일체로 거동하면서 슬래브의 면내응력(휨, 전단)에 저항하면서 인접벽체에 층전단력을 전달할 수 있어야 한다.

② 세대간 층차(層差) 절곡부 ; 층 절곡부의 상 · 하 횡변위량 차이에 의해 절곡부 벽체 면외응력이 설계단면에서의 안전성이 확보되어야 한다.

③ 코어 슬래브 ; 각층의 슬래브는 구조해석시 격막(diaphragm)으로 가정되며, 이 격막이 횡력에 대한 안전성이 확보되어야 한다.

④ 주동(APT)과 주차장 연결부 ; 주동 아파트(high rise)와 지하주차장(podium)의 연결 부분 축력에 의한 기둥 축소(column shortening) 및 침하(settlement)에 대한 안전성이 확보되어야 한다.

2) 주동(APT, 벽식구조)과 지하주차장(라멘구조)의 접합부 문제

(1) 구미 OO아파트 검토 사례

① 타워형 APT 슬래브 절곡(折曲)부 및 층차(層差) 절곡부 구조해석 결과

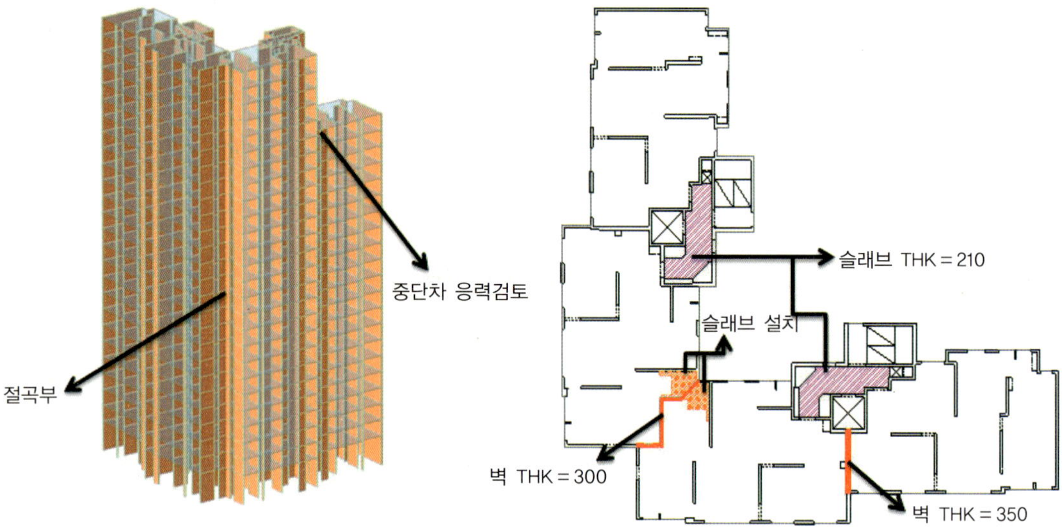

그림 부-01 **평면**

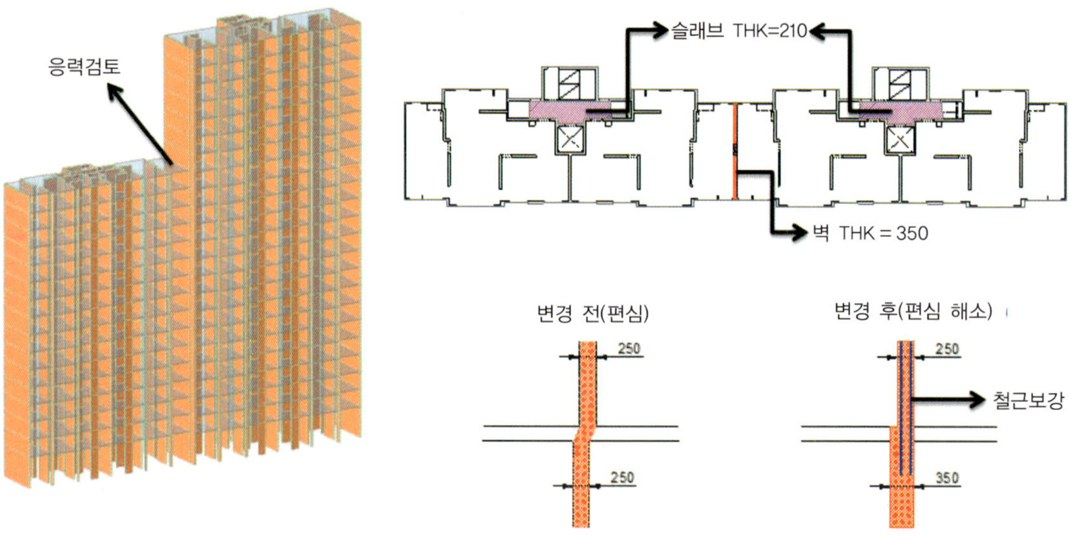

그림 부-02 **보강 방안**

다이어프램 기능의 약화를 우려한 상기 건물에 대한 구조해석 결과 상부 주동 평면과 같이 절곡부 벽체 두께를 250에서 300, 350으로 상향 조정하고, 슬래브 Open을 최소화하며, 거실 바닥 두께와 동일한 210mm으로 조정하는 것이 바람직했다.

② 주동(APT)과 주차장 연결부 응력집중 해석

부표-01

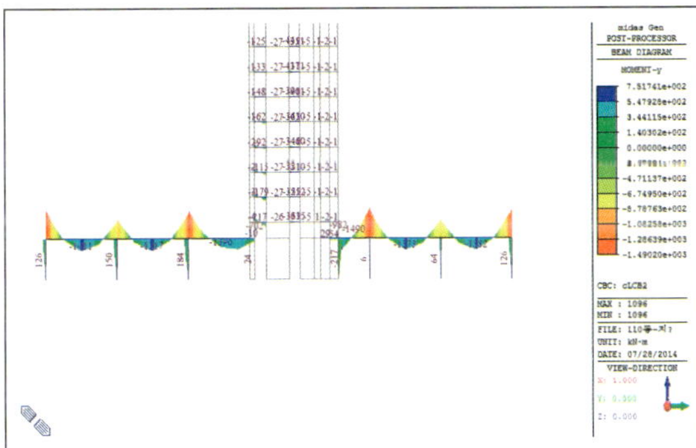	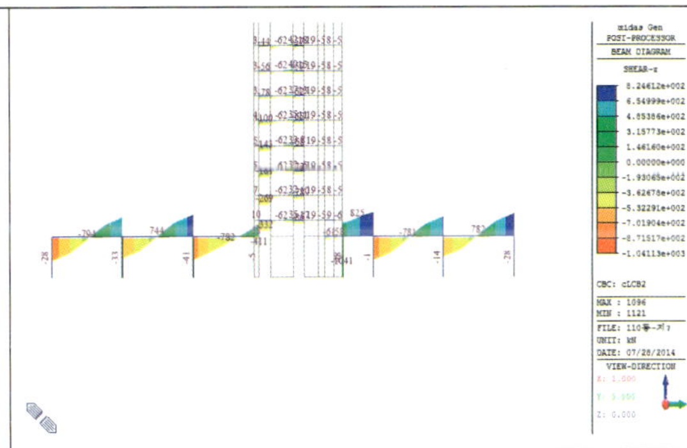
B.M.D.	S.F.D.

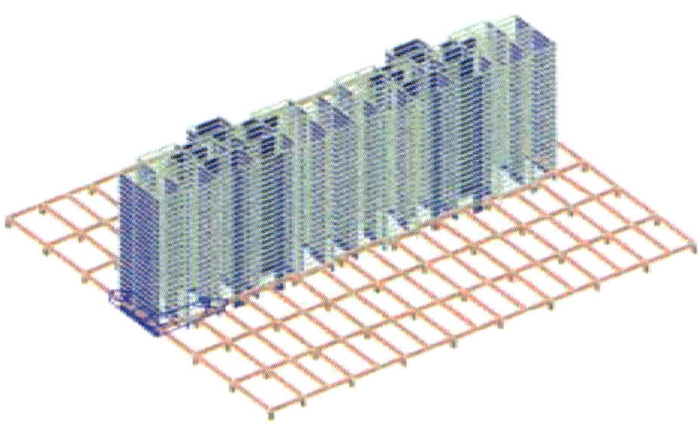

그림 부-03 **주동+주차장 구조 모델링**

해석결과 아파트와 인접한 스팬이 짧을수록 모멘트와 전단력이 증대된 것을 확인할 수 있었다. 아파트와 인접한 첫 번째 기둥열에 보단부를 힌지처리할 경우 응력집중을 해소할 수 있었고, 이곳을 RC와 PC의 경계부로 계획하면 delay joint(D.J)와 construction joint(C.J)가 동시에 이루어질 수 있어서 시공성을 향상시킬 수 있다고 판단하였다.

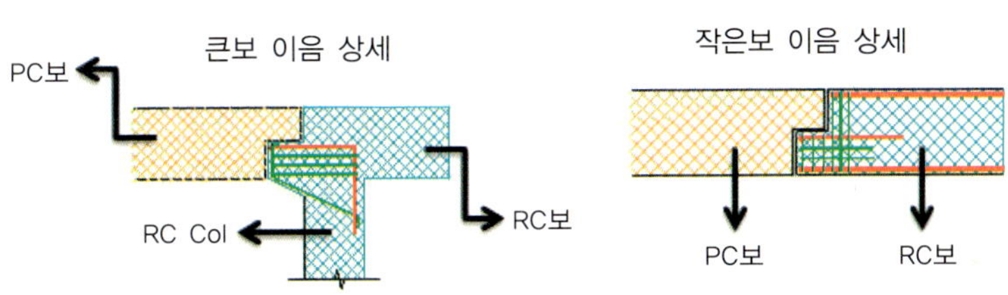

그림 부-04 **조인트 상세**

(2) 경산 OO아파트 검토 사례

그림 부-05 **구조 모델링**

① 설계 개요

– 건물 규모 : 지하 2층, 지상 35층

– 구조 형식 :

구 분	구 조 형 식
주거시설	1. 구조형식 : 철근콘크리트구조 2. 중력하중 저항시스템 : 슬래브+RC벽 3. 횡하중 저항시스템 : RC벽 4. 기초형식 : MAT (파일 및 지내력 기초)
지하주차장	1. 구조형식 : 철근콘크리트구조, PC구조 2. 바닥 시스템 : 빔 & 거더 시스템 3. 기초형식 : 독립기초 (파일 및 지내력 기초)

② 주차장과 연결되는 주동(APT) 부분의 조인트 계획 검토

기둥과 테두리보를 설치하여 횡강성을 확보하고, 전체 구조 모델링에 따른 응력 해석결과 응력집중 등을 고려하여 주동과 연결되는 주차장 1~2 스팬을 RC로 계획하고, RC구조의 특성을 고려하여 주동과 고정으로 연결하였다.

㉠ 횡력에 대한 변위 비교

부표-02 **횡력에 대한 변위 비교**

	주동+주차장 고정으로 해석	주동+주차장 PIN으로 해석
RX	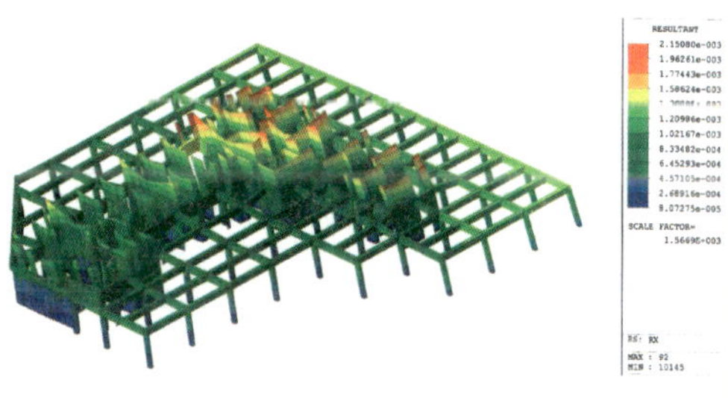	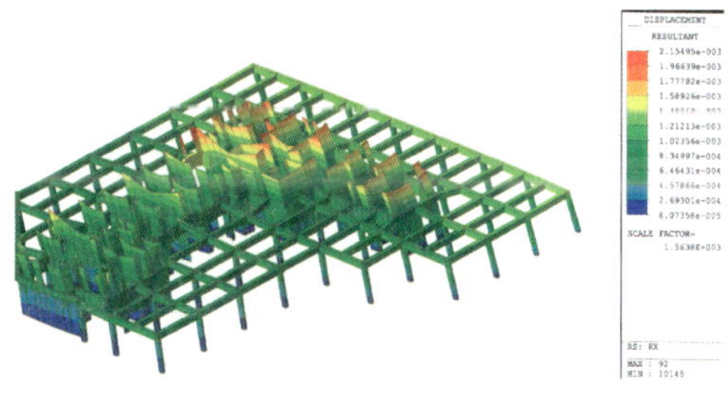
RY	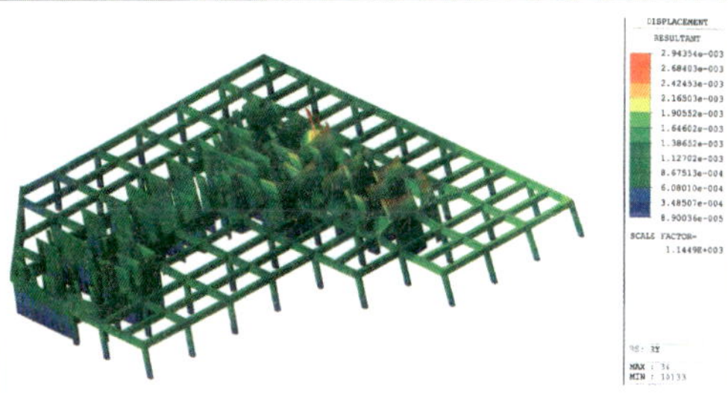	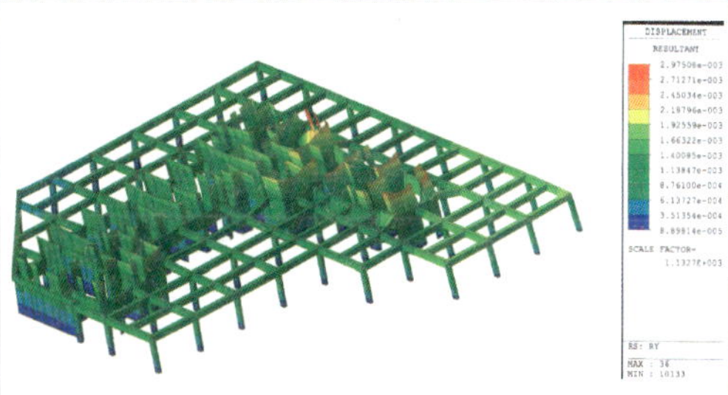
WX	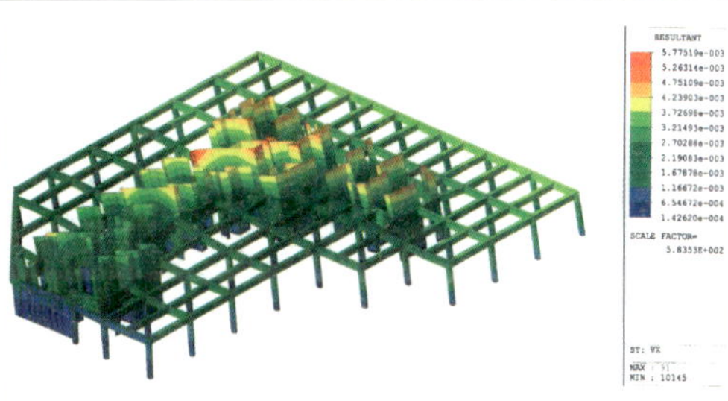	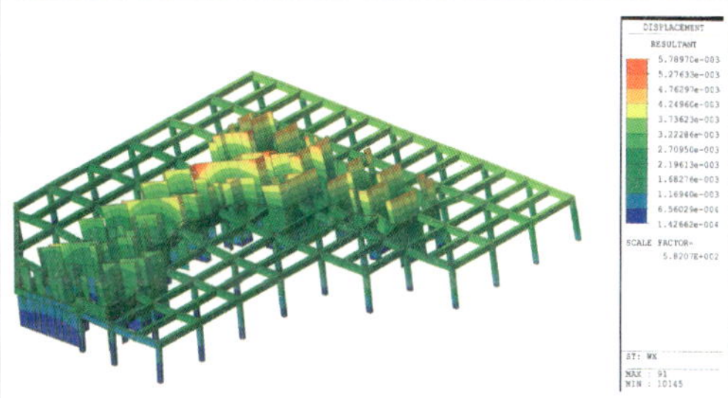
WY	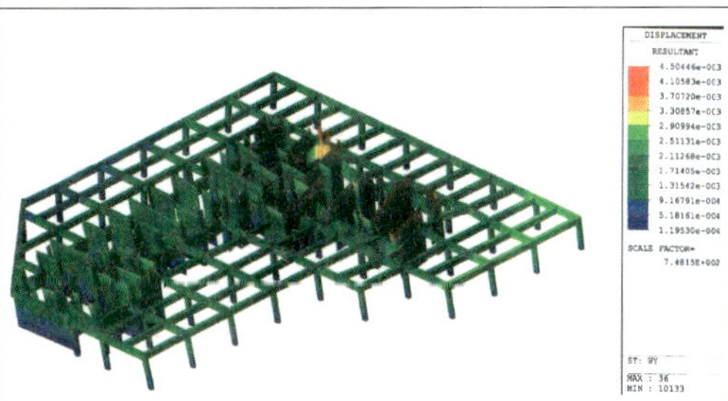	

→ 변위량, 변위 양상의 차이는 미미하지만 고정(fix)인 경우가 변위량은 적게 나타났다.

㉡ 횡력에 대한 부재력 비교 (주동+주차장) 고정으로 해석

부표-03 횡력에 대한 부재력 비교 (주동+주차장) 고정으로 해석

	모멘트 부재력도	전단력 부재력도
RX	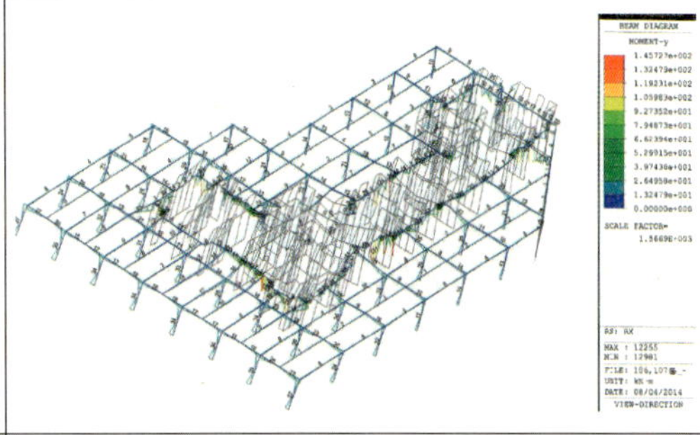	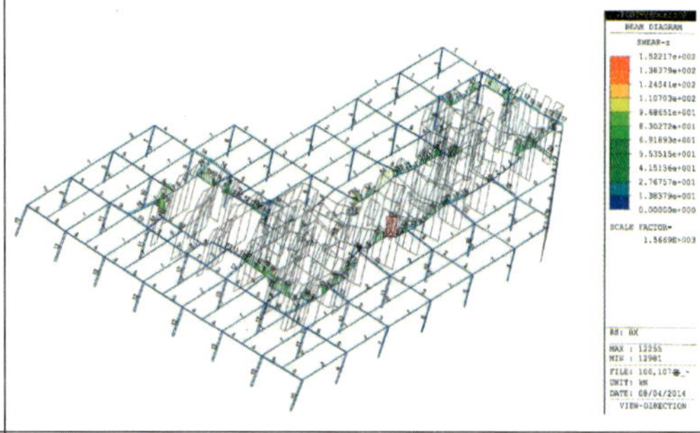
RY	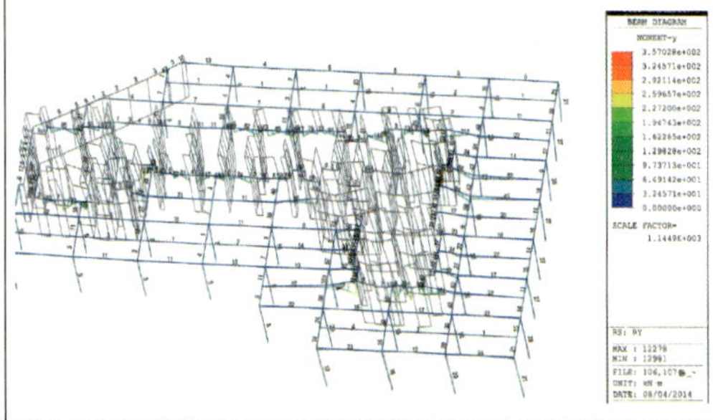	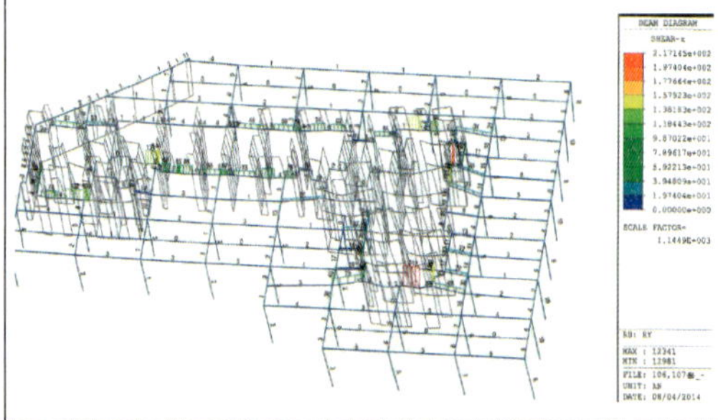
WX	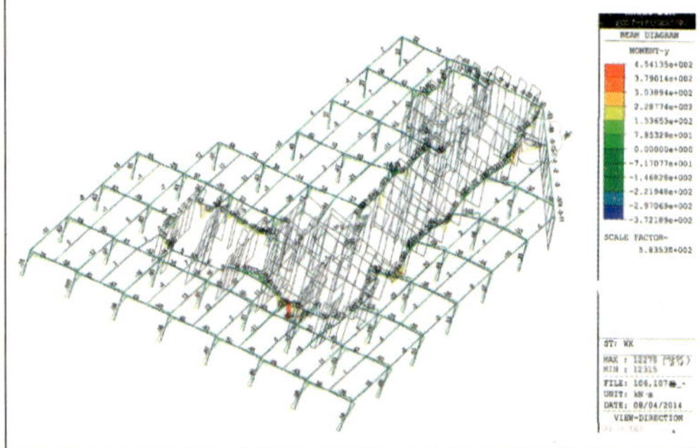	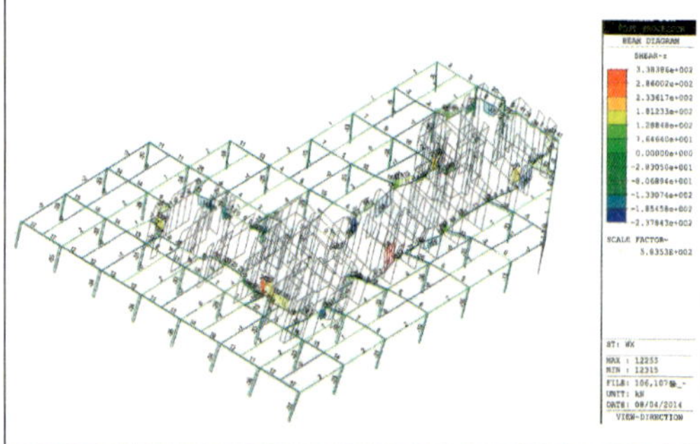
WY	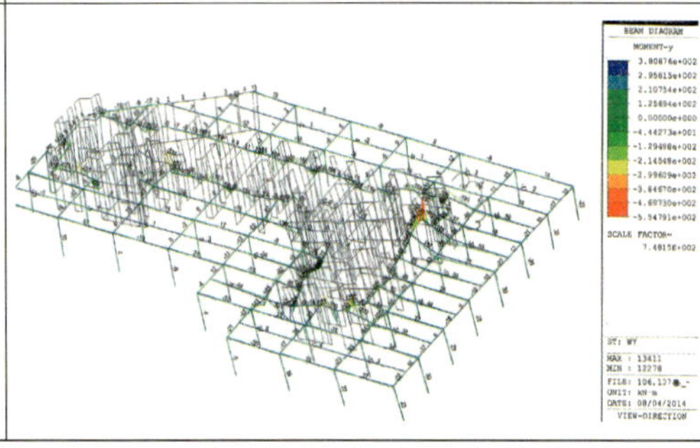	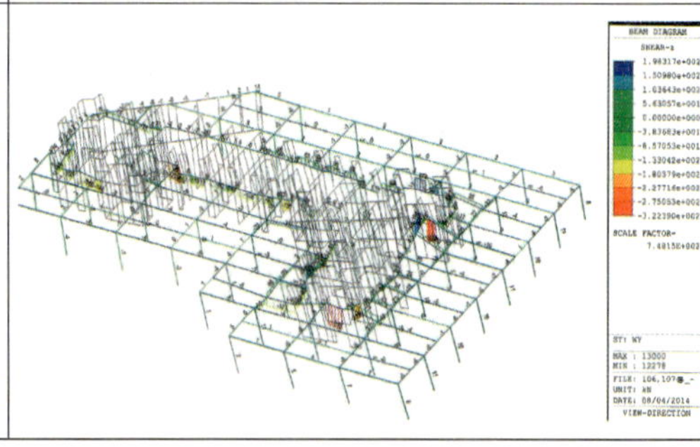

ⓒ 횡력에 대한 부재력 비교 (주동+주차장) 고정으로 해석

- 주동과 인접한 첫 번째 스팬주차장 보는 연결되는 주동 벽체의 강성이 클수록, 길이가 짧을수록 응력집중이나 불균일성이 심했으며, 연결되는 벽체의 강성이 클수록 보의 전단력은 크게 나타났다.
- 2번째 스팬부터는 그 영향이 크게 보이지 않았으며 정규적인 주차장 모듈이 시작되면 부재력 패턴이 반복적으로 나타났다.
- 실제 주동과 주차장 1~2 스팬의 기초는 매트(mat)로써 일체로 시공되고 RC구조의 특성상 정확한 핀 접합부를 구현하기는 쉽지 않으므로 주동과 연결되는 지하주차장 부재를 고정으로 해석에 반영하고 주동과 인접한 지하주차장과의 위상차에 의해 발생하는 부등변위가 부가응력으로 작용하므로 그 응력집중이나 응력 불균형의 영향을 받는 첫 번째 SPAN은 RC로 계획하였다. 2번째 스팬부터는 PC구조로 설계하고, PC 특성에 따라 가능영역은 조정하였다.

  따라서 자연히 PC와 RC접합부는 C.J이면서 D.J가 되고 시공계획도로 조인트부를 도면화하였으나 현장 여건이나 PC구획 조정 등으로 인해 조인트 위치는 변경될 수 있었다.

3) 특수전단벽

KBC 2009 개정에 따른 높이제한 규정의 도입으로 벽식구조로 60m 이상 건립되는 건물에는 특수전단벽을 사용하도록 되어 있다. KBC 2009 0520에서 내진설계 시 특별고려사항으로 특수 모멘트골조와 특수전단벽은 유연한 내진설계가 가능하도록 구조물의 연성능력 확보를 명기하였다. 이중에서 벽식 고층 아파트의 경우 건물 높이가 60m 이상이면 내진상 특수철근콘크리트 구조벽을 설치하도록 규정하고 있다. 일반적인 반영 사항에는 특수 구조벽 철근 및 전단강도, 특수경계요소의 필요 여부 판단, 변위기반 설계법, 응력기반 설계법, 특수경계요소 필요시 철근상세, 특수경계요소 불필요시 철근상세 등을 설명하고 있다.

시공현장에서는 특수전단벽의 시공성 저하와 건설단가 상승으로 최근 제진댐퍼(damper)를 대신 사용하는 경향이 늘어나고 있다. 이에 대한 사례를 소개하면 다음과 같다.

▶ 주동(APT) 특수전단벽 종류와 공통사항

(1) 벽체 단부 (특수전단벽의 경계요소가 있는 경우

① 일자형 벽체

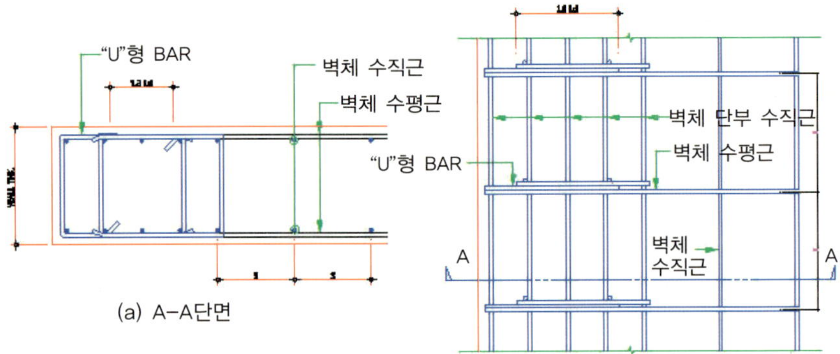

(a) A–A단면

(b) 입면

1) S : 수직철근 배근간격
2) A : 벽체 수평근, "U"형 BAR 배근간격
3) U–BAR 끝단은 갈고리 정착아님.

그림 부–06 **벽체 단부 배근**

② T형 벽체

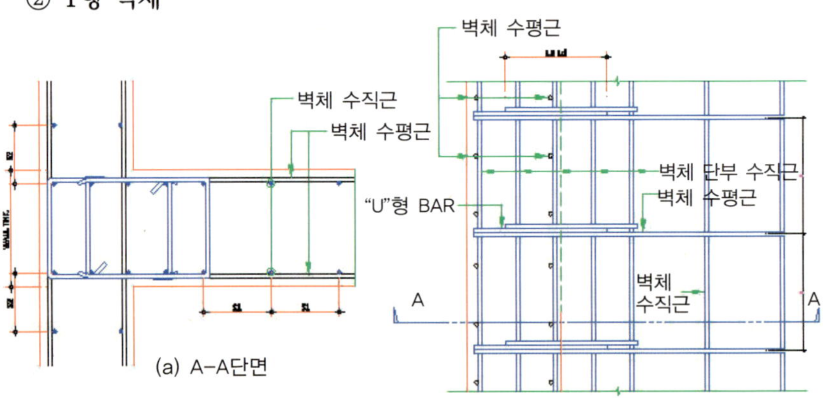

(a) A–A단면

(b) 입면

※ A : 벽체 수평근, "U"형 BAR 배근간격

그림 부–07 **T형보 배근**

③ 모서리 벽체

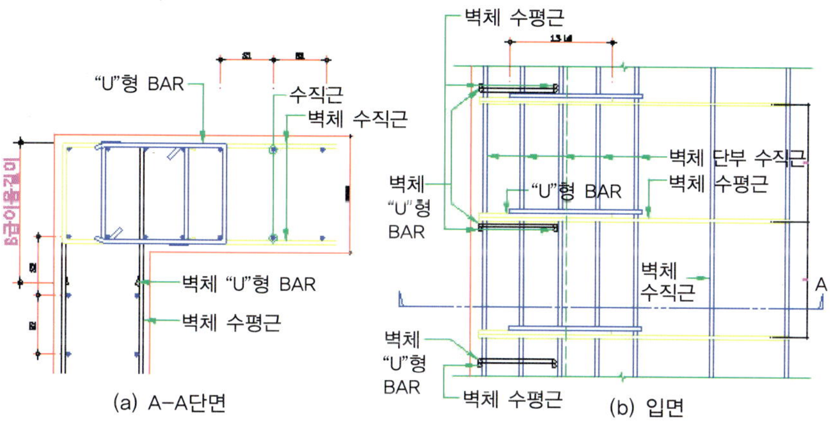

※ A : 벽체 수평근, "U"형 BAR 배근간격
※ 교차벽 단부 보강은 교차벽체 중 강배근을 적용

그림 부-08 **모서리 벽체 배근**

④ 특수전단벽 경계요소의 단부보강 띠철근 형상 및 배근상세

특수전단벽 경계요소 배근 형태

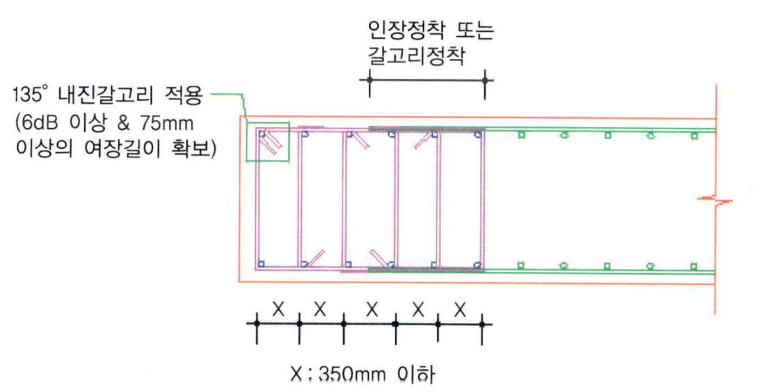

그림 부-09 **단부보강 띠철근 형상 및 배근**

4) 주동(벽식구조 APT)의 국내 제진댐퍼 설계 사례(OO회사 자료)

제진설계란 구조체 손상을 통해 지진하중에 저항(기존 내진설계법)하기보다는 제진시스템을 적용하여 장치의 소성거동에 의한 일부 지진에너지의 소산으로 구조물이 부담해야 하는 지진력을 감소시키는 설계법으로 구조물의 성능을 기반으로 수행한다.

(1) 국내 제진장치 현황

① 강재이력(time history)형 제진장치

강재의 이력특성을 활용하여 보강여건에 따른 구조물의 강도, 강성 및 연성 능력을 향상시킬 수 있으며, 목표성능에 따라 용량을 조절할 수 있는 제진장치로 비용 대비 효과가 우수하여 널리 적용되고 있다.

강재이력형 제진장치로는 EaSy Damper(전단형 슬릿요소 형상)와 MEED Damper(캔틸레버 모멘트구배(slope)형상을 근거로 한 M형상)가 있으며, 신축 건물과 리모델링에 벽(wall)형/브레이스형/간주(間柱)형/인방형으로 다양하게 적용할 수 있다.

EaSy Damper 형상

MEED Damper 형상

EaSy Damper 적용–브레이스형

MEED Damper 적용–벽형

그림 부–10 **강재이력형 제진장치**

② 인방형 제진장치

전단벽 사이의 인방보에 설치하는 인방형 제진장치는 뛰어난 연성거동으로 벽체의 수평하중에 대한 저항능력 및 구조물의 연성능력을 향상시킬 수 있어 꾸준히 적용되고 있다.

인방형 제진장치로는 SS Damper, SF Damper, GSF Damper가 있으며, 구조물의 인방보 내에 삽입되는 형태로 건축계획에 영향을 끼치지 않으며, 내화 및 마감계획이 필요 없고, 시공성이 우수하여 신축 공동주택에 주로 적용되고 있다.

부표-04 인방형 제진장치

	SS Damper	SF Damper	GSF Damper
형상	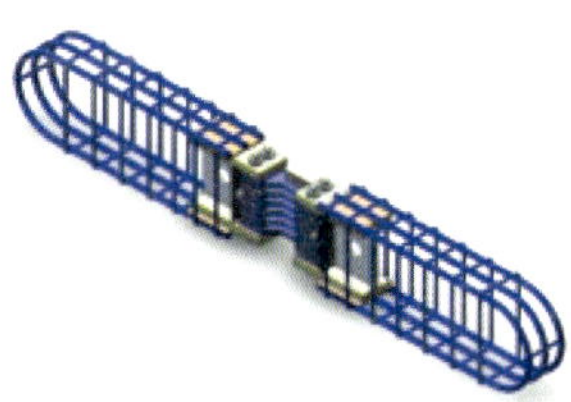	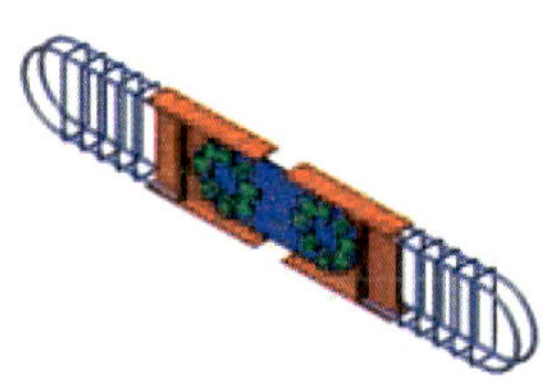	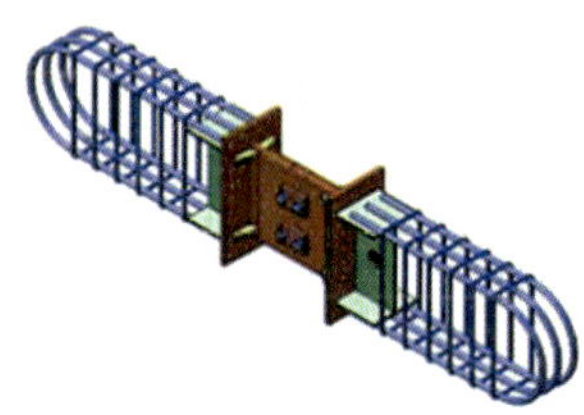
재료	강재	마찰 패드	마찰 패드
이력	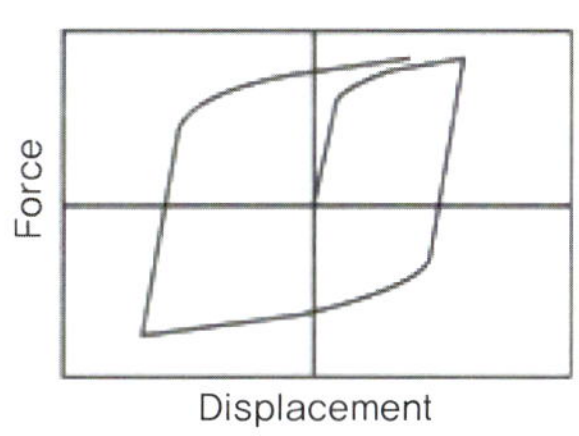	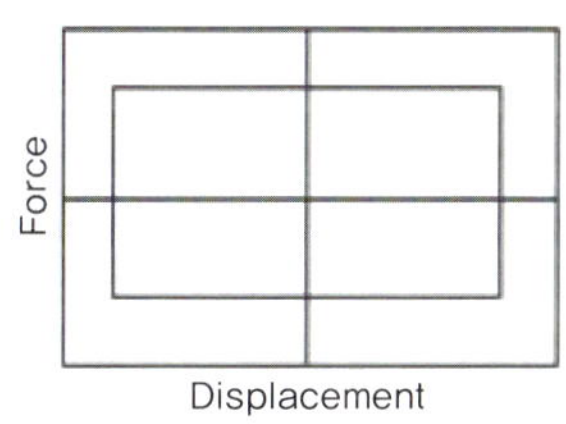	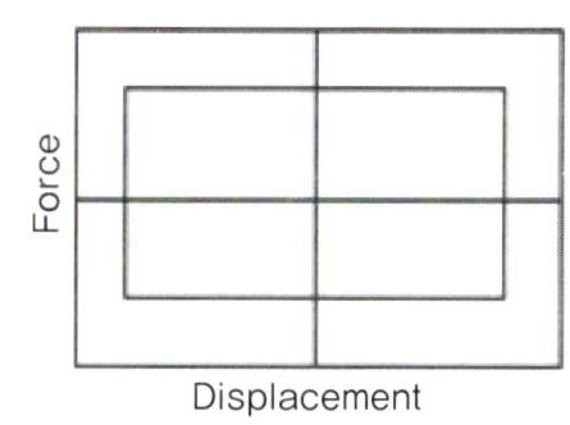
거동	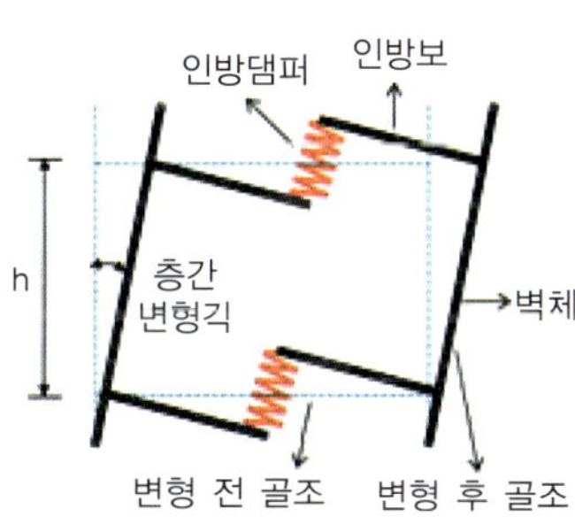	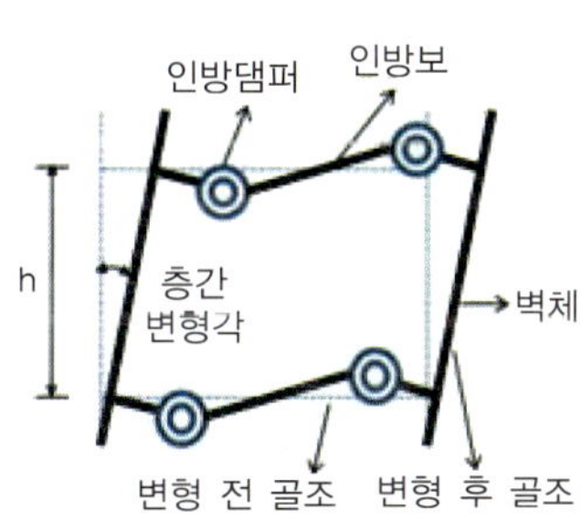	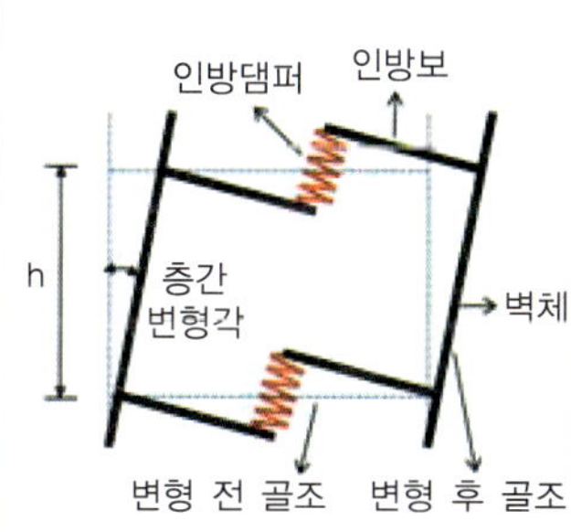
	전단항복형	휨항복형	전단항복형
대표 사례	남양주 OO지구 공동주택 마곡지구 OO공동주택 경북 드림밸리 OO공동주택	목동 OO공동주택 송도 더 OO공동주택 신내지구 OO공동주택	김포 한강 OO공동주택 대구 신천지구 OO공동주택 부산 우동 OO공동주택

(2) 리모델링 적용 대표 사례

구조물이 노후화되어 보강이 필요하거나 내진성능을 향상시키기 위해 리모델링공사뿐만 아니라 고층 벽식구조아파트 신축시, 특수전단벽 대신에 제진댐퍼(damper) 장치를 적용하는 사례가 늘고 있다. 공동주택, 호텔, 미술관, 학교, 공공건축물 등 다양한 용도의 구조물에 적용된다.

① 공동주택(APT)

공사명	마포 OO아파트 리모델링공사	
공사 기간	2011년 3월 ~ 2013년 12월	
적용 장치	MEED Damper 벽형 & SS Damper	
특이사항	국내 최초 2개층 수직증축	

② 미술관

공사명	OO미술관 리모델링공사	
공사 기간	2012년 11월 ~ 2013년 8월	
적용 장치	EaSy Damper 브레이스형	

③ 기타

OOO백화점	OO연구소	OO호텔

그림 부-11 **리모델링 적용현장**

(3) 댐퍼 공동주택 시공과정

1. 현장반입

2. 제품 하차(지게차 또는 타워크레인)

3. 설치 위치까지 인양

4. 제진댐퍼 설치(하부 스페이서 설치)

5. 벽체 수직근과 결속

6. 설치완료

그림 부-12 **인방형 제진장치 시공순서**

(4) 향후 전망과 기술적 한계

현재 실무에서는 특수전단벽 시스템 대신에 제진댐퍼를 적용한 보통 전단벽 시스템으로 대체 적용하고 있고, 댐퍼의 용량과 배치를 경제성을 고려하여 특수전단벽 시스템과 동등 수준의 내진성능을 보유하도록 설계하고 있다.

외국에서는 오래 전부터 기준에 성능기반설계를 포함하여 내진성능 평가 및 내진보강을 수행하고 성능목표에 따른 설계를 진행하여 왔다. 우리나라 또한 향후 국내 설계기준에 성능설계와 이를 바탕으로 하는 제진설계 및 면진설계가 도입될 예정이다. 이에 따라 국내 제진장치 관련 기술도 많이 발전할 것으로 예상된다.

현재, 건물 높이 60m가 넘는 공동주택(APT)의 경우 KBC 2009 내진설계 기준에 따라 특수전단벽 시스템 대신에 대상 구조물에 대하여 보통전단벽 시스템에 인방형 제진댐퍼 적용을 주로 하고 있는 실정이다. 비선형 해석(time history analysis)을 통해 특수전단벽 시스템과 제진시스템의 성능비교를 하여 지진파에 대해 안정적인 소성이력거동을 보이는 적절한 댐퍼의 개수를 산출하고 있다.

그러나 국내의 경우 적정 위치의 댐퍼 설치 위치나 개수 산정, 댐퍼의 재질 변화, 상하층 댐퍼설치 개수의 변화 등 기술적인 제한이 있고, 골조의 특성. 즉 필로티, 전이보(transfer girder) 및 지하주차장 영향을 해석에 엄밀하게 적용하기에는 한계가 있다. 또한 관련 업체의 수가 너무 적어서 효율적인 제진댐퍼의 공동주택 적용에 있어 기술축적에 시간이 필요하다.

5) 조인트 계획

(1) 신축이음(expansion joint, E.J, 신축줄눈)

① 개요

- 신축이음은 온도변화, 건조수축, 기초 침하 등에 의해 발생하는 변위를 수용하기 위해 균열발생이 예상되는 위치에 설치하는 이음이다. 구조체를 완전히 분리시키므로 분리줄눈(Isolation Joint)이라고도 한다.

② 설치 목적

- 길고 큰 건물의 부동침하나 온도변화, 진동 등에 의한 장애(균열, 파괴)를 방지하기 위하여 구조체를 분리하여 시공하고, 그 사이를 구리, 황동판 등으로 이은 신축 가능한 줄눈이음을 설치한다.
- 온도변화에 의한 부재(모르타르, 콘크리트 등)의 신축에 의하여 균열, 파괴를 방지하기 위하여 콘크리트의 팽창과 수축을 조절하여 일정한 간격으로 줄눈이음을 설치한다.

③ 설치 위치

Expansion Joint를 두는 경우에는 건물 길이가 긴 경우(60m 이상), 지반 또는 기초가 다른 경우, 서로 다른 구조가 연결되는 경우, 건물이 증축되는 경우 및 평면형상이 복잡한 경우, 건물 마무리 디자인 시에 설치한다.

④ 시공시 유의사항

- 양쪽의 구조물 혹은 부재가 구속되지 않는 구조이어야 한다.
- 필요에 따라 이음재, 지수판 등을 배치하여야 한다.

– 단차를 피할 필요가 있는 경우에는 장부나 홈을 두든가, 전단 연결재 (Dowel Bar)를 사용하는 것이 좋다.

⑤ 신축이음 사례

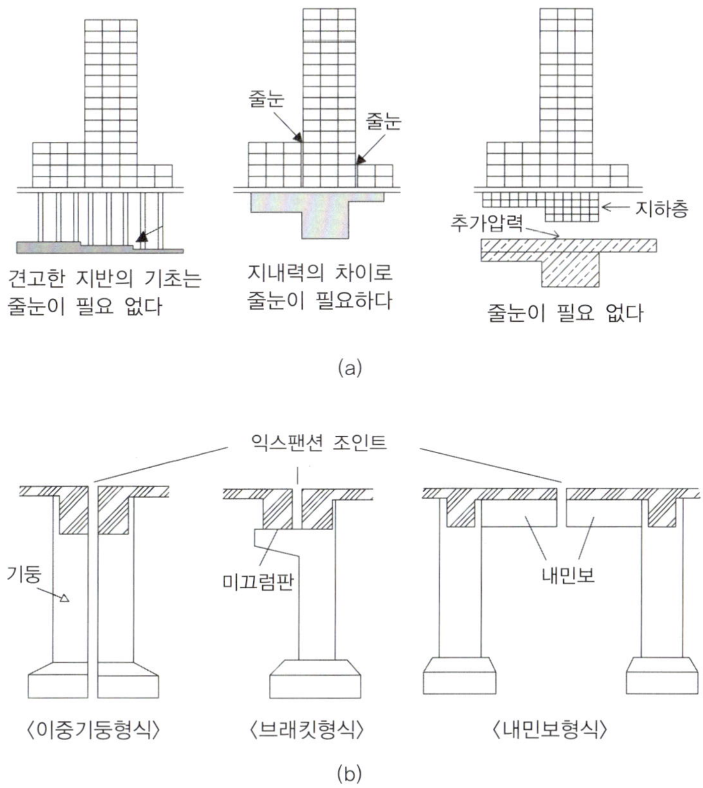

그림 부-13 **익스팬션 조인트 사례**

여기서 그림 부-14에서 ①, ②는 지하주차장 익스팬션 조인트 부분의 배관 및 트레이/덕트공사의 비교적 양호한 사례이며, 사진 ③은 공동구 익스팬션 조인트 부분의 전등배관 사례이다.

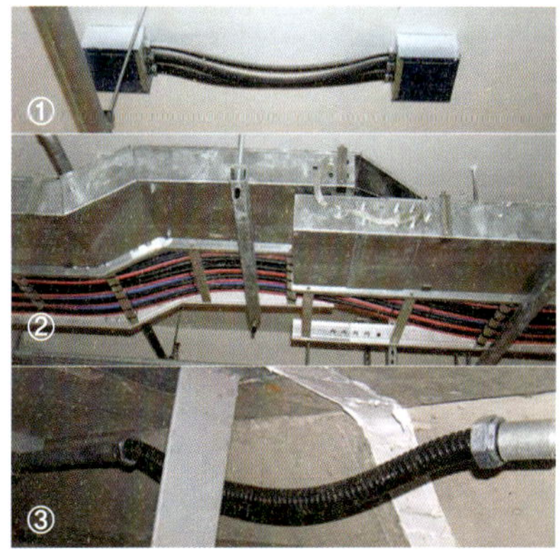

그림 부-14 **익스팬션 조인트 사례 (전등배관)**

난방용 배관의 팽창·신축을 흡수하는 이음으로 곡관식, 미끄럼 신축이음(슬리브 조인트), 백 레벨 신축이음 등이 있다. 곡관식은 관을 구부리고 또는 이음으로 루프를 만들어 그 위 부분에서 신축을 흡수하는 것으로 고압에 견디고 나머지는 저압증기용 배관에 사용한다.

(2) 지연줄눈(delay joint)

① 개요

- 슬래브나 벽의 일정구간을 떨어뜨려 놓은 후에 콘크리트를 타설하는 임시줄눈으로 콘크리트 붓기 줄눈(Pour Strip)이라고도 한다.
- 건물의 일정한 부위를 남겨놓고(수축대) 콘크리트를 타설하고, 초기수축 이후에 콘크리트를 타설하는 부위
- 지연줄눈은 100m를 초과하거나 부재가 두꺼운 구조물 시공시 익스팬션 조인트를 생략하기 위해 설치하는 임시줄눈으로 사전에 계획된 조인트이다.
- 수축대(미타설 구간)만 설치하고 콘크리트를 먼저 타설한 후, 초기수축이 이루어진 후(약 6주), 수축대 부분에 철근을 배치 및 배근하고 수축대에 콘크리트를 타설하여 일체화하는 조인트이다.

② 목적

- 콘크리트 타설 후 발생하는 수축응력과 균열을 감소시키고, 하중 및 지반침하에 따른 부등변위에 대한 영향을 감소시키는 것을 목적으로 한다.
- 건조수축에 의한 콘크리트 균열 최소화

③ 설치 위치

- 수축대의 설치 위치는 1스팬의 중앙부
- 기초를 제외한 모든 부재에 적용

④ 시공시 유의점

- 수축줄눈(shrinkage strip)은 보통 60~90cm 정도의 간격으로 설치한다. 줄눈(strip)의 양쪽 구간을 먼저 타설한 후 수축 감소를 목적으로 설치하는 경우는 4~6주 후에 타설하고, 부등변위에 대한 영향을 감소시키는 목적으로 설치하는 경우는 고층 골조공사 완료 후에 타설한다.
- 줄눈의 경계면 처리는 시공줄눈과 같게 시공한다.
- 수축대는 좌우 부분 타설 후 약 4~6주가 경과한 다음에 타설한다.
- 겹침이음 길이는 직경의 45배 이상으로 한다.
- 수축대 좌우 스팬은 수축대 부분 양생이 완료될 때까지 지지한다.

⑤ 상세

■ 수축대는 철근의 겹침이음길이 보다 넓게 한다.

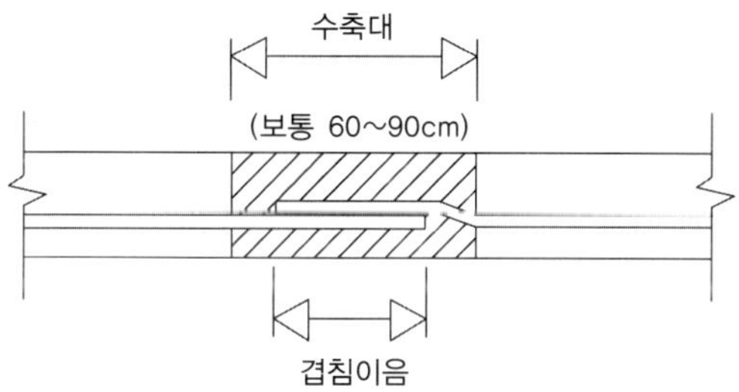

그림 부-15 **지연줄눈**(delay joint)

독립된 각 구조물은 건조수축을 일으키게 되는데, 이 기간 동안 콘크리트 응력이 발생하고 잔류되어 있는 수축응력에 대응하여 수축균열에 대해 저감 효과를 가져올 수 있다.

줄눈의 폭은 분리된 구조물의 수축변형량 이상으로 설계하면 안전하다. 그러나 후에 콘크리트 타설시 구조물의 응력전달에 필요한 철근의 이음길이를 확보해야 하므로 배근된 철근의 이음길이 이상의 폭을 필요로 한다.

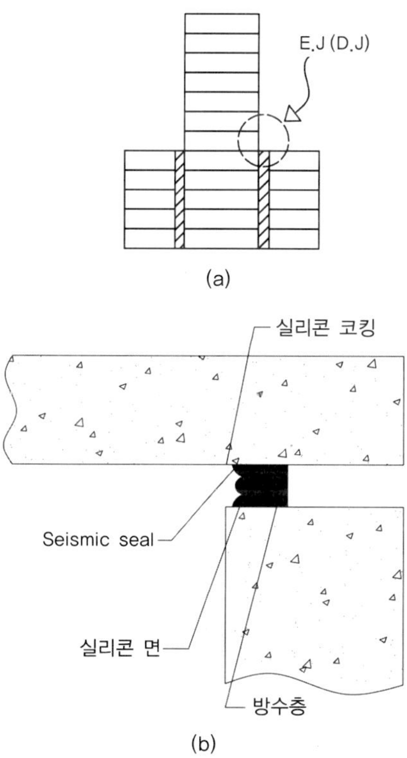

그림 부-16 **지연줄눈 위치**

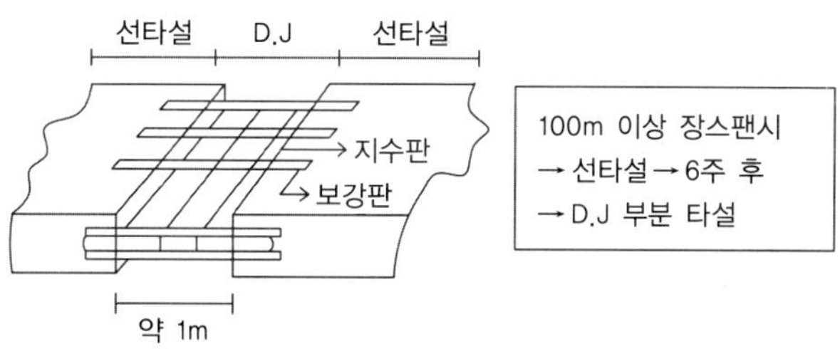

그림 부-17 **지연줄눈 상세**

그림 부-18

(3) 내진이음(seismic joint, 내진조인트)

① 개요

- 지진 발생시 구조체 간의 충돌로 구조체의 파손을 방지하기 위하여 조인트 부위를 충분히 벌려 놓은 조인트를 말한다.
- 1988년 UBC를 시작으로 부정의 여러 유형에 적용 가능한 정의 및 설계 기준은 있었다.

② 내진조인트의 특징

- 지진 발생 시 건물에 전달되는 진동은 건물마다 다르며, 건물은 각각 흔들리게 된다.
- 상부층으로 올라 갈수록 조인트 폭이 넓어진다.

③ 시공상 유의점

- 하나의 건물이 서로 인접하여 건설될 때 내진조인트 건물이 연결되어 있는지 여부
- 내진조인트는 자주 분리 날개 또는 단일 건물의 다른 부분에 도입된다.
- 내진조인트는 일반적으로 포함되어 건물의 인접 건물 또는 부품 사이의 간격을 만든다.

④ 벽, 바닥, 지붕의 분리와 동일 건물 내에서 조인트는 분리 또는 포함할 수 있다.

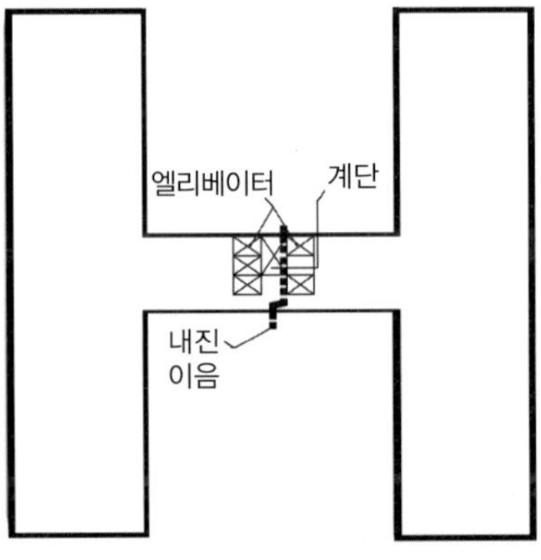

그림 부-19 **내진조인트**

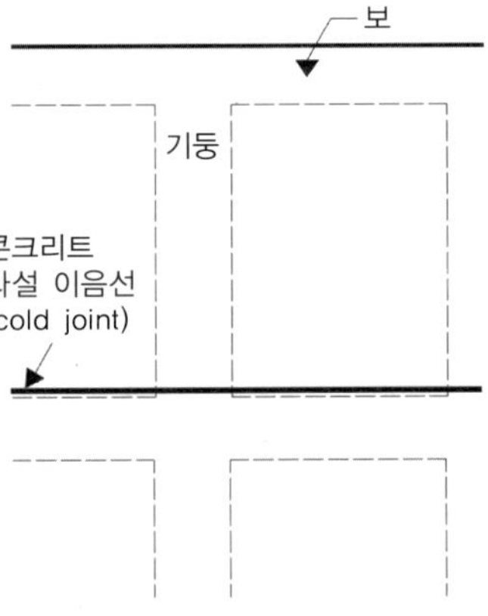

그림 부-20 **콜드조인트**

(4) Cold Joint

① 개요

콘크리트 타설 중 경화가 시작된 콘크리트에 이어치기하여 발생하는 조인트를 말한다.

- 응결하기 시작한 콘크리트(초기경화가 시작된 콘크리트)에 새로운 콘크리트를 이어치면 구 콘크리트와 신 콘크리트가 일체화되지 않고 cold joint라는 시공 불량 이음부가 생긴다.
- cold joint는 물이 통과하기 쉬워 동결, 융해작용을 받아 철근부식 및 균열 발생시키므로 콘크리트 강도, 내구성, 수밀성을 저하시키는 것으로 특히, 서중콘크리트에 발생하기 쉽다.
- cold joint는 댐, 교량 등의 공사에서는 특히 재해의 위험이 크므로 간단하게 소홀히 다루어서는 안 된다.

② cold joint 발생시 문제점

강도저하, 내구성 저하, 수밀성 저하, 중성화의 요인, 철근 부식, 균열 발생, 열화(劣化) 촉진, 누수의 원인, 마감재 균열

③ 시공시 유의사항(방지대책)

- cold joint 방지할 수 있는 이어치기 허용시간 한도를 지킬 것(하계 : 약 2시간, 동계 : 약 4시간)
- 여름에는 응결 지연제를 사용하거나 콘크리트 타설 전 칩핑하여 물청소를 하고, 안전, 장비, 자재, 우천에 대한 계획을 미리 세워 대비한다.
- 콘크리트 운반 및 타설계획 철저, 레미콘 배차계획 및 간격 철저 엄수
- 이어치기는 1시간 이내에 완료하고 분말도 낮은 시멘트를 사용한다.
- 재진동시 다짐을 한다(1시간 넘으면 구콘크리트에 100mm 관입).

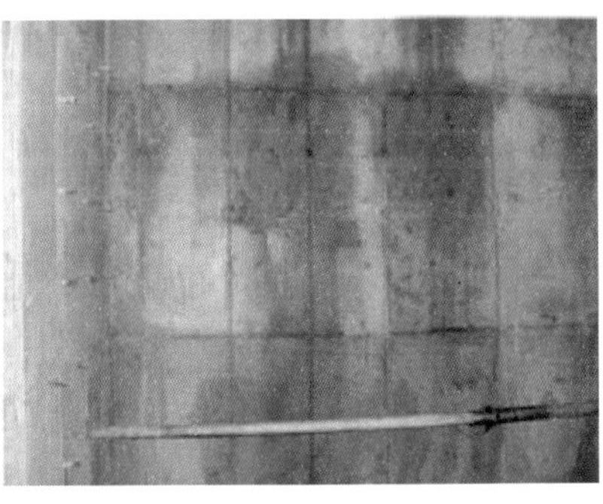

(a) 벽체의 콜드조인트 예

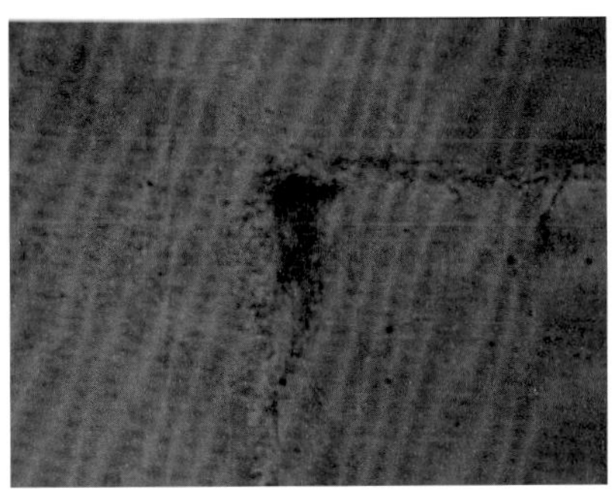

(b) 기둥의 콜드조인트 예

그림 부-21

참고문헌

1. 永井 達也 편저, 내진기술이야기, 일본실업출판사, 1995.10.20.
2. 한국초고층도시건축학회, 건축내진설계, A.Charleson저, 대가, 2010.10.
3. 대성건설 편저, 내진설계, 일본규격협회, 1998.
4. 김종성, 건축구조원리의 이해, 기문당, 2006.
5. 김종성, 건축, 구조디자인과 모형, 구미서관, 2006.
6. 한국건축구조기술사회, 소규모건축물의 구조지침, 2012.4.
7. 牧野良一 저, 주택의 내진과 보강, ohmsha사, 1996.
8. 경일대학교, 건물의 내진설계와 보강(교재), 2012.
9. 안전기술연구소, 지진에 강한 건물, 나쯔메사, 2013.7.
10. 칠성건축간담회, 건물을 강하게 하는 새로운 지식, 1995.8.
11. 吉松正行 外 공저, 건물의 내진과 진단 · 보강, ohmsha, 1996.9.
12. 한국구조기술사회, 기존학교시설물 내진성능평가 및 보강전략, 2014.6.
13. 槇谷栄次 外 공저, 도해 · 내진 · 개수 · 진단(기존 목조, RC), ohmsha, 2011.11.
14. 日經아키텍쳐 편, 지진에 강한 건축(한신대지진의 교훈), 日經BP사, 1995.8.28.
15. ㈜한국구조기술사회/교육개발원, 학교시설물 내진성능설계 실무, 2013.5.
16. 제3서관 편집부, 대진재로 부서진 건축물, 제3서관, 1997.1.17.
17. 武田寿一 편저, 내진진단과 보강법, 이공도서, 1996.

찾아보기

[ㄷ]

[ㄹ]

[ㅁ]

[ㅂ]

■ 저자소개

김 종 성(金鍾聲)

* 경일대학교 건축공학과 교수(1980년부터 현재까지)
* 경북대학교(학·석사),
  성균관대학교 대학원(박사수료)
* 일본 동경대학 대학원(건축구조전공, 공학박사)
* 한국강구조학회 부회장 역임
* 2013년도 세계인명사전 ABI, Marquis who's who 동시 등재
* 대구광역시·경북 도교육청 내진자문협의회 위원
* 저서 및 역서
  철골구조의 이야기, 철골구조의 사고법, 구조는 어렵지 않다.
  강구조부재와 골조의 거동 및 해석(공역) 외
  건축구조원리이해, 강구조 건축모형, 강구조의 설계(공저)
  건축구조디자인과 모형(공저)
* e-mail : jsk@kiu.ac.kr

내진설계와 건축물의 형태

2014년 12월 30일 1판 1쇄 발행
2019년 10월 30일 2판 2쇄 발행

저　　자　김 종 성
발 행 인　강 해 작
발 행 처　기 문 당
주　　소　서울시 성동구 무학봉 28길 4-1
전　　화　02) 2295-6171(代)~5
팩　　스　02) 2296-8188
출판등록　1976. 10. 7 (1-44)
홈페이지　http://기문당
　　　　　http://www.kimoondang.com
I S B N　978-89-6225-755-7　93540

정　　가　23,000원

검인생략

이 도서의 국립중앙도서관 출판시도서목록(CIP)은 서지정보유통지원시스템 홈페이지(http://seoji.nl.go.kr)와 국가자료공동목록시스템(http://www.nl.go.kr/kolisnet)에서 이용하실 수 있습니다(CIP제어번호 : 2017003026).

[ㅋ]

[ㅌ]

[ㅍ]

[ㅎ]

[기타]

[ㅈ]

[ㅊ]

[ㅅ]

[ㅇ]